高等学校信息技术
人才能力培养系列教材

嵌入式微处理器程序设计

——从 Arduino 到 ARM

唐光义 高俊锋 沙晨明 ◉ 编著

U0377748

Program Design of Embedded Micro-Processor
——from Arduino to ARM

人民邮电出版社

北 京

图书在版编目（CIP）数据

嵌入式微处理器程序设计：从Arduino到ARM／唐光义，高俊锋，沙晨明编著. -- 北京：人民邮电出版社，2022.9（2023.10重印）
高等学校信息技术人才能力培养系列教材
ISBN 978-7-115-59398-6

Ⅰ．①嵌… Ⅱ．①唐… ②高… ③沙… Ⅲ．①微处理器－系统设计－高等学校－教材 Ⅳ．①TP332

中国版本图书馆CIP数据核字(2022)第097811号

内 容 提 要

本书以开源硬件平台 Arduino Due 为教学实验平台，以 ARM 芯片 SAM3X8E 为对象，介绍了 ARM 微处理器编程的方法和流程。本书内容包括 ARM 微处理器的发展历史、应用领域、分类以及 ARM 微处理器的软件开发工具和硬件开发工具，涵盖了 ARM 微处理器的两种编程模式：Arduino 编程和 ARM 编程。本书内容由易到难，讲解循序渐进，并且提供了大量翔实的应用实例供读者参考，所有实例都给出了完整的程序。

本书取材新颖、内容丰富、重点突出、深入浅出、富有启发性和可操作性，便于教学，可为初学者提供学习参考。本书既可以作为高等院校电子、通信、自动化以及计算机等相关专业的教材，也可以作为相关领域工程技术人员的培训用书或参考手册。

◆ 编　著　唐光义　高俊锋　沙晨明
　　责任编辑　王　宣
　　责任印制　王　郁　陈　犇

◆ 人民邮电出版社出版发行　　北京市丰台区成寿寺路 11 号
　　邮编　100164　　电子邮件　315@ptpress.com.cn
　　网址　https://www.ptpress.com.cn
　　三河市兴达印务有限公司印刷

◆ 开本：787×1092　1/16
　　印张：16.25　　　　　　　　2022 年 9 月第 1 版
　　字数：448 千字　　　　　　2023 年 10 月河北第 2 次印刷

定价：69.80 元
读者服务热线：(010)81055256　印装质量热线：(010)81055316
反盗版热线：(010)81055315
广告经营许可证：京东市监广登字 20170147 号

前言

FOREWORD

随着计算机技术的飞速发展，嵌入式微处理器已广泛应用于工业、农业、军事、科技和教育等领域。嵌入式微处理器程序设计是一门实践性很强的课程，但长期以来这门课程的教学效果并不理想，主要原因是教学中存在两个方面的问题：一方面，嵌入式微处理器的结构与原理相对复杂，给初学者造成了一定程度的认知困难；另一方面，嵌入式微处理器更新的速度很快，再加上实验教学平台样式不同，初学者又难以借助网络寻求问题的解决方法。因此，在教学实践中，初学者往往不清楚应该如何学习嵌入式微处理器编程，进而出现了入门困难的现象。久而久之，初学者失去学习兴趣，进而便不再愿意对嵌入式微处理器编程进行深入的了解和学习。

本书紧扣读者需求，采用循序渐进的叙述方式，深入浅出地论述了 ARM 微处理器的开发方法和流程，以及 ARM 微处理器的两种编程模式：Arduino 编程和 ARM 编程。

本书特色

（1）本书将 Arduino 编程与 ARM 编程有机地结合起来，有效发挥二者的优势，扬长避短。

（2）无论是 ARM 编程还是 Arduino 编程，本书都为读者设计了大量的实例以供练习与实践。

（3）本书中的 Arduino 实例与 ARM 实例是互通的，这有利于读者对照学习，了解 Arduino 编程的实现过程。

（4）本书综合了 ARM 微处理器的两种编程模式，且过渡自然。

结构安排

本书共 13 章。

第 1 章介绍了 ARM 微处理器的发展历史和应用领域，以及 ARM 微处理器的软件开发工具、硬件开发工具和两种开发方法等。

第 2 章全面介绍了开源硬件平台 Arduino Due 的设计原理及接口的使用说明。

第 3～4 章介绍了 Arduino 编程的基础知识及开发流程。

第 5 章对 Arduino 编程和 ARM 编程进行了比较，并描述了它们之间的关系，以及学习 ARM 编程的必要性。

第 6～13 章介绍了 ARM 编程的基础知识及开发流程，描述了 SAM3X8E 微处理器中常用的系统控制器及片上外部设备，对每个模块都详细介绍了它们的功能特点、功能寄存器和功能的编程实现，并提供了编程实例。

编者团队

本书第 1、2、7、9 章由沙晨明负责编写，第 3、4、8、10、11 章由高俊锋负责编写，第 5、6、12、13 章由唐光义负责编写。

由于编者的水平和经验有限，书中难免存在不足之处，敬请读者朋友批评指正。编者电子邮箱：tanggy818@hrbust.edu.cn。

编　者
2022 年 8 月

目录 CONTENTS

04

基于 Arduino 的应用开发

05

ARM 编程基础

06

Cortex-M3 微处理器

07

Thumb-2 指令集 ⋯⋯⋯114

08

PIO 接口 ⋯⋯⋯⋯⋯⋯⋯141

09

异常处理 ⋯⋯⋯⋯⋯⋯⋯157

10

定时/计数器 TC ⋯⋯⋯182

01 chapter

初识 ARM 微处理器

1.1 ARM 微处理器概述

　　嵌入式微处理器（Embedded Micro-Processor Unit，EMPU)是嵌入式系统的核心，它是在通用计算机中的中央处理器（Central Processing Unit，CPU）的基础上发展起来的硬件单元，用来控制和辅助系统的正常运行。嵌入式微处理器与 CPU 在设计原理上是相似的，但是嵌入式微处理器功能更丰富，工作性能更高。一方面，嵌入式微处理器采用的是精简指令集计算机（Reduced Instruction Set Computer，RISC），裁减了不必要的指令，提高了嵌入式微处理器的工作效率，同时最大限度地降低运行功耗。另一方面，嵌入式微处理器通常与随机存储器（Random Access Memory，RAM）、只读存储器（Read-Only Memory，ROM）、中断系统、定时/计数器、模拟数字转换器、数字模拟转换器、通信接口和通用输入/输出（General Purpose Input/Output，GPIO）

口等硬件单元一起被集成到一块硅片中，构成一个微型的、完整的计算机系统，可以大幅度减小系统的体积。除此之外，为了满足某些应用的特殊要求，嵌入式微处理器在抗电磁干扰性、可靠性、技术保密性等方面都有进一步提升。

微处理器问世以来，经常被装配在专门设计的电路板上，组装成各种形状，"嵌入"应用对象体系，构成一套嵌入式应用系统，用来执行具有某种"专用"目的的操作，如某类智能化的控制。为区别于通用计算机系统，人们将这类为了某种"专用"目的而"嵌入"对象体系的计算机系统称为嵌入式计算机系统，简称嵌入式系统。鉴于嵌入式系统广阔的应用前景，很多半导体制造商都在大规模地设计和生产嵌入式微处理器。目前，世界上具有嵌入式功能特点的微处理器已经超过 1000 种，具有代表性的主要有 ARM、MIPS 和 PowerPC 系列等。

ARM 既可以被看作一类微处理器的通称，也可以被看作一种技术的名字，还可以被看作一个公司的名字。ARM 公司是一家知识产权（Intellectual Property，IP）内核供应商，本身并不参与终端微处理器芯片的制造和销售，而是通过向其他半导体生产商授权设计方案来获取收益，半导体生产商从 ARM 公司购买 ARM 微处理器内核的设计方案后，根据各自不同的应用领域，加入适当的外部设备电路，形成自己的 ARM 微处理器芯片，然后进入市场。目前，ARM 公司已经将其技术授权给许多世界上著名的半导体公司、软件公司和 OEM（Original Equipment Manufacture，原厂委托制造）厂商，它们都会得到 ARM 的相关技术及服务。例如，半导体公司包括高通、三星、索尼、恩智浦和美国国家半导体等公司，软件公司包括 IAR Systems 等，OEM 厂商包括全志、瑞芯微和展讯通信等。利用这种合作关系，ARM 微处理器可以获得更多的第三方工具和软件的支持，使整个系统的成本降低，从而使产品更容易进入市场，并迅速被消费者所接受。因此，ARM 微处理器的使用呈现出一种"百花齐放、百家争鸣"的现象。

目前，ARM 公司已经进入中国，它在中国的生态系统如图 1-1 所示。ARM 公司在中国的业务重点包括 ARM 的 IP 内核授权、对芯片设计公司的支持、开发工具授权和开展大学计划等。

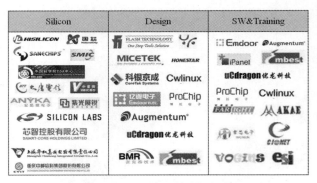

图 1-1　ARM 公司在中国的生态系统

1.1.1　ARM 公司的发展历史

ARM 公司的创立时间可追溯到 1978 年 12 月，它的前身是英国 CPU（Cambridge Processing Unit）公司，当时 CPU 公司的主要业务是为当地市场供应电子设备。1979 年，CPU 公司改名为 Acorn 计算机（Acorn Computers）公司。

20 世纪 80 年代末，半导体行业的产业链出现了进一步分工，半导体代工工厂和芯片设计公司（也叫 Fabless 公司）犹如雨后春笋般涌现，例如，美国硅谷的一些芯片设计公司专门从事芯片设计工作，而将芯片的生产外包给以"台积电"和"联电"为代表的半导体代工厂。在这种情形下，为了解决企业初期缺乏资金的问题，Acorn 计算机公司做出了影响时代的抉择：不制造芯片，只将芯片的设计方案授权给半导体生产商，由它们来负责生产和制造微处理器芯片。

虽然这种抉择使 Acorn 计算机公司处于半导体产业链的上游，但在当时没有人知道这条路是否行得通，Acorn 计算机公司随时面临着巨大的业务风险。现在的事实已经明确证明：Acorn 计算机公司适应了半导体行业的发展形势和变化情况，它首创的商业模式是一条正确的道路。

1983 年，Acorn 计算机公司正式开始了 ARM 微处理器的设计，并在 1985 年推出了第一款嵌入式微处理器内核 ARM 1 Sample。可是真正投入使用的嵌入式微处理器却是 ARM 2，它在次年开始量产。ARM 2 具有 32 位数据总线、26 位寻址空间，并支持 64MB 的寻址范围以及 16 个 32 位的缓存器。在当时，ARM 2 可能是世界上最简单、实用的 32 位微处理器，它仅容纳了 30000 个晶体管，只需消耗很少的电能便可以发挥出色的性能。与当时大多数 CPU 一样，ARM 2 并没有包含任何高速缓存。因此，为了使微处理器发挥更佳性能，后继的微处理器 ARM 3 率先配备了 4KB 的高速缓存。

1990 年 11 月，Acorn 计算机公司正式更名为 ARM（Advanced RISC Machines）公司，它由 Acorn 计算机公司、Apple（苹果）公司和 VLSI 科技公司联合组建。ARM 公司的目标是为 Apple 公司设计一种全新架构的微处理器内核 ARM 6，首版在 1991 年试产。Apple 公司使用这种架构的 ARM 610 芯片作为 Apple Newton PDA（Personal Digital Assistant，个人数字助理）的微处理器。此后，ARM 公司走上了正规发展的道路。

1993 年，ARM 公司发布了新一代微处理器架构 ARM 7，其中极具代表性的产品为 ARM 7-TDMI。ARM 7-TDMI 是 32 位微处理器，它搭载了 Thumb 指令集，代码密度提升了 35%，而内存占用却与 16 位微处理器相当。诺基亚的经典手机 8110 正是借助德州仪器公司制造的一款 ARM 7-TDMI 芯片在市场上获得了巨大成功。

1997 年，ARM 推出了具有里程碑意义的嵌入式微处理器 ARM 9，这标志着 ARM 微处理器的成熟。

2004 年，Cortex 系列微处理器诞生。此后，ARM 公司不再使用数字为微处理器命名，而是把微处理器分为 A、R 和 M 这 3 类，分别面向不同的市场。

2011 年，ARM 发布了首款 64 位架构的微处理器内核，还推出了 big.LITTLE 技术。该技术可以将高性能内核与节能内核结合起来，并用软件控制实现内核间的无缝切换，以达到省电的目的。

近年来，ARM 发布了面向企业级市场的新系统标准，并在物联网领域崭露头角。

1.1.2 ARM 微处理器的架构

为了区分各种类型的 ARM 微处理器，ARM 公司以 ARM 指令集架构（Instruction Set Architecture，ISA）作为微处理器体系架构的分类依据。ARM 公司定义了 8 种 ARM 指令集架构版本，如表 1-1 所示。所谓指令集，就是 ARM 公司推出的一整套精简指令的集合，它是计算机系统最底层的命令，比如应用程序需要从内存读取数据，将通过调用 ARM 设计的指令实现内存读取。虽然 ARM 架构在不断演变，但各个版本之间仍保持了高度的兼容性。表 1-1 所示是 ARM 架构及具有代表性的微处理器。

表 1-1 ARM 架构及其家族系列

架构	ARM 微处理器家族系列（代表）
ARM v1	ARM 1
ARM v2	ARM 2、ARM 3 等
ARM v3	ARM 6、ARM 7 等
ARM v4	StrongARM、ARM 7-TDMI、ARM 9-TDMI 等

架构	ARM 微处理器家族系列（代表）
ARM v5	ARM 7EJ、ARM 9E、ARM 10E、Xscale 等
ARM v6	ARM 11、ARM Cortex-M1 等
ARM v7	ARM Cortex-A、ARM Cortex-M3、ARM Cortex-R 等
ARM v8	ARM Cortex-A50、ARM Cortex-A57、ARM Cortex-A53 等

1. ARM v1 架构

ARM v1 架构只有 26 位寻址空间，它只在原型机 ARM 1 中出现过，没有被广泛地应用于任何商业产品。

2. ARM v2 架构

ARM v2 架构对 ARM v1 架构进行了扩展，它提供了对 32 位乘法指令和协处理器指令的支持。ARM v2a 架构是 ARM v2 的变种版本。ARM 2 微处理器采用了 ARM v2 架构，而 ARM 3 微处理器则采用了 ARM v2a 架构，ARM 3 是第一款带有高速缓存的 ARM 微处理器。

3. ARM v3 架构

ARM v3 架构是作为一种全新的微处理器内核而设计的，它内部集成了高速缓存（Cache）、存储管理部件（Memory Management Unit，MMU）和写缓冲。ARM v3G 和 ARM v3M 分别是 ARM v3 的变种版本。其中，ARM v3G 架构不再与 ARM v2a 架构保持兼容，ARM v3M 架构则引入了有符号数和无符号数乘法和乘加指令。ARM 6 微处理器和 ARM 7 微处理器都采用了 ARM v3 架构。

4. ARM v4 架构

ARM v4 架构在 ARM v3 架构基础上做了进一步的扩展，它不再强制要求与 26 位地址空间兼容，还明确了哪些指令会引起未定义指令异常。ARM v4 架构只支持 32 位指令集，并支持 32 位地址空间。ARM v4T 架构是 ARM v4 的变种版本，它增加了 16 位 Thumb 指令集。ARM v4T 架构同时支持 16 位 Thumb 指令集和 32 位 ARM 指令集，可以在同一个架构中产生更紧凑的代码，同时提供更高的性能。16 位 Thumb 指令集相对于 32 位 ARM 指令集来说可缩减高达 35%的代码大小，同时保持 32 位架构的优点。ARM v4 架构和 ARM v4T 架构是一种曾经应用特别广的 ARM 架构，Intel（英特尔）公司的 StrongARM 微处理器采用 ARM v4 指令集，而 ARM 7-TDMI 微处理器和 ARM 9-TDMI 微处理器则采用了 ARM v4T 架构。ARM 7-TDMI 和 ARM 9-TDMI 微处理器不带有存储管理部件和高速缓存，不能运行诸如 Linux 这样的嵌入式操作系统。为了解决这个问题，ARM 公司对这种架构进行了扩展，设计了 ARM 710T、ARM 720T、ARM 920T、ARM 922T 等带有存储管理部件和高速缓存的变种版本。

5. ARM v5 架构

ARM v5 架构在 ARM v4 基础上进行了扩展，增加了一些新指令以及为协处理器提供了更多的指令选项。与 ARM v4 比较起来，ARM v5 提高了 ARM 指令集和 Thumb 指令集切换的效率，整合了两种指令集的优化效率。这些新增的指令包括带有链接和交换的转移指令 BLX、数前导零指令 CLZ 和软中断调试指令 BRK。

ARM v5TE 架构是 ARM v5 的变种版本，它在 ARM v5 的基础上增加了一些数字信号处理（Digital Signal Process，DSP）指令，比如饱和运算指令（简称 E 指令集）。这些指令用于增强微处理器对一些典型的 DSP 算法的处理性能，使得音频 DSP 应用可以提升 70%的性能。除此之外，ARM v5TE 还增加了预取数据指令、双字加载指令和 64 位协处理器寄存器传送指令。ARM v5TE 架构可以使微处理器在具备各类控制能力的同时，还具备数据处理能力，这在成本、性能、简化设计等方面都有优势。

ARM v5TEJ 架构在 ARM v5TE 的基础上增加了 Jazelle 技术，能够启用 Java 字节码的硬件执行，实现了 Java 加速功能。与仅用软件实现的 Java 虚拟机比较，Jazelle 技术改善了 Java 应用程序的性能，使得 Java 代码的运行速度提高 8 倍，而功耗降低 80%。在许多便携式设备中，采用 ARM v5TE 架构的微处理器非常普遍，目的是在游戏和多媒体应用程序的性能方面提供支持，改进用户体验。

目前，采用 ARM v5 架构的微处理器有很多种，比如 ARM 7EJ、ARM 9E、ARM 10E 和 Xscale 等。

6. ARM v6 架构

2001 年，ARM v6 问世。ARM v6 架构在很多方面都有很大改进，比如存储系统和异常处理，重要的是它增加了对多媒体功能的支持，强化了图形处理性能。ARM v6 中引进的媒体指令可以支持包括单指令多数据流（Single Instruction Multiple Data，SIMD）运算在内的一系列新功能。SIMD 媒体功能扩展为音频/视频的处理提供了优化功能，在降低耗电量的同时，可以使处理音频/视频的性能提高 4 倍。ARM 11、ARM 1176JZ 和 ARM 1136EJ 等微处理器都采用了 ARM v6 架构。

在 ARM v6 中，还引入了 Thumb-2 和 TrustZone 技术，这是两个可选的技术。在之前的版本中，ARM 指令和 Thumb 指令分别执行不同指令集的指令前要进行切换。Thumb-2 技术增加了混合模式的功能，定义了一个新的 32 位指令集，于是可以运行 32 位指令与传统 16 位指令的混合代码。这能够实现 "ARM 指令级别的性能" 与 "Thumb 指令级别的代码密度"。TrustZone 技术在硬件上提供了两个隔离的地址空间：安全域（Secure World）和非安全域（Non-Secure World），给系统提供了一个安全机制。

ARM v6M 架构是 ARM v6 架构的变种版本，其主要为低成本和高性能设备而设计，面向早期 8 位微处理器占据的市场，提供了 32 位微处理器的解决方案。ARM v6M 架构在中断处理结构和编程模式方面都完全向后兼容。所有早期的 ARM Cortex-M 系列微处理器（从 Cortex-M0 微处理器到 Cortex-M4 微处理器）都采用了 ARM v6M 架构。

7. ARM v7 架构

在 ARM v6 架构的基础上，ARM v7 架构使用了 NEON 技术，可以将 DSP 和媒体处理能力提高近 4 倍，并支持改良的浮点运算，满足下一代 3D 图形、游戏物理应用以及传统嵌入式控制应用的需求。

ARM Cortex 系列微处理器旨在横跨各种应用领域，从成本低于 1 美元的微处理器到功能强大、运行频率超过 2GHz 的多核微处理器。Cortex 系列的所有微处理器都采用了 ARM v7 架构（采用 ARM v6M 的 Cortex-M 系列微处理器除外），此系列微处理器分为以下 3 种类型。

* Cortex-A 应用型微处理器，它在存储管理部件、NEON 处理单元以及支持半精度、单精度和双精度运算的高级硬件浮点单元的基础上实现了虚拟内存系统架构，同时支持 ARM 指令集和 Thumb 指令集。它适用于高端消费电子设备、网络设备、移动互联网设备和企业市场。例如，Cortex-A8、Cortex-A9 和 Cortex-A15 都属于应用型微处理器。

* Cortex-R 实时微处理器，它在存储器保护单元（Memory Protection Unit，MPU）的基础上实现了受保护内存系统架构，同时支持 ARM 指令集和 Thumb 指令集。它适用于高性能实时控制系统，比如汽车和大容量存储设备等。例如，Cortex-R4（F）属于实时微处理器。

- Cortex-M 低成本微处理器，只支持 Thumb 指令集，支持快速中断处理、硬件压栈操作和直接使用高级语言编写中断处理等，适用于需要高度确定的行为和最少门数的成本敏感型设备。

8. ARM v8 架构

ARM v8 是 ARM 公司推出的首款 64 位指令集的微处理器架构，是为满足新需求而在 32 位 ARM 架构上重新设计的一个架构，主要应用于对扩展虚拟地址和 64 位数据处理技术有更高要求的产品领域，比如企业应用和高消费电子产品。它引入了 Execution State、Exception Level、Security State 等新特性，已经和以往的 ARM 架构有了很大差别。

ARM v8 架构包含两种执行状态：AArch64 和 AArch32。AArch64 执行状态针对 64 位处理技术，它引入了一个全新指令集 A64；而 AArch32 执行状态支持现有的 ARM 指令集。ARM v8 架构保留或进一步拓展了 ARM v7 架构的主要特性，比如 TrustZone 技术、虚拟化技术以及 NEON advanced SIMD 技术等。

完稿时，ARM v8 架构只有 A 系列，即 ARM v8-A，例如 Cortex-A57 和 Cortex-A53 微处理器。其中，Cortex-A57 微处理器的性能非常强大，功耗也很大；而 Cortex-A53 微处理器的性能略逊于 Cortex-A57，但是功耗小。

ARM 公司定义了 8 种 ARM 体系架构的版本。即使在相同的指令集下，也可以通过搭配不同的部件组装出具有不同功能（如存储管理功能和调试功能等）的微处理器。不同功能的微处理器也经常被称为不同系列的微处理器，它们可以通过 ARM 体系架构的版本名称来加以区分。

1.1.3　ARM 微处理器的特点

经过 40 多年的发展，ARM 公司设计了大量嵌入式微处理器。这些微处理器采用了 RISC 架构，一般来说，它们具有以下特点。

（1）高性能、低成本和低功耗。

（2）固定长度的指令结构。ARM 微处理器提供 3 种不同的指令集（ARM 指令集、Thumb 指令集和 Thumb2 指令集），能够适应多种应用场合。

（3）寻址方式灵活简单，指令执行的效率高。所有的寻址操作只由寄存器的内容和指令域决定。在此基础上，增加多寄存器的加载和存储指令，使得数据操作的效率更高。

（4）大量使用寄存器，可提高指令的执行效率。数据处理指令只对寄存器进行操作，只有加载/存储指令可以访问存储器。

（5）在循环处理中使用地址的自动增减来提高运行效率。

1.1.4　ARM 微处理器的应用领域

ARM 微处理器的工作速度越来越快、性能越来越强，而功耗和价格却越来越低。鉴于 ARM 微处理器的诸多优点，截至目前，包括高通、三星和联发科等在内的全球 1384 家移动芯片制造商都采用了 ARM 架构，全球超过 85% 的智能手机和平板电脑的芯片采用的是 ARM 架构的微处理器，超过 70% 的智能电视也在使用 ARM 架构的微处理器。

随着嵌入式技术的不断发展，微处理器在各行各业已全面"开花"，并由点向面扩展，出现了新的革命机遇。各种设备或部件都装载了微处理器，它们不仅具备基本的采集与控制功能，还具有网络通信功能。因而，分散在不同地域的各个设备或部件可以被整合成更大的智慧系统。在不同行业、不同领域的智慧系统中，人、设备和信息将被汇聚、分析、整合，为人们的生活、生产以及消费创造出前所未有的全新体验，生产力也将随之大幅提高。在智慧时代，智慧系统为以下行业领域带来了变革。因此，在未来几年内，ARM 微处理器技术将会在这些领域得到长足的发展。

1. 工业制造领域

在工业制造领域，带有微处理器的工业自动化设备必不可少。实现工业自动化设备的网络化，不仅可以提高生产效率和产品质量，同时还能减少人力资源成本，例如工业过程控制和数字机床。

德国最早推出"工业 4.0"（Industry4.0），它的本质就是将软件、传感器和通信系统组合成智慧系统，利用信息技术对制造业进行升级改造。产品或将由分散在世界各地的人共同设计，其各个部件生产在分布在全球各地的自动化工厂里完成，由采用特制混合粉末的机器以 3D 打印的方式生产，最后在自动化组装工厂中完成组装。工业 4.0 技术所生产的产品从个性化汽车部件，到轮机叶片，不一而足。

目前，32 位 ARM 微处理器已经占有高端微处理器市场的大部分份额，同时也逐渐向低端微处理器应用领域扩展。借助低功耗和高性价比的优势，ARM 微处理器向传统的 8 位/16 位微处理器提出了挑战。

2. 医疗保健领域

由于资源不足以及效率低下等问题，医疗行业现已成为矛盾极为突出的行业，人们普遍希望能够借助智慧医疗、移动医疗、可穿戴设备等技术来改变现状。这些新技术可以简化大量数据的收集和分析工作、降低医疗监护与管理成本，并让医护人员从繁重的简单重复性工作中解脱出来，在提升病人治疗效果的同时，降低治疗成本。随着 32 位微处理器的性能提升和高度优化的协议栈软件的出现，在传统传感器基础上增加无线网络连接已经可行。广泛部署基于 IP 内核的智能传感器，为越来越多的应用服务，这在几年前似乎还很难想象，而如今已变得可行。

3. 汽车电子与交通管理领域

随着传感器技术和信号处理技术的快速发展，汽车的动力控制与安全技术也逐渐电子化。从车载影音娱乐系统到 ADAS（Advanced Driver Assistance Systems，高级驾驶辅助系统），再到如今的自动驾驶功能，汽车越来越像一种电子产品。在车辆导航、流量控制、信息监测与汽车服务方面，ARM 微处理器已经获得广泛的应用。采用 GSM（Global System for Mobile Communications，全球移动通信系统）模块的移动定位终端已经在各种运输行业获得成功使用，车联网技术使交通调度指挥系统实现自动化和智能化。

ARM 微处理器在汽车安全、汽车多媒体和汽车辅助系统方面也占有很大份额。ARM 公司持续在微处理器模型的开发上进行投入，目前正在为汽车控制设计新的微处理器。Cortex-R 系列微处理器能实时考虑安全因素，以便更好地检测、监控故障。Cortex-M 系列微处理器则瞄准成本优化，提供高性价比的应用。另外，ADAS 技术从高端车型向中低端车型普及，将为 ARM 微处理器的应用和发展带来更多的机遇。同时消费者对汽车安全、节能降耗、人车交互、辅助驾驶、车联网以及影音娱乐系统的要求不断提升，未来汽车电子系统成本占比将高达 30%~50%。

4. 销货系统应用领域

销货终端（Point of Sale，POS）是一种多功能的终端设备，它为商品与媒体交易提供数据服务和管理功能，并进行非现金结算。POS 的核心单元是微处理器，它采集条码或

OCR（Optical Character Reader，光学字符阅读器）码后，通过网络与银行系统的中心服务器连接，可实现电子资金自动转账，它具有收款、预授权、余额查询和转账等功能，使用起来安全、快捷、可靠。除此之外，微处理器还被应用到自动售货机和各种智能 ATM 终端。人们不需要携带现金，手持银行卡几乎就可以行遍天下，大大提升了工作效率与用户体验。

5．智能家居领域

智能家居（Smart Home），又称智能住宅。通俗地说，它是融合自动化控制系统、计算机网络系统和网络通信技术于一体的网络化、智能化的家居控制系统。智能家居将家中的各种设备（如音视频设备、照明系统、窗帘控制系统、空调控制系统、安防系统、数字影院系统、智能家电等）通过家庭网络连接到一起。一方面，智能家居将让用户用更方便的手段来管理家庭设备，例如，即使无人在家，也可以通过电话或网络远程控制家里的冰箱、洗衣机或空调等家电。另一方面，智能家居内的各种设备之间可以通信，不需要用户指挥也能根据不同的状态互动运行，从而在更大程度上给用户带来便利、舒适与安全。例如，配有微处理器的水、电、煤气表不仅可以远程自动抄表，还可以代替人进行安全检查，具备更高、更准确和更安全的性能。

6．环境保护领域

随着我国工业化和城市化的迅速发展，环境保护也越来越重要，而环境保护需要对温度、湿度、光照、降水量、风速和沙尘等环境参数进行监测。在很多环境恶劣、地况复杂的地区，可以使用嵌入式设备实现无人监测，以降低风险和经济成本。嵌入式设备中的微处理器可以实时采集环境参数，具有移动通信（GPRS/CDMA）或互联网（Internet）通信功能，可对各种现场进行远程监控和管理。目前，ARM 微处理器已经广泛应用于水文资料实时监测、防洪体系及水土质量监测、地震监测、水源和空气污染监测等环境保护领域。

1.2　ARM 微处理器的开发工具

嵌入式系统是一种专用的计算机控制系统，它的软件与硬件是按照需求定制的。要从事嵌入式系统的应用软件开发，就必须精通 ARM 微处理器编程。一般来说，掌握 ARM 微处理器编程需要学习两个方面的内容。一是利用编译工具将高级语言的程序代码转化成微处理器可以识别的二进制文件，比如将 C 语言代码或汇编语言代码编译成 HEX 文件。二是使用硬件编程器或软件工具将二进制文件下载到单片机内部的存储器上，然后通电运行、测试程序。在一些复杂的应用软件开发过程中，还需要借助硬件仿真/调试工具来调试程序，快速定位程序中的问题，从而缩短软件开发周期。

1.2.1　交叉编译环境

常见的软件开发（比如在 x86 系统的 CPU 下开发 C 语言程序）都属于本地编译。本地编译的特点是在一种系统下编译出来的程序，只能直接在同一种系统下运行或调试。因为嵌入式系统的特点，大多数嵌入式系统并不具有自我开发软件的能力，所以必须借助其他功能更强大的计算机系统为其开发软件。例如，在 x86 系统上将程序代码编译成二进制代码，再在 ARM 系统上运行二进制代码。将一种系统上的程序代码编译生成另一种系统上可以执行的二进制代码，这种开发模式通常被称为交叉编译（Cross Compiling）。因此，为了高效完成嵌入式系统软件的开发工作，必须非常熟悉交叉编译环境的组成及其工作原理。一套典型的交叉编译环境如图 1-2 所示。从硬件结构上来说，它由宿主机、目标系统和下载调试工具 3 部分组成。

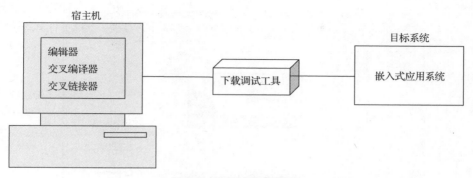

图 1-2 典型的交叉编译环境

宿主机是一种具备为其他系统开发应用程序能力的计算机，有时也被称为主机（Host Machine）。这里提到的系统有两个方面的含义：微处理器的体系结构和所运行的操作系统。宿主的概念来源于生物界，在宿主的内部往往寄生着其他生物。宿主机内有其他系统的软件开发工具，可以为其他系统编写程序代码，然后编译生成可以在其他系统上运行的可执行程序，同时还可以离线仿真、在线调试程序。在实际开发过程中，由于计算机强大的功能，它通常扮演着宿主机的角色，可安装其他系统的交叉编译工具链。所谓交叉编译工具链，就是实现交叉编译的一系列工具，包括其他系统的函数库、编译器、链接器、调试器和二进制工具等。

待开发软件的嵌入式硬件设备通常被称为目标机（Target Machine）即目标系统。由于目标系统的硬件资源限制（比如存储器很小），往往不具备应用软件开发工具。目标系统通过借助某些特定的驻留软件或硬件工具来配合宿主机完成软件开发工作，从而使开发效率大大提升。

在嵌入式开发过程中，必须借助下载调试工具来完成宿主机和目标系统之间的数据交互工作。宿主机编译生成的二进制代码只有通过下载调试工具才能下载到目标系统上运行，只有完成在线仿真调试后才能发布软件的最终版本。下载调试工具有很多种类型，类型不同，用处也不同。搭建交叉编译环境比较复杂，很多步骤都涉及对硬件系统的选择。为了提高嵌入式软件开发的效率，许多公司开发了集成开发环境和配套的下载调试工具。这使得嵌入式软件开发的过程看起来同传统的软件开发没有太大区别，降低了开发过程的难度。没有一种开发工具是万能的，也没有一种工具在所有方面都具有绝对优势，可以根据自己的习惯来选择。

1.2.2 软件开发工具

1. Keil MDK-ARM

Keil MDK-ARM 是 ARM 公司推出的一款专门针对各种 ARM 内核处理器的集成开发工具。它适合不同层次的开发者使用，包括专业的应用程序开发工程师和嵌入式软件开发的入门者。完稿时它的最新版本为 5.21a，其开发界面如图 1-3 所示。

Keil MDK-ARM 是由 MDK Core 和 Software Packs 两部分组件构成的。其中，MDK Core 集成了业内最领先的技术，包含 μVision 5 集成开发环境、编辑器、ARM C/C++编译器、μVision 调试跟踪器和 Software Packs 安装工具。Software Packs 可以独立于工具链，单独管理（下载、更新、移除）设备支持包和中间件更新包。

Keil MDK-ARM 支持 ARM 7、ARM 9、Cortex-M0、Cortex-M0+、Cortex-M3、Cortex-M4、

Cortex-R4 等内核的微处理器。它可以自动配置启动代码，还集成了 Flash 下载程序，以及强大的 Simulation 设备模拟、性能分析等功能，可以帮助工程师按照计划完成项目。

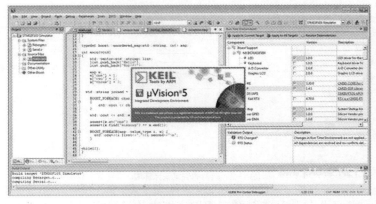

图 1-3　Keil MDK-ARM 的开发界面

2. IAR Embedded Workbench for ARM

IAR Embedded Workbench for ARM（简称 EWARM）是 IAR Systems 公司推出的一套针对 ARM 微处理器的软件开发工具，它支持众多知名半导体公司的微处理器，以其高度优化的编译器而闻名。完稿时 EWARM 的最新版本为 7.70，它的开发界面如图 1-4 所示。

图 1-4　EWARM 的开发界面

EWARM 提供了完整的集成开发环境，包括工程管理器、编辑器、编译链接工具和 C-SPY 调试器。EWARM 完全支持 ARM 与新的 ARM Cortex-M7 微处理器内核。其 C/C++编译器不仅支持一般的全局性优化，还支持针对特定芯片的低级优化，以充分利用芯片的所有特性，确保较小的代码体量。EWARM 能够支持由不同的芯片制造商生产的种类繁多的 8 位、16 位或 32 位芯片。许多全球知名的公司都在使用 EWARM。

3. Sourcery CodeBench

Sourcery CodeBench 是 Mentor Graphics（明导）公司推出的一套针对 ARM 微处理器的软件开发工具，它是在 Sourcery G++的基础上演变而来的。Sourcery CodeBench 整合了 GNU 编译

器套件（GNU Compiler Collection，GCC）、Eclipse 开发环境，以及支持在 ARM、ColdFire、MIPS、Power 和 x86 等系统上从事嵌入式 C/C++开发的集成开发环境。Sourcery CodeBench 支持在 Windows 和 Linux 系统上进行开发，它的开发界面如图 1-5 所示。

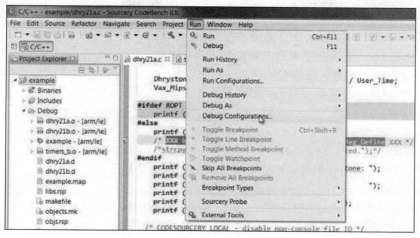

图 1-5　Sourcery CodeBench 的开发界面

为了满足不同应用对象的需求，Mentor Graphics 公司基于 GCC 推出了两种 ARM 交叉编译工具：arm-none-elf-gcc 和 arm-none-linux-gnueabi-gcc，它们支持 ARM 7、ARM 9、Cortex-M/R 等微处理器。其中，arm-none-elf-gcc 仅用来编译 32 位 ARM 微处理器的裸机程序；arm-none-linux-gnueabi-gcc 不仅可以编译 32 位 ARM 微处理器的裸机程序，还可以编译引导程序（如 u-boot）、Linux 内核、文件系统和应用程序等。

4．Linaro 工具链

Linaro 是一个非营利的开源代码组织，它于 2010 年 3 月由 ARM、飞思卡尔、IBM、三星、ST-Ericsson 及德州仪器等半导体厂商联合成立。该组织主要从事基于 ARM 系统的软件开发与测试，同时免费面向业界分享这些开发成果。Linaro 推出一系列标准化的 ARM 开发工具、Linux 内核、中间件以及开发、优化工具，并将其免费提供给基于 ARM 系统设备的厂商，以便他们更快地实现软硬件结合，缩短研发周期。

Linaro 工具链的下载界面如图 1-6 所示。Linaro 工具链有两种：arm-linux-gnueabihf-gcc 和 aarch64-linux-gnu-gcc，它们不仅可以编译裸机程序，还可以编译引导程序、Linux 内核、文件系统和应用程序等。其中，arm-linux-gnueabihf-gcc 工具链针对 32 位 ARM 微处理器，如 ARM 7、ARM 9、Cortex-M/R 等微处理器；而 aarch64-linux-gnu-gcc 工具链针对采用 ARM v8 架构的 64 位 ARM 微处理器。

Linaro Toolchain

Linaro offers monthly updates to QEMU, GDB, toolchain components and various versions of GCC. You can access source and pre-built binaries. Click below for the latest downloads.

linaro-toolchain-binaries (little-endian)	Linux	Windows Archive	Bare Metal	Source	Sysroot
linaro-toolchain-binaries (big-endian)	Linux		Bare Metal	Source	Sysroot
linaro-toolchain-binaries (Aarch64 little-endian)	Linux	Windows Archive	Bare Metal	Source	Sysroot
linaro-toolchain-binaries (Aarch64 big-endian)	Linux		Bare Metal	Source	Sysroot

图 1-6　Linaro 工具链的下载界面

1.2.3 硬件开发工具

1. ULINK 2 调试适配器

ULINK 2 调试适配器是 ARM 公司推出的一款与 Keil MDK-ARM 配套使用的仿真器，它是 ULINK 仿真器的升级版本，它的外观如图 1-7 所示。结合使用 Keil MDK-ARM 调试器和 ULINK 2 调试适配器，开发工程师就可以方便地对目标硬件上的嵌入式程序进行编程和调试。

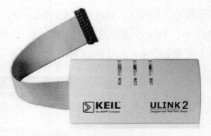

图 1-7　ULINK2 调试适配器

ULINK 2 调试适配器具有以下功能和特点。

- 标准 Windows USB（Universal Serial Bus，通用串行总线）驱动，USB 供电（不需要额外的电源）。
- 宽目标电压，2.7～5.5V 可用。
- 支持 ARM 7、ARM 9、Cortex-M、8051 和 C166 微处理器。
- 支持 JTAG（Joint Test Action Group，联合测试工作组）调试，工作频率高达 10MHz。
- 支持基于 ARM Cortex-M3 的串行调试（Serial Wire Debug，SWD）。
- 支持程序运行期间的存储器读写、终端仿真和串行调试输出。

在开发过程中，ULINK 2 调试适配器一端通过 USB 接口与 Windows 主机相连，而另一端 20 脚的 JTAG/SWD 接口连接至 ARM 7、ARM 9 和 Cortex-M 等目标板。在通电状态下，ULINK 2 LED 灯的 3 种状态的含义说明如下。

- ULINK 2 红色 USB LED 灯常亮：ULINK 2 已经通电；
- ULINK 2 红色 COM LED 灯常亮：目标板与 ULINK 2 在 JTAG/SWD 接口模式下已经通信初始化；
- ULINK 2 红色 RUN LED 灯闪烁：目标板与 ULINK 2 正在进行数据交换。

JTAG/SWD 接口是一个 20 脚标准的数据接口，ULINK 2 的接口定义如表 1-2 所示，JTAG/SWD 的标准接口如图 1-8 所示。

表 1-2　ULINK 2 的接口定义

引脚编号	ULINK 2 调试适配器	连接目标板	描述
1	VCC	VCC	供电电源 VCC
2	VCC（optional）	VCC	供电电源 VCC
3	TRST, N/U	TRST	测试复位引脚
4	GND	GND 或悬空	电源地信号
5	TDI, N/U	TDI	测试数据输入引脚
6	GND	GND 或悬空	电源地信号或悬空
7	TMS, SWDIO	TMS, SWDIO	JTAG：测试模式状态引脚 SWD：数据引脚
8	GND	GND 或悬空	电源地信号
9	TCLK, SWCLK	TMS, SWCLK	时钟引脚
10	GND	GND 或悬空	电源地信号或悬空
11	RTCK, N/U	RTCK	时钟引脚
12	GND	GND 或悬空	电源地信号
13	TDO, SWO	TDO	测试数据输出引脚
14	GND	GND 或悬空	电源地信号
15	RESET	RESET	复位引脚
16	GND	GND 或悬空	电源地信号
17	N/C	悬空	悬空
18	GND	GND 或悬空	电源地信号
19	N/C	悬空	悬空
20	GND	GND 或悬空	电源地信号

```
VCC   1  □ □   2  VCC (optional)        VCC   1  □ □   2  VCC (optional)
TRST  3  □ □   4  GND                   N/U   3  □ □   4  GND
TDI   5  □ □   6  GND                   N/U   5  □ □   6  GND
TMS   7  □ □   8  GND                   SWDIO 7  □ □   8  GND
TCLK  9  □ □  10  GND                   SWCLK 9  □ □  10  GND
RTCK 11  □ □  12  GND                   N/U  11  □ □  12  GND
TDO  13  □ □  14  GND                   SWO  13  □ □  14  GND
RESET 15 □ □  16  GND                   RESET 15 □ □  16  GND
N/C  17  □ □  18  GND                   N/C  17  □ □  18  GND
N/C  19  □ □  20  GND                   N/C  19  □ □  20  GND
         JTAG                                    SWD
```

图 1-8　JTAG/SWD 的标准接口

2．J-Link 仿真器

　　J-Link 是 SEGGER 公司针对 ARM 内核芯片推出的一款仿真器，它的外观如图 1-9 所示。J-Link 具有 JTAG 调试和 SWD 两种调试方式，是当今比较流行的 ARM 微处理器仿真器之一，可以与 Keil MDK-ARM 和 IAR Embedded Workbench for ARM 等软件开发工具配套使用。J-Link 具有价格便宜、调试方便和下载速度快等优点，受到很多嵌入式开发者的青睐。

　　J-Link 仿真器的主要功能和特点如下。

- 　支持使用 ARM 7、ARM 9、ARM 11、Cortex-M0/M1/M3/M4/R4/A5/A8 内核的芯片，包括 Thumb 模式。

图 1-9　J-Link 仿真器

- 　无须安装任何驱动程序，可直接与 EWARM 集成开发环境无缝连接。
- 　支持 JTAG 调试，工作频率高达 12MHz。
- 　支持 SWD，工作频率高达 6MHz。
- 　支持 1.2～3.3V 供电的目标系统仿真。
- 　支持标准的 20 芯 JTAG 仿真插头，可选配 14 芯 JTAG 仿真插头。

　　通过结合使用 Keil MDK-ARM 的调试器和 ULINK 2 调试适配器，开发工程师就可以方便地对目标硬件上的嵌入式程序进行编程和调试。

1.3　ARM 微处理器的开发方法简介

1.3.1　基于 Arduino 的应用开发

　　Arduino 是意大利的一个开放源代码的硬件项目，可以用于开发各种各样的电子创意作品。Arduino 系统由硬件和软件两部分组成，并且这两个部分都是开源的。硬件部分是一块载有微处理器芯片的电路板，它的全套设计资料可以在 Arduino 官方网站中免费下载。开发者既可以购买成品开发板，也可以自己焊接制作开发板。软件部分是一个免费的 Arduino 集成开发环境，它集成了编辑器、编译器、连接器和软件下载等功能。Arduino 具有自己的编程语言，它采用 C/C++语言封装了微处理器的内部细节，并提供了一系列实用的硬件抽象函数。

　　自从 2005 年 Arduino 创建以来，Arduino 的应用范围已经远远超出嵌入式开发的领域。Arduino 被称为"科技艺术"，很多电子科技领域以外的爱好者凭借丰富的想象力和创造力，设计开发出了很多有趣的作品，如图 1-10 所示的采用 Arduino 控制的三轮小车和图 1-11 所示的擦白板的自动机器。

图 1-10　采用 Arduino 控制的三轮小车

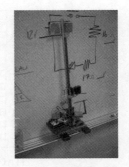

图 1-11　擦白板的自动机器

与传统开发方式相比，Arduino 编程屏蔽了微处理器内部结构的细节，降低了微处理器开发的难度。Arduino 在很多方面具有优势，特别适合老师、学生和业余爱好者们使用。Arduino 独有的几种优势表现在以下几方面。

1. 开放性

Arduino 是完全开源的项目，任何人都可以使用、修改和发布，这不仅便于用户更好地理解 Arduino 的电路原理，还便于用户根据自己的需要进行修改。例如，由于空间的限制，需要设计异形的电路板，或者将自己的扩展电路与主控制电路设计到一起。

2. 易用性

Arduino 的开发环境非常简单，仅提供了必需的工具栏，几乎去掉了一切可能会使初学者眼花缭乱的元素，用户甚至可以不阅读使用手册便可以实现代码的编译与下载。

3. 交流性

Arduino 已经划定一个比较统一的框架，一些底层的初始化采用了统一的方法，对数字信号和模拟信号使用的接口也做了标定，初学者在设计、交流电路或编写程序时非常方便。

4. 丰富的第三方资源

Arduino 秉承了开源社区一贯的开放性和分享性，很多爱好者在成功实现了自己的设计后，会把自己的硬件和软件拿出来分享。Arduino 也预留了非常友好的第三方库开发接口，用户很容易找到一些基本功能模块的库函数，如舵机控制、PID（Proportion Intergral Differential，比例积分微分）调速、模数转换等。

1.3.2　基于 CMSIS 的应用开发

根据相关调查研究发现，在更换芯片或开发工具时，嵌入式软件代码的重用性不高，软件开发的花费在不断提高。随着 Cortex-M 系列微处理器大量投放市场，ARM 意识到建立一套软件开发标准的重要性和迫切性。因此，ARM 公司专门针对 Cortex-M 系列微处理器发布了一套 ARM Cortex 微处理器软件接口标准（Cortex Microcontroller Software Interface Standard，CMSIS）。

CMSIS 是 ARM 公司、工具供应商和芯片供应商共同遵循的一套软件开发标准，它制定了 Cortex-M 系列微处理器的硬件抽象层标准，为芯片供应商和中间件供应商提供了连续的、简单的微处理器应用程序接口（Application Program Interface，API）标准。在 CMSIS 下，ARM 公司、芯片供应商和中间件供应商分别实现了一些通用的 API。这些预先定义的函数可以用来访问 Cortex-M 微处理器的内核以及一些专用外部设备，减少因更换芯片以及开发工具等移植工作而增加的风险和成本。例如，采用 Cortex-M3 芯片实现的程序代码可以应用到任何一款 Cortex-M3 的芯片中。

1. 基于 CMSIS 的软件架构

基于 CMSIS 的软件架构如图 1-12 所示，整个软件架构主要分为 3 层：用户应用层、CMSIS 软件层和硬件寄存器层。其中，CMSIS 软件层起着承上启下的作用。一方面，它统一了硬件寄存器层的接口名称，屏蔽了不同芯片供应商对 Cortex-M 系列微处理器内核外部设备寄存器设置的不同名称；另一方面，它还统一了操作系统、中间件和用户应用层的接口定义，简化了应用程序开发过程，使开发人员能够在完全透明的情况下进行应用程序开发。

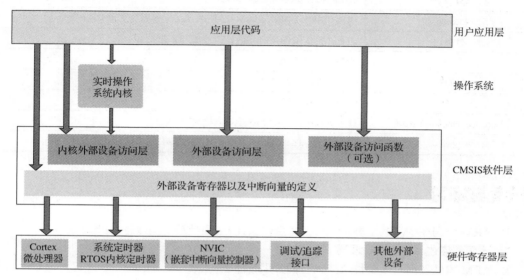

图 1-12　基于 CMSIS 的软件架构

2. CMSIS 软件层的组成

CMSIS 软件层的实现相对复杂，它由以下 6 个主要部件组成。

● CMSIS-CORE：提供了用于访问特定微处理器功能和内核外部设备的系统启动方法与函数，支持所有 Cortex-M 系列微处理器（包括 Cortex-M0、Cortex-M3、Cortex-M4、SC000 和 SC300 等）。

● CMSIS-Driver：定义了外部设备驱动程序通用接口，使得外部设备驱动程序能够支持跨设备重用。CMSIS-Driver API 与 RTOS（Real-Time Operating System，实时操作系统）独立，它实现了微处理器外部设备的应用程序接口，这些接口函数可能会被通信栈、文件系统或图形用户界面等中间件所调用。

● CMSIS-DSP：定义了各种数据类型，提供了向量运算、矩阵计算、复杂运算、筛选函数、控制函数、PID 控制算法、傅里叶变换和很多其他常用的 DSP 算法。

● CMSIS-RTOS：对与实时操作系统之间的接口进行了标准化，扩展了需要 RTOS 功能的软件组件在 CMSIS 方面的优点。CMSIS-RTOS API 的统一功能集简化了需要实时操作系统的软件组件的共享。

● CMSIS-SVD：定义了外部设备的系统视图说明，描述了调试接口、外部设备头文件、外部设备寄存器和外部设备中断等信息。

● CMSIS-DAP：定义了调试访问接口，以及标准化固件连接到 CoreSight 调试访问接口的调试单元。CMSIS-DAP 分布为单独封装，非常适合对评估板进行集成。

3. CMSIS 软件层的文件结构

CMSIS 软件层的文件结构如表 1-3 所示，表中对各文件进行了简要介绍。

表 1-3　CMSIS 软件层的文件结构

文件名称	内容描述
Documentation	文档说明
DAP	CMSIS-DAP，调试访问接口的源代码和参考实现范例
Driver	CMSIS-Driver，外部设备接口的头文件
DSP_Lib	CMSIS-DSP 软件库的源代码
Include	包含 CMSIS-CORE 和 CMSIS-DSP 部分功能的头文件
Lib	为 ARMCC 和 GCCCMSIS-DSP 生成的库文件
Pack	CMSIS-Pack 范例
RTOS	CMSIS-RTOS 头文件
SVD	CMSIS-SVD 范例
UserCodeTemplates\ARM	ITM_Retarget.c，CMSIS 重定向输出的模板文件
Utilities	PACK.xsd、PackChk.exe、CMSIS-SVD.xsd、SVDConv.exe

思考与练习

1. ARM 公司在中国的生态系统有哪些合作伙伴?主要针对哪些业务?
2. 请简要描述 ARM 微处理器的特点。
3. ARM 微处理器有多少种架构? 它们分别有什么特点?
4. ARM 微处理器可以被应用到哪些领域? 请举例说明。
5. 什么是交叉编译环境? 为什么要进行交叉编译?
6. ARM 微处理器的软件开发工具有哪些? 请举例说明。
7. ARM 微处理器的硬件开发工具有哪些? 请举例说明。
8. 在使用 SAM3X8E 芯片进行嵌入式应用开发时，你会使用哪两种开发方法? 请举例说明。
9. 请你描述一下 Arduino 编程的优点。
10. 什么是 CMSIS? 请画出它的软件架构，并简要描述它的各个组成部分。

02

chapter

Arduino Due 简介

2.1　Arduino Due 概述

　　Arduino Due 是开源组织 Arduino 推出的第一款 ARM 开发板，其外观如图 2-1 所示。这款开发板的主控制芯片采用了 Atmel（爱特梅尔）公司生产的 SAM3X8E 芯片，其内部集成了一款 32 位 Cortex-M3 的微处理器内核。

　　从外形特征来看，Arduino Due 与 Arduino 开发板中的 Arduino Mega 2560 和 Arduino ADK 极其相似。这几款开发板的引脚插座相互兼容，即引

图 2-1　Arduino Due 开发板的外观

脚插座的相对位置完全一致。但在开发板的内部细节上，Arduino Due 与其他 Arduino 开发板存在着显著的差异，其主要区别有以下几个方面。

1. 工作频率不同

绝大多数 Arduino 开发板采用了 8 位 AVR 微处理器，其工作频率一般在 16MHz 以下。而 Arduino Due 开发板则采用了 32 位 ARM Cortex-M3 微处理器，其工作频率高达 84MHz。Cortex-M3 微处理器内核使用精简指令集 Thumb-2 和 NVIC（Nested Vectored Interrupt Controller，嵌套向量中断控制寄存器），大幅提高了任务的响应速度，已达到硬实时响应的标准。

2. 工作电压不同

AVR 微处理器和内部电路的工作电压是 5V，而 ARM Cortex-M3 微处理器和内部电路的工作电压是 3.3V。如果输入电压高于额定的工作电压，就可能损坏微处理器芯片。

3. 功能不同

通常 AVR 芯片内部集成的功能比较少，有时还在芯片外部扩展所需要的功能，如实时时钟。SAM3X8E 芯片内部集成的功能非常丰富，不必在芯片外部扩展功能就能满足大多数应用开发的需求。SAM3X8E 芯片集成了以下几种功能。

（1）片内实时时钟（RTC，Real_Time Clock）。虽然 SAM3X8E 芯片内部集成了实时时钟模块，但是 Arduino Due 却没有为实时时钟模块提供独立的供电电源。因此，Arduino Due 的实时时钟模块功能受限，掉电后不能保存系统时间。

（2）支持 USB Host 以及 Google ADK（Android Develop Kit，安卓开发工具集），不需要使用 ADK 接插件或专用的设备也可以方便地进行 Android 智能手机的开发。

（3）支持硬件真随机数发生器（True Random Number Generator，TRNG）。在加密/解密应用开发中，可以直接使用硬件生成真随机数，而不是通过调用软件函数生成伪随机数，增强了产品的安全性。

（4）支持多通道模数转换（Analog-to-Digital Conversion）和数模转换（Digital-to-Analog Conversion）。不需要在外部扩展相应的芯片，也可以完成数据采集或数据合成，比如制作 WAV 音乐播放器。

（5）支持 CAN（Controller Acea Network，控制器局域网络）总线。虽然 Arduino Due 保留了 CAN 总线的引脚，但是 Arduino 软件库并没有提供对应的函数库。如果要使用 CAN 总线的功能，只能通过读/写微处理器的内部寄存器来实现相应的功能。

（6）支持 DMA（Direct Memory Access，直接存储器访问）。DMA 可以节省 CPU 访问存储器的时间，减小 CPU 的运算压力，比如使用网络操作。

2.2 功能特点

Arduino Due 继承了其他 Arduino 开发板的设计优点，它具有以下特点。

1. 人性化设计

为了便于开发使用，开发板的接口插座附近印刷明显的丝印标识。丝印标识指明了接口的功能和编号。接口插座的位置设计非常合理，不仅可以与其他 Arduino 开发板互相兼容，还可以与常用的 Arduino Shield 扩展板互相兼容。

2. 接口资源丰富

Arduino Due 提供了常用的外部设备接口，可以满足绝大多数应用领域的应用开发和产品原型设计。Arduino Due 提供的接口资源有以下几种。

（1）54 个数字信号引脚，其中 12 个可以用作 PWM 输出。

（2）12 个模拟信号引脚。

（3）4 个 UART（Universal Asynchronous Receive/Transmitter，通用异步收发器）串行通信接口。

（4）2 个 DAC 引脚。

（5）2 个 TWI（Two-Wire Interface，双线接口）引脚。

（6）1 个 SPI（Serial Peripheral Interface，串行外部设备接口）引脚。

（7）1 个 JTAG 调试接口。

（8）1 个复位按键。

（9）1 个擦除按键。

3．使用灵活

为了满足不同领域的应用需求，Arduino Due 提供了大部分的 I/O（Input/Output，输入输出）接口引脚，以便于功能扩展。另外，Arduino Due 还提供了两种类型的 USB 接口。通过这两种 USB 接口，可以向 SAM3X8E 芯片中下载程序。

4．存储器资源充足

SAM3X8E 内部集成了 512KB Flash 存储器和 96 KB SRAM（Static Random Access Memory，静态随机存储器），基本可以满足大多数电子创意作品的需求。其中，Flash 存储器由两块 256KB 的存储区构成，可以用于存储引导程序和用户的程序代码。SRAM 由两块连续的 64KB 和 32KB 的存储区构成。

2.3 参数规格

Arduino Due 的参数规格如表 2-1 所示。Arduino Due 支持 7～12V 的输入电压，通过内部的电压转换芯片，可以为微处理器和 I/O 接口提供 3.3V 的工作电压。但是，如果 I/O 接口中的引脚直接连接到外部 5V 接口设备，就可能损坏 SAM3X8E 芯片。因此，当 Arduino Due 与其他扩展板连接时，一定要注意扩展板的工作电压。

表 2-1　Arduino Due 的参数规格

参数	描述
微处理器	SAM3X8E
工作电压	3.3V
输入电压（范围）	6～16V
输入电压（推荐）	7～12V
数字 I/O 接口的引脚数量	54 个，其中 12 个引脚可以作为 PWM 输出
模拟输入接口的引脚数量	12 个
模拟输出接口的引脚数量	2 个，数模转换输出引脚
I/O 接口的引脚总输出电流	130mA
3.3V 引脚的驱动能力	800mA
5V 引脚的驱动能力	800mA
Flash	512KB，所有空间都可以存储用户应用程序
SRAM	96KB（两个 Bank：64KB 和 32KB）
时钟频率	84MHz
长度	101.52mm
宽度	53.3mm
质量	36g

2.4.1 元件布局

Arduino Due 主要元件的布局如图 2-2 所示。其中，POWERSUPPLY、USB B、USB AB、JTAG、DEBUG、SPI 和 ICSP 等属于连接器，PWMH、PWML、COMMUNICATION、XIO、ADCH、ADCL 和 POWER 等属于跳线器，RESET 是复位按键。

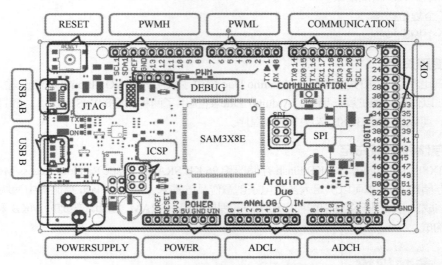

图 2-2　Arduino Due 主要元件的布局

2.4.2 连接器

连接器是满足特定应用的一种专用连线接口。Arduino Due 连接器的功能如表 2-2 所示。

表 2-2　Arduino Due 连接器的功能

连接器	功能描述
POWERSUPPLY	直流电源插座，推荐直流输入电源为 9V
USB B	编程接口插座，该接口插座既可以用来给开发板供电，又可以用来下载程序。当使用这个接口插座下载程序时，必须在 Arduino "工具" 菜单中选择 "Arduino Due（Programming Port）" 作为开发板的类型。本质上 USB B 是通过 ATmega16U2 芯片来实现程序下载的功能
USB AB	原生接口插座，该接口插座既可以用来给开发板供电，又可以用来下载程序。当使用这个接口插座下载程序时，必须在 Arduino "工具" 菜单中选择 "Arduino Due（Native USB Port）" 作为开发板的类型。本质上 USB AB 是通过 SAM3X8E 芯片的 USB 接口来实现程序下载的功能
JTAG	JTAG 调试接口插座，该接口插座仅可以用来为 SAM3X8E 芯片下载程序和调试程序。JTAG 调试接口插座有 10 脚，为 2×5 结构，引脚间距为 1.27mm
DEBUG	SWD 接口插座，该接口插座也可以用来为 SAM3X8E 芯片下载程序和调试程序。SWD 接口插座有 4 脚，为 1×4 结构，引脚间距为 2.54mm
SPI	SPI 通信接口插座，该接口插座只能用来与其他 SPI 设备通信，不能为 SAM3X8E 芯片下载程序。SPI 通信接口插座为 6 脚，为 2×3 结构，引脚间距为 2.54mm
ICSP	SPI 通信接口插座，该接口插座不仅能够用来与其他 SPI 设备通信，还能为 ATmega16U2 芯片下载程序。ICSP 通信接口插座为 6 脚，为 2×3 结构，引脚间距为 2.54mm

2.4.3 跳线器

跳线器是一种转接连线接口。Arduino Due 跳线器的功能如表 2-3 所示。

表 2-3　Arduino Due 跳线器的功能

跳线器	功能描述
PWMH	I/O 扩展接口，标号 8~13，以及 GND、REF、SDAI、SCLI 等引脚，所有引脚都具有 PWM 功能
PWML	I/O 扩展接口，标号 0~1 的引脚具有串行通信功能，标号 2~7 的引脚具有 PWM 功能
COMMUNICATION	I/O 扩展接口，标号 14~19 的引脚具有串行通信功能，标号 20~21 的引脚具有 TWI 功能
XIO	I/O 扩展接口，标号 22~53
ADCH	I/O 扩展接口，标号 8~11 的引脚具有模拟输入功能，标号 DAC0~DAC1 的引脚具有模拟输入功能
ADCL	I/O 扩展接口，标号 8~7 的引脚具有模拟输入功能
POWER	电源接口，IOREF 和 3.3V 引脚是 3.3V 电源引脚、GND 引脚是电源地引脚、5V 引脚是 5V 电源引脚、VIN 引脚是 7~12V 外接电源引脚

2.5　硬件电路的设计原理

本节将介绍 Arduino Due 开发板的各个硬件电路组成部分，详细阐述各部分硬件电路的设计原理。

2.5.1 微处理器电路

Arduino Due 选择 SAM3X8E 作为主控芯片，微处理器的电路如图 2-3 所示。在 SAM3X8E 芯片中，I/O 接口、内核以及片内外部设备的供电电压范围为 1.62~3.60V，ADC 和 DAC 部件的供电电压范围为 2.0~3.6V，USB UTMI+的供电电压范围为 3.0~3.6V。因此，为了简化 SAM3X8E 芯片供电电路的设计，硬件系统选择 3.3V 供电方案。为了使 USB 接口能够支持 Host 和 OTG 模式，SAM3X8E 芯片中 VBUS 引脚的供电来自外部 USB 接口。

SAM3X8E 芯片的 VDDBU 引脚直接使用 3.3V 电源供电，而没有提供 3.3V 备用电源（纽扣电池）。因此，当使用 RTC 功能时，Arduino Due 掉电后不能保存系统时间。这是 Arduino Due 设计中存在的一个缺憾。

为了减少供电电源的纹波，以及外部设备对供电电源的干扰，SAM3X8E 芯片的供电电路设计时必须考虑电源滤波。电源滤波电路如图 2-4 所示，3.3V 电源并联了 1 个 10μF 和 6 个 100nF 的电容器，可以为 SAM3X8E 芯片提供稳定的直流电压。为了给微处理器内核和 PLL（Phase-Locked Loop，锁相环）等内部电路提供可靠的工作电源，在 SAM3X8E 内部电压适配器输出端 VDDOUT 也设计了电源滤波电路，它由 1 个 10μF 和 6 个 0.1μF 的电容器并联而成。

为了抑制外部设备的辐射干扰，降低其对内部模拟电路的影响，供电电路使用了大电流磁珠 MH2029-300Y。磁珠的电阻率和磁导率都很高，相比普通的电感有更好的高频滤波特性。在高频时呈现阻性，它能够在相当宽的频率范围内保持较高的阻抗，从而提高调频滤波效果。

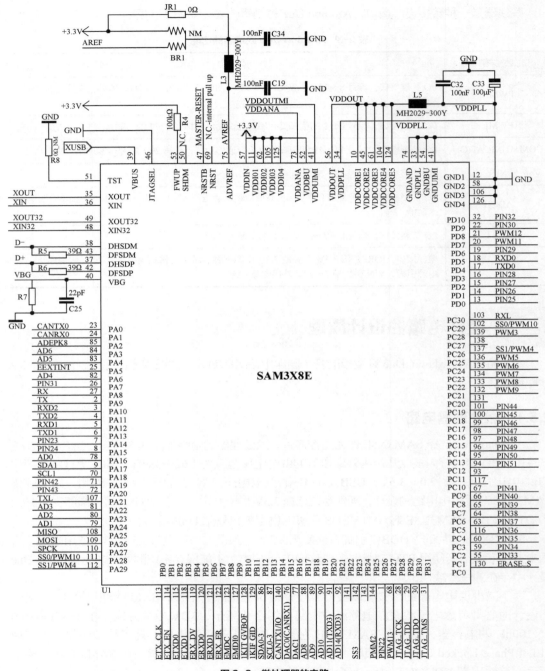

图 2-3 微处理器的电路

ADC/DAC 电路的供电电源来自 VDDANA 引脚，它是在 3.3V 电源滤波之后，首先经过磁珠滤波，然后经过一级电路（由 1 个 10μF 和 1 个 100nF 的电容器组成）滤波得到的。同样道理，USB UTMI+的供电电源来自 VDDOUTMI 引脚，它的来源跟 VDDANA 一样。

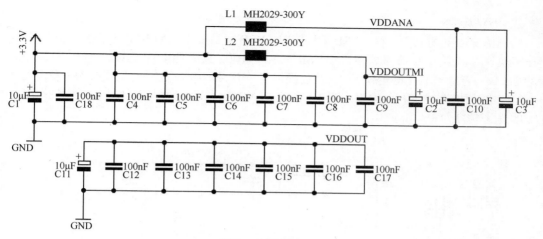

图 2-4　电源滤波电路

2.5.2　电源电路

电源电路为整个硬件系统提供了能量，它是整个系统稳定工作的基础，具有极其重要的地位。在设计电源电路时，首先应当考虑输出和输入两个方面重要因素，即输出的电压、电流及功率和输入的电压及电流。为了增强使用的灵活性，Arduino Due 支持 4 种供电方式：外部电源插座、USB 编程接口、USB 原生接口和 POWER 电源接口。如果同时提供多种供电方式，那么 Arduino Due 的内部电路就会自动选择其中一种供电方式，不会发生供电冲突问题。这几种供电方式可以提供 3 种类型的供电电源：VIN（6～16V）、5V 和 3.3V。

1. VIN 电源

通过外部电源插座和 POWER 电源接口插座，Arduino Due 可以获得 VIN 电源。外部电源插座的孔径是 3.5mm，内正外负，可以连接 6～16V 外部电源，外部电源插座供电电路如图 2-5 所示。外部电源经过电源插座之后，形成电源信号 VIN+。首先，VIN+经过磁珠 MH2029-300Y，抑制电源干扰；接着，经过二极管 SS1P3L，防止外部电源极性接反，保护开发板；最后，并联一个 47μF 电容器，并输出电源 VIN。

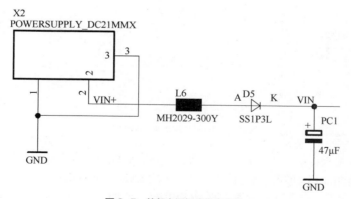

图 2-5　外部电源插座供电电路

POWER 电源接口插座提供了一个 VIN 接口插座，通过它可以直接为开发板提供电源 VIN。在实际应用场合中，因为电源 VIN 消耗的功率比较大，所以若直接通过 VIN 接口插座供电，容易造成 VIN 接口插座损坏。因此，不推荐使用 VIN 接口作为输入电源。

2. 5V 电源

5V 电源的供给方式有 4 种：USB 编程接口、USB 原生接口、POWER 电源接口插座和 5V 电压转换芯片。其中，USB 编程接口和 USB 原生接口可以直接提供 5V 电源，供电电路原理请参考 2.5.10 小节。POWER 电源接口插座也提供了一个 5V 接口插座，可以直接为开发板提供 5V 电源。5V 电压转换芯片的电路如图 2-6 所示。LM2734Y 是一块电压转换芯片，它的作用是将 VIN 电源转换为 5V 电源。

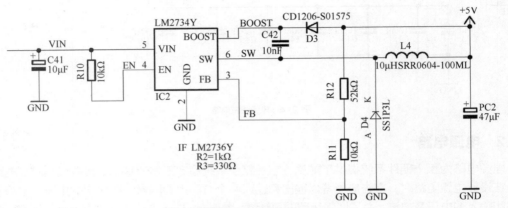

图 2-6　5V 电压转换芯片的电路

3. 3.3V 电源

3.3V 电源的供给方式有两种：POWER 电源接口插座和 3.3V 电压转换芯片。POWER 电源接口插座提供了一个 3.3V 接口插座，可以直接为开发板提供 3.3V 电源。3.3V 电压转换芯片的电路如图 2-7 所示。NCP1117ST33T3G-3V3 也是一块电压转换芯片，它的作用是将 5V 电压转换为 3.3V 电压。

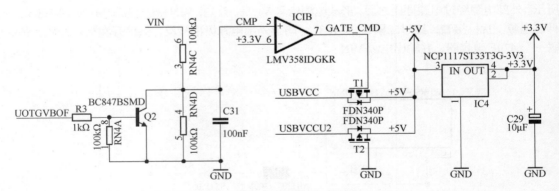

图 2-7　3.3V 电压转换芯片的电路

如果同时为开发板供给多种电源，可能会造成开发板损坏。为了避免这种情况，硬件系统提供了自动供电电路。自动供电电路通过运算放大器 LMV358IDGKR 比较 VIN 和 3.3V 电压，若没有提供 3.3V 电源，就关闭 USB 接口的电源供给。自动供电电路通过 MOS 管 FDN340P 比较 USBVCC 和 5V 电压，若已提供 5V 电源，就关闭 USB 编程接口的电源供给。同样的道理，自动供电电路通过 MOS 管 FDN340P 比较 USBVCCU2 和 5V 电压，若已提供 5V 电源，就关闭 USB 原生接口的电源供给。

2.5.3 复位电路

Arduino Due 开发板提供了 4 种复位方式。

（1）通过复位按键 RESET 的输入复位信号。

（2）通过 JTAG 调试接口的输入复位信号。

（3）通过配置芯片 ATmega16U2-MU 的输入复位信号。

（4）通过电源接口扩展引脚 RESET 的输入复位信号。

其中，按键复位是极常见的一种复位方式，它的电路如图 2-8 所示。复位信号 MASTER-RESET 介于电容器 C20 和复位按键 TS42 两者之间，电容器 C20 另一端接 3.3V 电源，复位按键的另一端接地。当按下按键 TS42 时，MASTER-RESET 呈低电平，SAM3X8E 芯片开始复位。当未按下按键 TS42 时，MASTER-RESET 呈高电平，SAM3X8E 芯片正常工作。

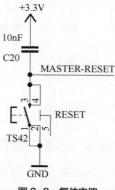

图 2-8　复位电路

2.5.4 时钟源电路

SAM3X8E 芯片需要两种时钟源：系统时钟源和 RTC 时钟源。系统时钟源是为微处理器工作提供的时钟信号源，它的电路如图 2-9 所示。系统时钟源是由外部 12MHz 晶振 Y1 和两个 22pF 的电容器组成的。RTC 时钟源是专门为 RTC 部件提供的基准时钟源，它的电路如图 2-10 所示。RTC 时钟源是由外部 32.768kHz 晶振 Y2 和 2 个 22pF 的电容器组成的。

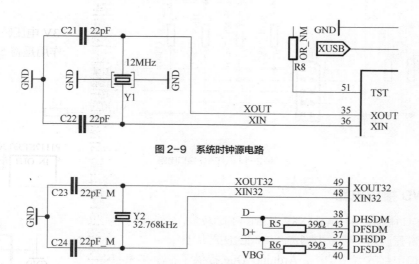

图 2-9　系统时钟源电路

图 2-10　RTC 时钟源电路

2.5.5 LED 显示电路

LED（Light-Emitting Diode，发光二极管）是一种指示电路工作状态的电子元器件。Arduino Due 提供了 6 个 LED 显示设备。显示 USB 编程接口的通信状态使用了两个 LED，电路原理参考 2.5.11 小节。同样地，显示 USB 原生接口的通信状态也使用了两个 LED，电路如图 2-11 所示。系统电源指示灯是标识为 ON 的 LED，电路如图 2-12 所示。当开发板供电时，电源指示灯显示为绿色。为了便于功能测试，Arduino Due 还提供了一个标识为 L 的 LED，电路如图 2-13

所示。LED 的阳极通过 1kΩ 电阻器连接到 PWM 接口中 13 号引脚，LED 的阴极接地。当 PWM13 引脚输出高电平时，L 灯亮。

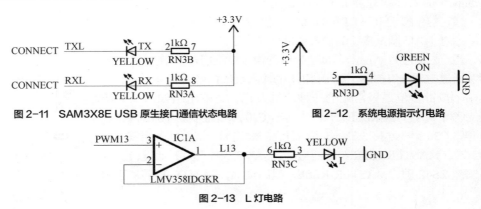

图 2-11　SAM3X8E USB 原生接口通信状态电路　　　　图 2-12　系统电源指示灯电路

图 2-13　L 灯电路

2.5.6　JTAG 接口电路

Arduino Due 提供了 10 脚 JTAG 接口电路，如图 2-14 所示。JTAG 接口电路使用了 2×5 结构的引脚接口，引脚间距是 1.27mm。通过 JTAG 接口电路，用户可以使用 ARM JTAG 仿真器来下载固件程序和调试程序。

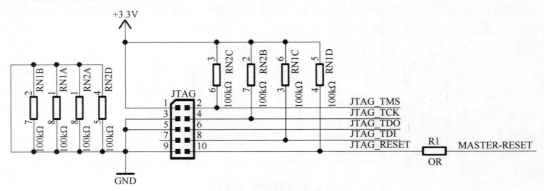

图 2-14　JTAG 接口电路

2.5.7　SWD 接口电路

JTAG 接口电路占用 SAM3X8E 芯片的引脚较多，浪费了引脚资源。为了节省引脚资源，同时使芯片具有 JTAG 接口电路的调试功能，Arduino Due 提供了一种 SWD 接口电路，如图 2-15 所示。SWD 接口电路使用了 1×4 结构的接口插座，引脚间距是 1.27mm。SWD 接口电路仅仅需要两根信号线（SWCLK 和 SWDIO）就可以下载程序和调试程序。在引脚资源占用方面，SWD 接口与串行通信接口的下载方式类似，但 SWD 接口的下载和调试速度非常快。因此，当设计产品时，建议保留 SWD 接口，放弃 JTAG 接口。值得注意的是，SWD 接口与 JTAG 接口共用了 SAM3X8E 芯片同一个引脚 JTAGSEL。如果要让 SWD 接口正常工作，就必须将 JTAGSEL 引脚电平设置为低电平。

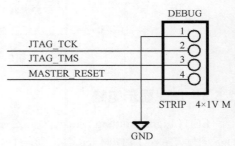

图 2-15　SWD 接口电路

2.5.8　电源扩展接口电路

为了便于开发使用，Arduino Due 提供了一组电源扩展接口电路，如图 2-16 所示。通过电源扩展接口电路，外部电源或设备可以对 Arduino Due 供电，Arduino Due 也可以对其他外部设备供电。电源扩展接口电路使用了 1×8 结构的接口插座，引脚间距是 2.54mm。引脚表示和功能描述如下。

（1）VIN 引脚，供电电压范围为 7～12V。

（2）GND，电源地引脚。

（3）5V 引脚，供电电压为 5V。

（4）3.3V 引脚，供电电压为 3.3V。

（5）MASTER-RESET 引脚，复位 SAM3X8E 芯片。

（6）IOREF 引脚，输出 3.3V 参考电压信号。

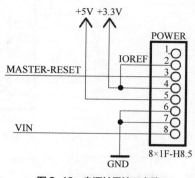

图 2-16　电源扩展接口电路

2.5.9　I/O 扩展接口电路

通过 I/O 扩展接口插座，Arduino Due 提供了 SAM3X8E 芯片大多数 I/O 引脚，能够满足不同类型应用开发需求。根据这些 I/O 引脚的功能、特点，它们被划分到 5 种类型的 I/O 扩展接口插座中，以便于使用这些引脚资源。I/O 扩展接口插座分别是 PWMH、PWML、COMMUNICATION、ADCH、ADCL 和 XIO。虽然各 I/O 扩展接口插座的结构不尽相同，但是它们的引脚间距都是 2.54mm。

PWMH 和 PWML 扩展接口电路如图 2-17 所示。每一个接口引脚不仅可以用作 GPIO 引脚，还可以用作提供 PWM 波形的功能引脚。

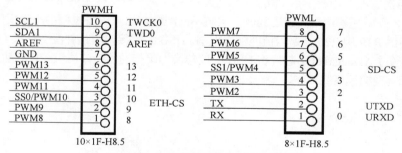

图 2-17　PWMH 和 PWML 扩展接口电路

COMMUNICATION 扩展接口电路如图 2-18 所示。该扩展接口插座提供了一组 TWI 通信接口和 3 组串行通信接口。SCL0-3 和 SDA0-3 引脚分别是 TWI 通信接口的时钟信号和数据信号。TXDx 和 RXDx 分别是串行通信接口的发送信号和接收信号，x 的值为 0～2。

ADCL 和 ADCH 扩展接口电路如图 2-19 所示。该扩展接口电路提供了模数转换接口、数模转换接口和 CAN 总线通信的接口。AD0～AD11 是模数转换接口的 12 路模拟输入信号。DAC0 和 DAC1 是数模转换接口的 2 路模拟输出信号。CANTX0 和 CANRX0 分别是 CAN 总线通信接口的发送信号和接收信号。

```
COMMUNICATION
SCL0-3    8    21    TWCK1
SDA0-3    7    20    TWD1
RXD2      6    19
TXD2      5    18
RXD1      4    17
TXD1      3    16
RXD0      2    15
TXD0      1    14
        8x1F-H8.5
```

图 2-18　COMMUNICATION 扩展接口电路

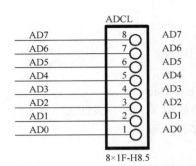

图 2-19 ADCL 和 ADCH 扩展接口电路

XIO 扩展接口电路如图 2-20 所示。该扩展接口插座的引脚只能用作 GPIO, 不像其他扩展接口那样具有复用功能。

2.5.10 USB 接口电路

Arduino Due 提供了两种类型的 USB 接口电路: USB 编程接口电路（USB B）和 USB 原生接口电路（USB AB）。这两种 USB 接口电路既可以用来给开发板供电，也可以用来向 SAM3X8E 芯片中下载程序。但由于 SAM3X8E 芯片擦除方式的影响，一般推荐使用 USB 编程接口电路下载程序。

USB 编程接口电路如图 2-21 所示。当使用 USB 高速传输时，接口电路的数据传输线上会

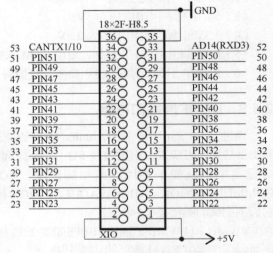

图 2-20 XIO 扩展接口电路

串联一个电阻，目的是解决阻抗匹配问题。阻抗不匹配会在信号传输过程中产生反射问题。图中 22Ω 的电阻器 R19 和 R20 就是阻抗匹配电阻器。USB 编程接口电路并没有提供 USB 协议转换功能，它是通过 ATmega16U2 芯片将 USB 协议转换为串行通信接口协议，并借助 SAM3X8E 的 UART 引脚实现编程下载功能。

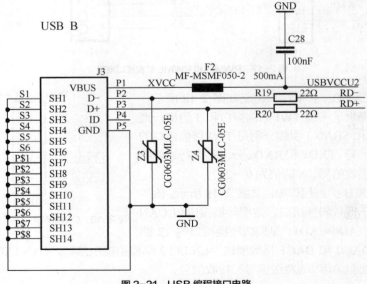

图 2-21 USB 编程接口电路

USB 原生接口电路如图 2-22 所示。USB 原生接口电路直接使用了 SAM3X8E 芯片中的 USB 引脚实现程序下载的功能。如果数据通信的比特率是 1200bit/s，那么打开或关闭 USB 原生接口电路就会触发内置的软件程序，擦写 SAM3X8E 芯片中的 Flash 存储器中的数据。内置的软件程序是一段 Bootloader 程序，它被固化在 SAM3X8E 芯片的存储器中。如果 SAM3X8E 芯片损坏，这段软件程序就无法正常工作。这是因为在比特率是 1200bit/s 的情况下，打开或关闭 USB 原生接口电路不能触发 SAM3X8E 芯片的复位操作。

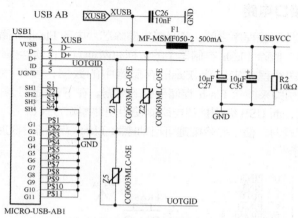

图 2-22　USB 原生接口电路

每种 USB 接口电路的电源引脚都连接了一个自恢复熔断器，其限流为 500mA。当开发板出现短路或者电流过载现象时，熔断器会自动断开，从而有效地保护开发板和外部 USB 接口的安全。

2.5.11　USB 转串口电路

USB 转串口电路是通过 ATmega16U2 芯片实现的，电路如图 2-23 所示。该芯片的 USB 输入引脚是 D+和 D-，它们分别连接到 USB 编程接口电路的 RD+和 RD-引脚。ATmega16U2 芯片的串行通信接口输出引脚是 TXD1 和 RXD1，它们分别连接到 SAM3X8E 芯片的 UART 接口的 RX0 和 TX0 引脚。

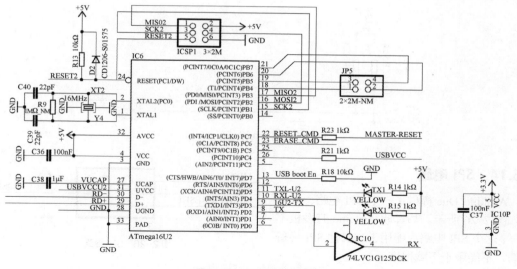

图 2-23　USB 转串口电路

ATmega16U2 芯片能够接收来自 USB 编程接口的数据，并通过串行通信接口转发给 SAM3X8E 芯片。为了保证 SAM3X8E 芯片的擦除效果，转换电路使用 ATMEGA16U2 芯片的两个 I/O 引脚分别连接到 SAM3X8E 芯片的 RESET 和 EASE 引脚。如果数据通信的比特率是 1200bit/s，打开或关闭编程接口就会触发硬件来完成 SAM3X8E 芯片的程序擦写。因此，与 USB 原生接口电路相比，USB 编程接口电路下载程序更加可靠。

2.5.12 擦除按键接口电路

在对 SAM3X8E 芯片下载程序之前，务必事先擦除芯片内部 Flash 存储器中的数据。否则，将会导致程序下载错误。擦除 Flash 存储器中的数据有两种方式：软件擦除和硬件擦除。软件擦除方式是通过一段软件程序来擦除 Flash 存储器中的数据；硬件擦除方式是直接通过 SAM3X8E 芯片的擦除引脚来擦除 Flash 存储器中的数据。在下载程序过程中，USB 原生接口电路使用软件擦除方式，而 USB 编程接口电路则使用硬件擦除方式。

当软件擦除出现问题时，使用擦除按键可自动擦除 Flash 存储器中的所有数据。擦除按键接口电路如图 2-24 所示。

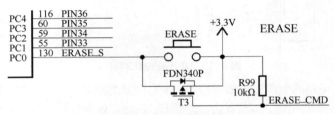

图 2-24　擦除按键接口电路

2.5.13　TWI 电路

TWI 是一种两线制的通信接口，兼容 I²C 通信接口。在 TWI 电路中，芯片内部一般是 OC 或者 OD 门。如果芯片内部没有上拉电阻器，那么外部接口电路就必须添加一个上拉电阻器才能输出高电平。TWI 电路如图 2-25 所示，SCL0-3 和 SDA0-3 分别是时钟信号和数据信号，它们都连接了 1.5kΩ 的上拉电阻器。

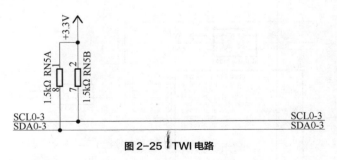

图 2-25　TWI 电路

2.5.14　SPI 电路

Arduino Due 提供了一个 SPI 电路，其电路如图 2-26 所示。与其他 Arduino 开发板不一样，这个 SPI 电路只能用于与其他 SPI 设备通信，不能用于下载程序。

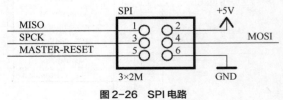

图 2-26　SPI 电路

思考与练习

1. SAM3X8E 芯片有哪几种电源？请分别描述它们的作用。

2. 请画出 SAM3X8E 芯片工作的最小系统图，并描述时钟源电路在布局时应注意的事项。

3. 电源电路的作用是什么？在开发板设计中，通常有哪些常用的电源？

4. 在一些应用场合，经常出现从电源插座取电的情况。请分别用电压转换芯片将此电源转换成 5V 电源，再将 5V 电源转换成 3.3V 电源。

5. 什么是 JTAG？针对 SAM3X8E 芯片，请画出 10 脚的 JTAG 电路。

6. 什么是 SWD？针对 SAM3X8E 芯片，请画出 4 脚的 SWD 电路。

7. 在硬件系统中，LED 有什么作用？Arduino Due 上面的 LED 都有什么功能？

8. 如果使用 USB 接口对开发板供电，那么需要注意什么问题？

9. 请画出 TWI 电路，请问为什么需要上拉电阻器？

10. 什么是 SPI？请画出 SPI 电路。

03 chapter

Arduino 编程基础

3.1 搭建 Arduino 开发环境

在开始学习 Arduino 编程之前，我们首先需要了解软件开发工具 Arduino IDE，并掌握它的安装方法。Arduino IDE 是 Arduino 官方推出的一款简单、易用的集成开发环境，支持 Windows、Mac OS X 和 Linux 这 3 种系统。

3.1.1 安装 Arduino IDE

打开 Arduino 官方网站，进入 Arduino IDE 下载页面，如图 3-1 所示。根据开发者所使用的计算机操作系统类型，选择并下载合适的软件版本。这里以 Windows 7 系统为例，介绍 Arduino

IDE 1.6.12 的安装方法。

Windows 版本的安装文件有两种类型：安装程序（Windows Installer）和非安装程序（Windows Zip）。安装程序是一种支持自动安装的文件，文件扩展名是.exe。非安装程序是一种可以直接使用的压缩包，文件扩展名是.zip。这里选择非安装程序类型，安装文件的名称是arduino-1.6.12-windows.zip。

解压这个软件压缩包到目录 arduino-1.6.12 中，解压完成后双击启动文件 Arduino.exe，即可打开 Arduino IDE 软件，其启动界面如图 3-2 所示。

图 3-1　Arduino IDE 下载页面

图 3-2　Arduino IDE 的启动界面

Arduino IDE 默认安装了 AVR 系列微处理器的开发工具，如编译器和链接器等。因此，Arduino IDE 默认支持 AVR 系列的开发板，如 Arduino Mega 2560 等。为了使 Arduino IDE 支持 ARM 微处理器，则必须安装 ARM 微处理器的开发工具。下面介绍 ARM 微处理器开发工具的安装方法。

在 Arduino IDE 启动界面中，首先选择"工具"菜单，并将鼠标指针移动到"开发板：Arduino/Genuino UNO"命令，接着在右侧的菜单中选择"开发板管理器"命令，然后弹出"开发板管理器"对话框，如图 3-3 所示。

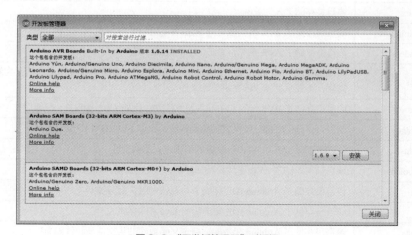

图 3-3　"开发板管理器"对话框

在"开发板管理器"对话框中，首先找到"Arduino SAM Boards（32-bits ARM Cortex-M3）by Arduino"选项。接着移动鼠标指针到该选项上，将会出现"安装"按钮。在"安装"按钮左侧，可以选择编译器的版本，默认版本是 1.6.9。最后单击"安装"按钮，开始下载并安装 SAM3X8E 芯片的开发工具和微处理器支持包。当安装结束后，单击"关闭"按钮，即可完成开发环境的搭建。

3.1.2 Arduino IDE 结构

Arduino IDE 的目录结构如图 3-4 所示，主要目录的内容如表 3-1 所示。

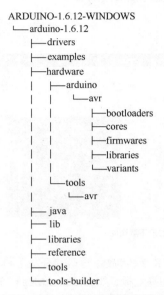

```
ARDUINO-1.6.12-WINDOWS
  └─arduino-1.6.12
        ├─drivers
        ├─examples
        ├─hardware
        │    ├─arduino
        │    │    └─avr
        │    │         ├─bootloaders
        │    │         ├─cores
        │    │         ├─firmwares
        │    │         ├─libraries
        │    │         └─variants
        │    └─tools
        │         └─avr
        ├─java
        ├─lib
        ├─libraries
        ├─reference
        ├─tools
        └─tools-builder
```

图 3-4　Arduino IDE 的目录结构

表 3-1　Arduino IDE 主要目录的内容

目录名称	内容说明
drivers	该目录存储了开发板 USB 接口的驱动程序
examples	该目录存储了入门范例
hardware\arduino\avr	该目录存储了 AVR 系列微处理器芯片的支持包以及硬件抽象层中间件
.\bootloaders	该目录存储了 AVR 系列开发板的 Bootloader 程序
.\cores	该目录存储了 Arduino 基本数据类型，常量的声明和硬件抽象函数库的头文件及源代码文件，不要手动修改该目录下的文件
.\firmwares	该目录存储了 AVR 单片机的程序及其固件，比如 ATmega8U2，一般用作 USB 转串口
.\libraries	该目录存储了一部分硬件的抽象函数库，比如 EEPROM 和 SPI 等
.\variants	该目录存储了不同 AVR 开发板的引脚定义的头文件
hardware\tools\avr	该目录下存储了 AVR 单片机编译环境，实际上就是 WinAVR
java	该目录存储了 Arduino IDE 环境中与 Java 相关的程序文件
lib	该目录存储了 Arduino IDE 环境中与 Java 相关的库文件
libraries	该目录存储了 Arduino 函数库，自定义函数库的头文件及源代码文件
reference	该目录存储了 Arduino 语法参考与帮助文件
tools	该目录存储了 Arduino 工具相关的程序文件
tools-builder	该目录存储了与编译相关的工具

从前面的描述可以看出，Arduino IDE 主要目录并没有存储 Arduino Due 的开发工具。Arduino Due 开发工具的默认安装目录为 C:\Users\Administrator\AppData\Local\，目录结构如图 3-5 所示，主要目录的内容如表 3-2 所示。

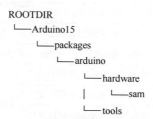

图 3-5　Arduino Due 开发工具的目录结构

表 3-2　Arduino Due 开发工具主要目录的内容

目录名称	内容说明
arduino\hardware\sam	该目录存储了 SAM3X8E 芯片的支持包以及硬件抽象层的中间件
arduino\tools	该目录存储了 SAM3X8E 芯片的编译环境，实际上就是 ARM GCC

3.1.3　Arduino IDE 的主界面

Arduino IDE 的主界面由标题栏、菜单栏、工具栏、文件标签栏、编辑区和状态栏等组成。Arduino IDE 的用户界面十分简洁，仅集成了一些必要的开发功能。

1. 标题栏

标题栏处在 Arduino IDE 界面的最上方，显示了 Arduino 图标、当前文件名称以及 Arduino IDE 的版本号。在标题栏的右上角，提供了 3 种常用的窗口操作按钮，可以实现 Arduino IDE 窗口的最小化、最大化和关闭操作。

2. 菜单栏

菜单栏位于标题栏的下方，它由文件、编辑、项目、工具和帮助 5 个菜单构成。菜单栏默认显示中文语言，可以在"首选项"中设定菜单栏的语言类别。

（1）"文件"菜单

"文件"菜单如图 3-6 所示，它由 12 种命令组成，各命令的功能描述如表 3-3 所示。

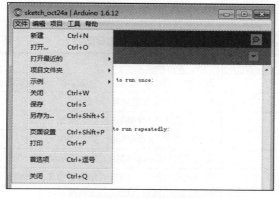

图 3-6　"文件"菜单

表 3-3　"文件"命令功能描述

命令	功能描述
新建	新建一个 Arduino 项目文件
打开	打开一个 Arduino 项目文件
打开最近的	打开最近使用的 Arduino 项目文件
项目文件夹	存储开发者建立的 Arduino 源代码项目文件，也称为工作区
示例	提供了 Arduino 官方范例项目，能够帮助初学者快速入门
关闭	关闭当前 Arduino 项目文件
保存	保存当前 Arduino 项目文件
另存为	将当前 Arduino 项目文件另存为其他名称
页面设置	当前页面的打印设置
打印	打印当前页面
首选项	设置 Arduino 1.6.12 参数，比如项目文件夹的默认位置、菜单语言、代码字体大小和输出信息等。在修改菜单语言以后，必须关闭所有 Arduino 1.6.12 程序，重新启动 Arduino 1.6.12 才能真正完成设置
关闭	退出 Arduino 1.6.12

（2）"编辑"菜单

"编辑"菜单如图 3-7 所示，它由 15 种命令组成，各命令的功能描述如表 3-4 所示。

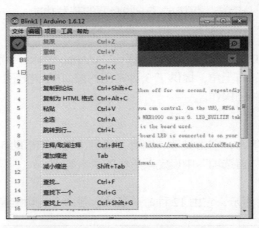

图 3-7　"编辑"菜单

表 3-4　"编辑"命令功能描述

命令	功能描述
复原	取消对当前文件的操作，恢复到上一次编辑的状态
重做	撤销对当前文件的恢复操作
剪切	对当前选择的代码块进行剪切操作
复制	对当前选择的代码块进行复制操作
复制到论坛	将当前选择的代码块格式化为论坛帖子，有利于论坛交流
复制为 HTML 格式	将当前选择的代码块格式化为 HTML，有利于做成博客链接
粘贴	将复制的内容粘贴到当前光标所在位置
全选	选择当前文件的全部内容

命令	功能描述
跳转到行	使光标跳转到指定行
注释/取消注释	对当前选择的代码进行注释或者取消注释
增加缩进	对光标所在行增加缩进
减小缩进	对光标所在行减小缩进
查找	以指定的文字为关键字，在当前文件中查找匹配的内容
查找下一个	在当前文件的光标位置之后，查找与关键字匹配的内容
查找上一个	在当前文件的光标位置之前，查找与关键字匹配的内容

（3）"项目"菜单

"项目"菜单如图 3-8 所示，它由 7 种命令组成，各命令的功能描述如表 3-5 所示。

图 3-8　"项目"菜单

表 3-5　"项目"命令功能描述

命令	功能描述
验证/编译	对当前 Arduino 项目进行验证/编译操作，检查源代码中存在的语法错误
上传	编译当前 Arduino 项目，生成二进制文件，并将该二进制文件直接上传到微处理器芯片内部的 Flash 存储器中
使用编程器上传	编译当前 Arduino 项目，生成二进制文件，并通过编程器将该二进制文件上传到微处理器芯片内部的 Flash 存储器中。这种方法仅适用于 USB 驱动固件或者 Bootloader 的开发
导出已编译的二进制文件	将当前 Arduino 项目文件、二进制程序文件和二进制 Bootloader 文件导出到指定位置
显示项目文件夹	显示当前项目文件所在的存储位置
加载库	在当前源代码中，加载 Arduino 扩展库或自定义库，即声明函数库的头文件。函数库默认安装位置为"安装目录\arduino-1.6.12\libraries"
添加文件	将其他文件的源代码加入当前文件

（4）"工具"菜单

"工具"菜单如图 3-9 所示，它由 11 种命令组成，部分命令的功能描述如表 3-6 所示。

图 3-9　"工具"菜单

表 3-6 "工具"命令功能描述

命令	功能描述
自动格式化	格式化当前源代码文件，使文件格式整齐、美观，有利于查看代码
项目存档	将当前项目文件打包成一个*.zip 文件，有利于项目存档和正式发布
修正编码并重新加载	修改当前文件的编码格式，修正源代码文件的乱码问题。Arduino 1.6.12 的编辑器采用 UTF-8 无 BOM 格式编码，如果使用其他编辑器修改了源代码文件的编码格式，就会出现中文乱码
串行通信接口监视器	串行通信的软件工具，发送或者接收来自 Arduino 开发板串行通信接口的数据
串行通信接口绘图器	软件绘图工具，接收来自 Arduino 开发板串行通信接口的数据，并在计算机上实时绘制出数据曲线
开发板	设置 Arduino 开发板的型号。board.txt 文件定义了 Arduino 开发板的型号、熔丝位、二进制程序文件名称和 Bootloader 程序文件名称等参数
端口	设置串行通信接口的编号。串行通信接口列表显示了当前计算机中所有串行通信接口的编号，带有"√"标识的选项是当前程序正在使用的接口
编程器	选择外部编程器的类型。programmers.txt 文件定义了外部编程器的类型
烧录引导程序	通过编程器烧录 Bootloader 固件程序

（5）"帮助"菜单

"帮助"菜单如图 3-10 所示，它由 14 种命令组成，部分命令的功能描述如表 3-7 所示。

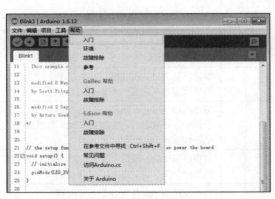

图 3-10 "帮助"菜单

表 3-7 "帮助"命令功能描述

命令	功能描述
入门	快速入门的基本步骤
环境	介绍 Arduino 1.6.12 的开发环境
故障排除	介绍开发环境使用中的常见问题及其解决方法
参考	介绍 Arduino 1.6.12 开发语言的语法
在参考文件中寻找	在语法参考文件中查找指定内容
常见问题	开发中遇到的常见问题及其解决方法
访问 Arduino.cc	访问 Arduino 官方网站
关于 Arduino	Arduino 的版本及版权信息

3. 工具栏

工具栏位于菜单栏的下方，通过它可以直接执行常用操作。工具栏的功能描述如表 3-8 所示。

表 3-8　工具栏的功能描述

图标	功能描述
⊘	编译程序。若程序代码验证/编译没有语法错误，则生成二进制文件。它的功能与"项目"菜单下的"验证/编译"命令相同
➡	编译并下载程序。它的功能与"项目"菜单下的"上传"命令相同。如果使用外部编译器，只有在单击该图标的同时按下 Shift 键，才能使用编程器上传程序
🗋	新建一个 Arduino 项目，等同于"文件"菜单下的"新建"命令
⬆	打开一个 Arduino 项目，等同于"文件"菜单下的"打开"命令
⬇	保存当前的 Arduino 项目，等同于"文件"菜单下的"保存"命令
🔍	打开或关闭串行通信接口监视器

4. 文件标签栏

文件标签栏位于工具栏的下方，一个标签页表示一个源代码文件。通过文件标签栏，可以对源代码文件进行管理，可以使一个项目中包含多个源代码文件。单击图标 ▾，弹出的文件管理菜单如图 3-11 所示。

各命令的说明如下。

图 3-11　文件管理菜单

- 新建标签：在当前项目中新添加一个源代码文件。
- 重命名：在当前项目中更改一个源代码文件的名称。注意：当项目没有保存时，不能修改项目默认的文件名，如 sketch_aug22a。
- 删除：在当前项目中删除一个源代码文件。
- 上一标签：当前项目的上一个源代码文件。
- 下一标签：当前项目的下一个源代码文件。
- sketch_aug22a：当前项目的名称。

文件标签页的扩展名只有 4 种类型：无扩展名、.c、.cpp 或者.h。若使用其他扩展名，它会被自动转换为下画线。在程序编译过程中，所有无扩展名的文件标签页将会被合并在一起，生成"主程序文件"，而使用.c 或.cpp 扩展名的源代码文件将被单独编译。在重新打开项目时，为了能够显示.h 标签页，就必须在源代码文件中包含该文件。注意：用#include 操作该文件时，必须使用双引号而非角括号。

5. 编辑区

编辑区位于 Arduino IDE 界面的中央，它可以用来编辑和修改源代码文件。Arduino IDE 支持多种国家的语言，可以在编辑区中显示或输入中文。

6. 状态栏

状态栏位于编辑区的下方，它由执行状态和当前状态两部分组成。执行状态是一个黑色的区域，它显示了命令执行的过程和结果等信息。当前状态在执行状态的下方，它显示了当前光标所在行的行号、开发板类型及串行通信接口信息等。

3.2　Arduino 编程语言基础

Arduino 编程语言是在 C/C++语言的基础上进行封装而形成的一种编程语言。下面介绍 Arduino 编程语言的语法规则。

3.2.1 语法符号

Arduino 编程语言的字符集是由字母、数字、空格符、标点和特殊字符等组成的。Arduino 编程语言的语法符号（如标识符、运算符、关键字等）则是由这些字符集中的字符构成的。

1. 标识符

标识符是用来标识变量名、符号常量名、函数名、数组名、类型名等实体的字符串符号，它通常是由开发者自行定义的名字。在 Arduino 程序中，使用标识符时应当注意以下规则。

（1）标识符只能由字母、数字和下画线 3 种字符组成，且第 1 个字符必须为字母或下画线。例如，合法的标识符有 Key、setMon、_pin4 等，不合法的标识符有 Mr.、$test1、3Q、m<n 等。

（2）对字母大小写敏感。例如，标识符 DAY 和 day，编译器会将它们看成不同的标识符。

（3）标识符的命名应当有一定的意义，习惯上变量名小写，常量名大写。

（4）标识符不能与"关键字"或系统预先定义的"标准标识符"同名。

2. 运算符

运算符是由一个或多个特殊字符组成的，它可将常量、变量、函数等连接起来组成表达式，表示数据的各种运算操作。根据参与运算操作数的数目，可分为单目运算符、双目运算符、三目运算符，常用运算符及含义如表 3-9 所示。

表 3-9 常用运算符及含义

优先级	运算符	含义	使用形式	结合方向	说明
1	[]	数组索引	数组名[常量表达式]	从左到右	单目运算符
	()	圆括号	(表达式)/函数名(形参表)		单目运算符
	.	成员选择（对象）	对象.成员名		单目运算符
	->	成员选择（指针）	对象指针->成员名		单目运算符
2	–	负号运算符	–表达式	从右到左	单目运算符
	(数据类型)	强制数据类型转换	(数据类型)表达式		单目运算符
	++	自增运算符	++变量名/变量名++		单目运算符
	––	自减运算符	--变量名/变量名-		单目运算符
	*	取值运算符	*指针变量		单目运算符
	&	取地址运算符	&变量名		单目运算符
	!	逻辑非运算符	!表达式		单目运算符
	~	按位取反运算符	~表达式		单目运算符
	sizeof	长度运算符	Sizeof(表达式)		单目运算符
3	/	除	表达式/表达式	从左到右	双目运算符
	*	乘	表达式*表达式		双目运算符
	%	余数（取模）	整型表达式/整型表达式		双目运算符
4	+	加	表达式+表达式	从左到右	双目运算符
	–	减	表达式–表达式		双目运算符
5	<<	左移	变量<<表达式	从左到右	双目运算符
	>>	右移	变量>>表达式		双目运算符
6	>	大于	表达式>表达式	从左到右	双目运算符
	>=	大于或等于	表达式>=表达式		双目运算符
	<	小于	表达式<表达式		双目运算符
	<=	小于或等于	表达式<=表达式		双目运算符
7	==	等于	表达式==表达式	从左到右	双目运算符
	!=	不等于	表达式!=表达式		双目运算符
8	&	按位与	表达式&表达式	从左到右	双目运算符

优先级	运算符	含义	使用形式	结合方向	说明
9	^	按位异或	表达式^表达式	从左到右	双目运算符
10	|	按位或	表达式|表达式	从左到右	双目运算符
11	&&	逻辑与	表达式&&表达式	从左到右	双目运算符
12	||	逻辑或	表达式||表达式	从左到右	双目运算符
13	?:	条件运算符	表达式 1? 表达式 2: 表达式 3	从右到左	三目运算符
14	=	赋值运算符	变量=表达式	从右到左	双目运算符
	/=	除后赋值	变量/=表达式		双目运算符
	*=	乘后赋值	变量*=表达式		双目运算符
	%=	取模后赋值	变量%=表达式		双目运算符
	+=	加后赋值	变量+=表达式		双目运算符
	-=	减后赋值	变量-=表达式		双目运算符
	<<=	左移后赋值	变量<<=表达式		双目运算符
	>>=	右移后赋值	变量>>=表达式		双目运算符
	&=	按位与后赋值	变量&=表达式		双目运算符
	^=	按位异或后赋值	变量^=表达式		双目运算符
	|=	按位或后赋值	变量|=表达式		双目运算符
15	,	逗号运算符	表达式,表达式,…	从左到右	从左向右顺序运算

在 Arduino 中使用运算符时应当注意以下问题。

（1）运算符的优先级：表示不同运算符参与运算时的先后顺序，优先级高的先于优先级低的运算符参与运算。

（2）运算符的结合性：当优先级相同时，按照运算符的结合方向确定运算的次序，运算符的结合性分为右结合（从右向左）和左结合（从左到右）两种方式。

3．关键字

关键字是 Arduino 编程语言所使用的具有特定意义的标识符，通常也称为保留字。关键字主要用于定义和说明变量、函数等。用户定义的标识符不应与关键字相同。Arduino 编程语言总共有 32 个关键字，如表 3-10 所示。

表 3-10 关键字

auto	double	int	struct
break	else	long	switch
case	enum	register	typedef
char	extern	return	union
const	float	short	unsigned
continue	for	signed	void
default	goto	sizeof	volatile
do	if	static	while

3.2.2 数据类型

在了解数据类型之前，首先要了解计算机中数据的表示方法。常用的数据表示方法有 3 种：

位、字节和字。

1. 位

位（bit）是计算机存储数据的最小单位。一个二进制位只能表示 0 和 1 两种数值。

2. 字节

字节（byte）是数据处理的基本单位，它由 8 个二进制位组成。即 1byte = 8bit。

3. 字

一个字（word）通常由一个或若干个字节组成，是计算机一次所能处理的实际位数长度，也是衡量计算机性能的一个重要标志，不同的计算机字长是不同的，常用的字长有 8 位、16 位、32 位和 64 位等。

标准 C/C++语言提供了 5 种基本数据类型：字符型（char）、整型（int）、单精度浮点型（float）、双精度浮点型（double）和空类型（void）。在此基础上，Arduino 编程语言增加了 3 种基本数据类型：布尔型（boolean）、字节型（byte）和长字型（word）。Arduino 编程语言的基本数据类型如表 3-11 所示。

表 3-11　Arduino 编程语言的基本数据类型

数据类型	类型说明	字节	数值范围	备注
void	空类型	0	无值域	
boolean	布尔型	1	True 或 false	Arduino
byte	字节型	1	0～255	Arduino
word	长字型	2	0～65535	Arduino
signed char	有符号字符型	1	−128～127	
unsigned char	无符号字符型	1	0～255	
signed short int	有符号短整型	2	−32768～32767	
unsigned short int	无符号短整型	2	0～65535	
signed long int	有符号长整型	4	−2147483648～2147483647	
unsigned long int	无符号长整型	4	0～4294967295	
float	单精度浮点型	4	−3.4E-38～3.4E+38	
double	双精度浮点型	8	1.7E-308～1.7E+308	
long double	双精度浮点型	≥8	由具体实现定义	
string	字符数组型			Arduino
String	字符串型			Arduino
array	数组型			

在使用基本数据类型时，应当注意以下事项。

（1）类型修饰符 signed 和 unsigned 用于修饰字符型和整型，signed 可省略。

（2）类型修饰符 short 和 long 用于修饰字符型和整型。

（3）当用 signed 和 unsigned、short 和 long 混合修饰整型时，int 可省略。

3.2.3　常量与变量

1. 常量

程序在运行过程中，数值不能改变的量被称为常量。一般来说，常量可分为整型常量、浮点型常量、符号常量等多种形式。

（1）整型常量

在 Arduino 中，可以直接定义整型常量，如 2、0、-3 等。对于任何一个整型常量，它通常有 4 种表示形式，如表 3-12 所示。

表 3-12　整型常量的表示形式

数制	标识符	示例	说明
十进制（decimal）		123	
二进制（binary）	以字符 B 开头	B1111011	表示十进制数字 123，只能针对 8 位整型数据，每位的数值为 0～1
八进制（octal）	以数字 0 开头	0173	每位的数值为 0～7
十六进制（hexadecimal）	以字符 0x 开头	0x7B	每位的数值为 0～9 和 A～F（a～f）

默认情况下，一个整型常量被当作带有附加限制的整型数据，还可以通过修饰符 U 和 L 来限制数据类型，它们的含义如下。

① U 或 u：将整型常量的数据类型指定为无符号类型，如 33u。

② L 或 l：将整型常量的数据类型指定为长整型，如 100000L。

③ UL 或 ul：将整型常量的数据类型指定为无符号长整型，如 32767ul。

（2）浮点型常量

与整型常量相似，为了使程序更容易看懂，浮点型常量也采用了几种直观的表示形式。其中，科学记数法采用字符 E 或 e 来指定指数，浮点型常量的表示形式如表 3-13 所示。

表 3-13　浮点型常量的表示形式

示例	说明
10.0	10
2.34E5	2.34 * 10^5 = 234000
67e-12	67.0 * (10^(-12)) = 0.0000000000067

（3）符号常量

在 Arduino 中，它预先定义了 false、true、HIGH、LOW、INPUT 和 OUTPUT 等符号常量，如表 3-14 所示。除此之外，用户还可根据需要，使用宏命令定义符号常量。

表 3-14　预定义符号常量

常量类型	说明
false	定义为 0
true	一般定义为 1，在布尔逻辑中非零的整数都会被认为是 1
HIGH	数字信号的值为高电平
LOW	数字信号的值为低电平
INPUT	将数字 I/O 引脚作为输入引脚，注意，在 Arduino 中模拟信号引脚默认为 INPUT
INPUT_PULLUP	将数字 I/O 引脚作为输入引脚，同时使能内部上拉电阻器
OUTPUT	将数字 I/O 引脚作为输出引脚

2. 变量

在程序运行过程中，数值可以改变的量被称为变量。注意：变量名在程序运行过程中不会改变，但变量的值可以改变。

变量的定义（Definition）除了用于为变量分配存储空间，还用于为变量指定初始值。在程序中，变量有且仅有一个定义。

变量的声明（Declaration）用于表明程序中存在该类型的变量名字。编译器在编译时，只检查变量是否存在，在连接阶段才检查其是否被定义。定义也是声明，即当定义变量时，就已经声明了它的类型和名字。在其他 C 语言程序文件中，可以通过使用 extern 声明已经定义过的变量名。

变量的定义和声明的语法格式如下：

[修饰符] 数据类型 变量名称

相关说明如下：

（1）修饰符

修饰符有 volatile、static 和 extern。具体说明如下。

① volatile 是一个类型修饰符，用来修饰被不同线程访问和修改的变量或者微处理器的 I/O 接口变量。编译软件的优化器在使用这个变量时，必须每次都重新读取这个变量的值，而不是使用保存在优化寄存器里的备份。

② 修饰符 static 用来指定静态变量，静态变量属于静态存储方式。但属于静态存储方式的量不一定就是静态变量，例如，外部全局变量就属于静态存储方式，但它不是静态变量。

③ 修饰符 extern 可以置于变量或者函数前。因为变量或者函数的定义在另外的文件中，所以将 extern 放在变量或函数前，提示编译器遇到此变量和函数时要在其他模块中寻找定义。从 extern 变量的角度来说，其只是在声明变量，并不是在分配内存空间。如果该变量定义多次，就会有连接错误。

（2）数据类型

Arduino 提供的基本数据类型，如字符型、整型等。

（3）变量名称

变量命名时，要符合标识符的规则。

在使用过程中，要注意以下问题。

① 变量必须"先定义，后使用"，只有声明过的变量才可以在程序中使用。

② 声明变量时，必须确定变量数据类型。

③ 声明变量时，可指定变量的存储空间。

3.2.4　控制结构

在设计 Arduino 程序时，也可采用 3 种不同的控制结构，即顺序结构、选择结构和循环结构。顺序结构就是计算机将按照程序出现的顺序执行，此处不再赘述。

1.　选择结构

选择结构提供了两种类型的语句实现，即 if 语句和 switch 语句。

（1）if 语句

if 语句根据给定的条件进行判断，以决定执行某个分支程序段，它有 3 种基本语法形式。

① 第 1 种形式为基本形式：
```
if(表达式)
    语句
```

② 第 2 种形式为：
```
if(表达式)
    语句1;
else
    语句2;
```

③ 第 3 种形式为：
```
if(表达式1)
    语句1;
else  if(表达式2)
    语句2;
else  if(表达式3)
    语句3;
    …
else
    语句n;
```

（2）switch 语句

使用嵌套的 if 语句可以处理多分支情况，但如果分支较多，嵌套的 if 语句层数也会较多，则会导致程序冗长，可读性降低。为了解决这种问题，可以使用 switch 语句来处理多分支情况，它的基本语法形式如下所示：

```
switch(表达式)
{
    case 常量表达式 1：语句 1
    case 常量表达式 2：语句 2
        …
    case 常量表达式 n：语句 n
    [default：语句 n+1]
}
```

switch 语句说明如下。

① switch 后面括号里的表达式，可以为任何类型。

② 各常量表达式的值互不相同。

③ 当表达式的值与某个 case 后面的常量表达式的值相等时，就执行此 case 后面的语句。如果表达式的值与所有常量表达式都不匹配，就执行 default 后面的语句。如果没有 default 就跳出 switch 语句，执行 switch 语句块后面的语句。

④ 执行完一个 case 后面的语句后，流程控制执行下一个 case 中的语句。此时，"case 常量表达式"只是起到语句标号的作用，并不在此处进行条件判断。在执行一个分支后，可以使用 break 语句使流程跳出 switch 语句，即终止 switch 语句的执行（最后一个分支可以不用 break 语句）。

⑤ case 后面如果有多条语句，不必用花括号标注。

⑥ 多个 case 可以共用一组执行语句，可以使用 break 跳出 switch 语句，终止下一条 case 语句的执行。

2. 循环结构

C 语言提供了 3 种基本的循环语句：while 语句、do…while 语句和 for 语句。

（1）while 语句

while 语句用来实现"当型"循环结构，它的一般形式为：

```
while(表达式)语句
```

while 语句执行的特点是：先判断表达式，后执行语句。当表达式的值不为 0 时，执行 while 语句中内嵌的语句；当表达式的值为 0 时，直接跳过 while 语句后面的语句，执行下一条语句。示例如下：

```
#include<stdio.h>
main()
{
    char c;
    c = '\0';              /*初始化 c*/
    while(c != '\X0D')     /*按 Enter 键结束循环*/
        c = getche();      /*从键盘接收字符并在显示器中显示*/
}
```

上例中，while 循环是以检查 c 是否为回车符开始，因其事先被初始化为空，所以条件为真，进入循环，等待接收输入字符；一旦接收回车符，则 c='\X0D'，条件为假，循环便结束。

注意

① 在 while 循环体内也允许出现空语句。例如：

```
while((c = getche()) != '\X0D');
```

上述语句表示这个循环直到按 Enter 键为止。

② 可以有多层循环嵌套。

③ 语句可以是语句体，此时必须用花括号标注。

（2）do…while 语句

do…while 语句用来实现"直到型"循环结构，它的一般形式为：

```
do{
    内嵌语句;
}while(表达式);
```

do…while 语句执行的特点是：先执行语句，后判断表达式。这个语句执行时，先执行一次指定的内嵌语句，然后判断表达式，当表达式的值不为 0 时，返回重新执行该语句，如此反复，直到表达式的值等于 0 为止，此时循环结束。因此，无论表达式是否为"真"，内嵌语句至少执行一次。示例代码如下：

```
main()
{
    float sum = 1;
    int i = 2;
    do{
        sum = sum + 1.0 / i;
        i += 2;
    }while(i<= 50) printf(sum);
}
```

上例中，利用 do…while 语句计算 1+1/2+1/4+…+1/50。

（3）for 语句

for 语句使用更为灵活，它完全可以取代 while 语句。它的一般形式为：

```
for(表达式 1;表达式 2;表达式 3) 语句
```

for 语句执行过程如下。

① 计算表达式 1。

② 计算表达式 2，若其值不为 0（循环条件成立），则转③执行循环体；若其值为 0（循环条件不成立），则转⑤结束循环。

③ 执行循环体。

④ 计算表达式 3，然后转②判断循环条件是否成立。

⑤ 结束循环，执行 for 语句后的下一条语句。

其执行过程可用图 3-12 表示。示例代码如下：

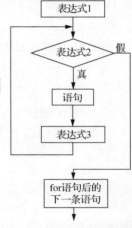

图 3-12 for 语句执行过程

```
main()
{
    float fact;
    int i, n;
    scanf(&n);
    for(i = 1, fact = 1.0; i<= n; i++) fact = fact * i;
    printf(fact);
}
```

上例中，利用 for 语句计算正整数 *n* 的阶乘 *n*!，其中 *n* 由用户输入。

3. break 和 continue 语句

（1）break 语句

当 break 用于 switch 语句中时，可使程序跳出 switch 语句，执行 switch 语句后面的语句；当 break 语句用于 while、do…while 或 for 语句中时，可使程序终止循环而执行循环后面的语句。在循环语句中，break 语句通常与 if 语句联系在一起，即满足条件时便跳出循环。注意，在循环嵌套中，一个 break 语句只能向外跳出一层循环。同理，在 switch 嵌套中，一个 break 语句只能向外跳出一层 switch 语句块。如以下代码所示：

```
main()
{
    int i = 0;
    char c;
    while(1)                       /*设置循环*/
    {
        c = '\0';                  /*变量赋初值*/
        while(c != 13 && c != 27)  /*接收字符直到按 Enter 键或 Esc 键*/
        {
            c = getch();
            printf("%c\n", c);
        }
        if(c == 27)
            break;                 /*判断，若按 Esc 键则退出循环*/
        i++;
        printf("The No. is %d\n", i);
    }
    printf("The end");
}
```

（2）continue 语句

continue 语句通常用在循环语句中，它结束本次循环中尚未执行的语句，并强行执行下一次循环。它通常与 if 语句一起使用，用来加速循环。如以下代码所示：

```
main()
{
    char c;
    while(c != 0X0D)               /*不是回车符则循环*/
    {
        c = getch();
        if(c == 0X1B)
            continue;              /*若按 Esc 键，不输出便进行下次循环*/
        printf("%c\n", c);
    }
}
```

3.3 Arduino 程序的结构

从前面的叙述中可以看出，Arduino 程序的语法与标准 C/C++ 语言很相似。Arduino 程序的本质就是 C/C++ 程序，它不仅扩展了一些数据类型和常量，还封装了 main() 函数，对外只提供两个接口函数：setup() 和 loop()。Arduino 程序的结构如图 3-13 所示。

一般来说，在项目源代码文件（*.ino）的最开始处声明程序所使用的库，定义全局变量以及宏等。当开发板通电后，微处理器首先执行 setup() 函数，再执行一系列初始化程序，为后续循环执行准备条件。当 setup() 函数执行完毕后，跳转到接口函数 loop() 函数中，并不断地循环执行 loop() 函数。

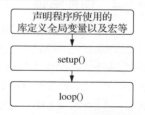

图 3-13　Arduino 程序的结构

1. 声明全局变量

Arduino IDE 不仅支持官方提供的基本函数库与扩展函数库，还支持第三方的函数库以及用户自定义的函数库。在 Arduino 程序中使用某些库时，只需要使用包含命令 include 把对应库的头文件包含进来即可。

全局变量通常用来定义数字或模拟引脚的别名和常量参数等，它不仅可以定义在源代码文件的最开始处，也可以定义在 setup()或 loop()函数体外。在这些位置只能对全局变量初始化，不能对全局变量进行操作，比如进行各种运算等。

为了使用户的程序更简洁、清晰，通常需要在程序中使用宏。在 Arduino 中，宏的使用方法与标准 C 语言程序中的用法相同。

2. setup()函数

Arduino 开发板每次上电或重启后，setup()函数仅运行一次，通常用来初始化变量，设置数字引脚的 I/O 方向，进行比特率设置等设备初始化操作。因为用户在开发过程中，使用的外部设备各不相同，所以用户需要在 setup()函数中执行特定设备的初始化工作，比如设置串行通信的比特率为 9600bit/s。

3. loop()函数

在每个 Arduino 程序中都必须包含的循环执行函数 loop()，通常用来实现用户设定的各种功能，比如监测某个信号或控制某个信号等。与 setup()函数不同的地方在于，它能不停地循环执行函数体内的语句。

3.4 Arduino 入门项目——Blink

这个入门项目很简单，它的功能是通过程序来控制一盏 LED 灯有规律地闪烁。初学者可以通过这个项目来掌握 Arduino 的开发流程，了解 Arduino 编程的特点。关于 Arduino 的库函数，将在第 4 章详细介绍。

3.4.1 实验材料

（1）一块 Arduino Due 开发板及一条 USB 下载线。
（2）一块面包板及若干导线。
（3）一盏 LED 灯。
（4）一个 470Ω 电阻器。

3.4.2 硬件电路

用导线将 Arduino Due 开发板上的 13 号数字引脚连接到 470Ω 的限流电阻器的一端，电阻器的另外一端接到 LED 灯的正极，LED 灯的负极接到开发板上的 GND 引脚。电路连接如图 3-14 所示，LED 灯较长的引脚是正极，较短的引脚是负极。

3.4.3 连接硬件电路并安装驱动

首先对照图 3-14 连接实验电路，确认连接正确无误后，接着将 USB 下载线的一端连接到 Arduino Due 开发板的编程接口，将另一端连接到

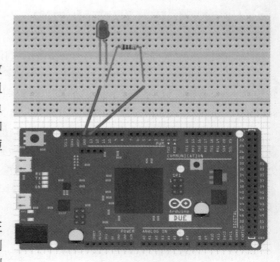

图 3-14　电路连接

嵌入式微处理器程序设计——从 Arduino 到 ARM

计算机任意一个 USB 接口。此时，Arduino Due 开发板上的电源指示灯会被点亮，计算机的状态栏上会出现提示信息，如图 3-15 所示。

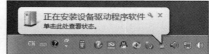

Windows 7 操作系统仅提供了通用的 USB 驱动程序，而 Arduino Due 开发板的 USB 接口不是通用的 USB 设备，使用 Windows Update 更新驱动不会成功。因此，如果要让 Windows 7 操作系统（计算机）识别 Arduino Due 开发板的

图 3-15　驱动程序安装提示信息

USB 接口，就必须安装专用的 USB 驱动程序。在 Windows 7 的"控制面板"中，选择"系统和安全"选项，接着选择"系统"选项，找到"设备管理器"并打开，如图 3-16 所示。

没有安装驱动的 USB 设备就会显示在"其他设备"中，它的名称是"Arduino Due Prog.Port"。右键单击该选项，就会弹出一个快捷菜单，接着选择"更新驱动程序软件"，就会出现"更新驱动程序软件"对话框，如图 3-17 所示。

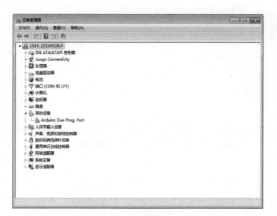

图 3-16　"设备管理器"窗口

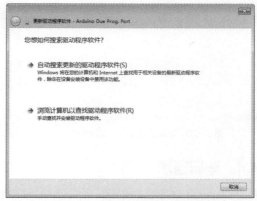

图 3-17　"更新驱动程序软件"对话框

在对话框中，选择"浏览计算机以查找驱动程序软件"选项，在弹出的对话框中设置驱动程序软件的安装路径，如图 3-18 所示。单击"浏览"按钮，选择 USB 驱动程序文件存储的位置。在 Arduino 中，USB 驱动程序文件存储在安装目录中的 arduino-1.6.12\drivers 文件夹下。

驱动程序软件路径设置正确后，单击"下一步"按钮，会弹出"Windows 安全"对话框，如图 3-19 所示。勾选"始终信任来自'Arduino LLC'的软件"复选框，然后单击"安装"按钮，开始安装驱动程序软件。

图 3-18　设置驱动程序软件的安装路径

图 3-19　设置 Windows 安全属性

安装完成后，会出现安装成功对话框，如图 3-20 所示。

单击"关闭"按钮，USB 驱动安装完成。在 Windows 7 系统"设备管理器"中，可以在"接口（COM 和 LPT）"中发现 USB 设备的虚拟串行通信接口名称"Arduino Due Programming Port（COM4）"，如图 3-21 所示。这表示 USB 设备的驱动程序已经成功安装，编程接口虚拟串行通信接口的编号是 COM4。不同计算机上，虚拟串行通信接口的编号可能不尽相同。因此，在使用串行通信接口调试工具时，一定要记住串行通信接口的编号。当 Arduino Due 开发板再次连接计算机时，就不需要安装驱动程序了，可以直接下载程序。

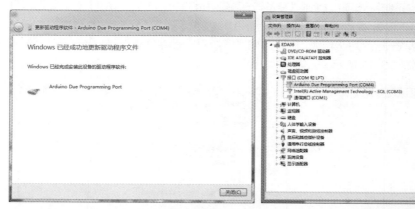

图 3-20　驱动程序安装完成提示信息　　　　图 3-21　编程接口虚拟串行通信接口

3.4.4　编辑程序

在 Arduino 官方范例库中，提供了一个 LED 灯闪烁效果的范例。这个范例恰好使用了数字引脚 13 号，符合本项目硬件电路的要求。该范例位于菜单"文件"→"示例"→"01.Basics"→"Blink"中，范例代码如下：

```
/* LED 灯亮 1s 后关断，关断 1s 后再点亮 */
int led = 13;  //将数字引脚 13 号命名为 led
// 系统上电后，setup()函数仅仅执行一次
void setup()
{
    pinMode(led, OUTPUT);          // 初始化数字引脚的方向为输出
}
// 系统上电后，loop()函数不断地循环执行
void loop()
{
    digitalWrite(led, HIGH);    // 打开 LED 灯
    delay(1000);                // 延时 1s
    digitalWrite(led, LOW);     // 关闭 LED 灯
    delay(1000);                // 延时 1s
}
```

3.4.5　设置开发板及串行通信接口

完成程序编辑后，就需要选择开发板的型号和选择下载串行通信接口的编号。如果开发板的型号或串行通信接口编号没有选择正确，就会在程序编译过程中或者程序下载过程中出现错误。因此，在编译程序前，务必正确选择开发板和串行通信接口的型号。

　　首先，设置开发板的型号。在 Arduino IDE 的"工具"菜单中，先将鼠标指针移动到"开发板：Arduino Due（Programming Port）"命令，再单击"Arduino Due Programming Port"选项。如果没有这种类型的开发板，就说明在 Arduino IDE 中没有安装 Arduino Due 开发板的支持包。具体的安装方法，请参见 3.4.3 小节。

　　其次，选择编程串行通信接口的编号。在设置串行通信接口之前，首先确认开发板对应的虚拟串行通信接口编号，如 COM4。串行通信接口编号可以在 Windows 计算机"设备管理器"中查看。接着，在 Arduino IDE 的"工具"菜单中，先将鼠标指针移动到"接口：COM4 Arduino Due（Programming Port）"命令，再单击"COM4 (Arduino Due (Programming Port))"。如果没有出现这种类型的串行通信接口，可能是开发板的 USB 驱动没有安装成功，或开发板没有供电。具体的解决方法，请参见 3.4.3 小节。

　　在本项目中，正确设置开发板及串行通信接口以后，"工具"菜单显示如图 3-22 所示。

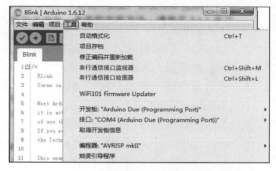

图 3-22　设置开发板及串行通信接口后"工具"菜单

3.4.6　编译程序

　　在正确设置开发板及串行通信接口后，可以进行程序编译，检查程序中的语法错误。在 Arduino IDE 中，单击工具栏中的图标，就可以编译程序。如果在状态栏中没有出现错误提示信息，那么说明程序代码不存在语法错误，否则，需要根据错误提示修改程序代码的错误。在实践过程中，经常出现开发板的型号设置错误而导致程序编译错误的现象。

3.4.7　下载并运行程序

　　程序通过编译后，就可以下载程序到开发板，并观察运行效果了。在 Arduino IDE 中，单击工具栏中的图标，就可以下载程序了。程序下载的过程分为两个阶段，第 1 个阶段是编译程序并生成二进制文件，第 2 个阶段是通过串行通信接口将二进制文件下载到微处理器的 Flash 存储器中，这个阶段也常常被称为程序"烧写"。第 1 个阶段负责检查程序代码的语法，如果没有语法和链接错误，就可以生成二进制文件。在程序烧写阶段，利用 SAM3X8E 芯片的在线编程特点，通过串行通信接口将二进制文件下载到微处理器的 Flash 存储器中。如果状态栏没有出现错误提示信息，就说明程序烧写成功，状态栏显示如图 3-23 所示。否则，就需要根据错误提示信息，查找出错的原因。

图 3-23　程序下载界面

　　出现错误提示信息的原因主要有两种：一种原因是没有安装 USB 驱动程序或者 USB 驱动芯片损坏；另一种原因是开发板的引导代码损坏，比如 ATmega16U2 中的固件程序。

本项目使用编程接口下载程序，如果下载成功，Arduino Due 开发板就可以控制 LED 灯有规律地闪烁。如果使用原生接口下载程序，就可能需要使用复位按键重新启动微处理器。

思考与练习

1. 请描述 Arduino 开发环境的搭建方法。
2. 什么是标识符？一个合法的标识符具有什么特征？
3. 除 C/C++语言标准定义的数据类型之外，Arduino 还支持哪些数据类型？
4. 什么是常量？Arduino 支持哪些常量？它们分别用在什么场合？
5. 什么是变量？变量有哪些修饰符？它们的作用是什么？
6. Arduino 支持哪几种控制结构？其中，选择结构包括哪几种类型？
7. 函数的作用是什么？它的声明和定义有什么区别？
8. 什么是类？什么是对象？类和对象有什么区别和联系？
9. Arduino 程序的结构是什么？
10. 请简要描述 Arduino 的开发流程。

04
chapter

基于 Arduino 的
应用开发

4.1　数字量 I/O

数字量是指用于表示信号幅值的两个数值 0 和 1。因为数字量受噪声的影响较小，且易于数字电路进行处理，所以得到广泛的应用。在 Arduino 中，具有数字量特点的通用 GPIO 引脚被统称为数字引脚，它们分别实现数字量输入和数字量输出的功能。

4.1.1　数字量 I/O 函数

Arduino Due 开发板提供了 54 个数字引脚，引脚编号为 0～53，并以数字形式被标识在开发板上的 "DIGITAL" 区域。同时，为了方便开发者使用数字引脚的功能，Arduino 函数库提供了 pinMode(pin, mode)、digitalWrite(pin, value)和 digitalRead (pin)这 3 种操作函数。

1. pinMode(pin, mode)

该函数的功能是设置数字引脚为输入或输出状态，该函数没有返回值。它有两个参数 pin 和 mode，其中，参数 pin 用来指定数字引脚的编号；参数 mode 用来指定引脚的工作模式，它有 3 种选项：INPUT（输入）、INPUT_PULLUP（输入，同时使能内部上拉电阻器）或 OUTPUT（输出）。例如，设置数字引脚 13 号作为输出引脚，可以使用以下语句来完成：

```
pinMode(13, OUTPUT);
```

2. digitalWrite(pin, value)

该函数的功能是设置数字引脚输出的电平值，该函数也没有返回值。它有两个参数 pin 和 value，其中，参数 pin 用来指定数字引脚的编号；参数 value 用来指定输出的电平值，它有两种选项：高电平（HIGH）或低电平（LOW）。例如，设置数字引脚 13 号输出高电平，可以使用以下语句来完成：

```
digitalWrite(13, HIGH);
```

3. digitalRead(pin)

该函数的功能是读取数字引脚的电平值，它的返回值的数据类型为整型。它有一个参数 pin，用来指定读取数字引脚的编号。例如，读取数字引脚 7 号的电平值，可以使用以下语句来完成：

```
int val = digitalRead(7);
```

> **注意** 在使用 digitalWrite(pin, value)和 digitalRead(pin)函数之前，必须通过 pinMode (pin, mode)函数将数字引脚设置为输出引脚或输入引脚。

4.1.2 编程实验：键控流水灯

1. 实验目的

本实验设计一种键控流水灯电路，它通过按键来控制 LED 灯的点亮方向。流水灯的实现原理是将若干个 LED 灯依次排列，编号顺序为 LED1～LEDn，在每个显示周期中，每次仅点亮一盏 LED 灯。当按下按键 K1 时，首先点亮 LED1，接着依次点亮 LED2、LED3，直至点亮 LEDn后再重新点亮 LED1，依次循环。当按下按键 K2 时，首先点亮 LEDn，依次点亮 LEDn-1、LEDn-2，直至点亮 LED1 后再重新点亮 LEDn，依次循环。

2. 硬件电路

本实验的电路连接如图 4-1 所示。它使用 4 盏 LED 灯来实现流水灯，依次编号为 LED1～LED4。每盏 LED 灯的正极首先连接 330Ω限流电阻器，再分别与 Arduino Due 开发板上数字引脚 8～11 号相连；每盏 LED 灯的负极接到开发板 GND 引脚。按键 K1 和 K2 的一端分别与开发板上数字引脚 6～7 号相连，且接有 10kΩ上拉电阻器，按键 K1 和 K2 的另一端接到开发板 GND 引脚。

3. 软件程序

本实验首先通过 digitalRead(pin)函数来查询按键 K1 和 K2 的状态，然后通过 digitalWrite(pin, value) 函数来控制 LED 的显示状态，从而实现 LED 灯的

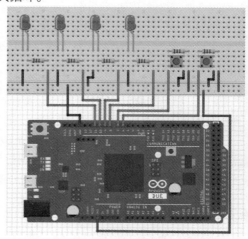

图 4-1　键控流水灯的电路连接

嵌入式微处理器程序设计——从 Arduino 到 ARM

流水显示效果。本实验的软件程序如代码清单 4-1 所示。

代码清单 4-1　键控流水灯的程序代码

```
int K1Pin = 6;           //定义按键 K1 对应的数字引脚号 6
int K2Pin = 7;           //定义按键 K2 对应的数字引脚号 7
int LED1Pin = 8;         //定义 LED1 对应的数字引脚号 8
int LED2Pin = 9;         //定义 LED2 对应的数字引脚号 9
int LED3Pin = 10;        //定义 LED3 对应的数字引脚号 10
int LED4Pin = 11;        //定义 LED4 对应的数字引脚号 11
int LedDir = 0;          //定义 LED 灯的流水方向，默认为从右到左
void setup() {
        pinMode(K1Pin, INPUT);        //设置 K1 为输入模式
        pinMode(K2Pin, INPUT);        //设置 K2 为输入模式
        pinMode(LED1Pin, OUTPUT);     //设置 LED1 为输出模式
        pinMode(LED2Pin, OUTPUT);     //设置 LED2 为输出模式
        pinMode(LED3Pin, OUTPUT);     //设置 LED3 为输出模式
        pinMode(LED4Pin, OUTPUT);     //设置 LED4 为输出模式
}
void loop(){
        if(~digitalRead(K1Pin)) LedDir = 1;
        if(~digitalRead(K2Pin)) LedDir = 0;
        if(LedDir) {
            digitalWrite(LED4Pin, LOW);
            digitalWrite(LED1Pin, HIGH);      //LED1 显示
            delay(1000);                      //延时 1s
            digitalWrite(LED1Pin, LOW);
            digitalWrite(LED2Pin, HIGH);      //LED2 显示
            delay(1000);                      //延时 1s
            digitalWrite(LED2Pin, LOW);
            digitalWrite(LED3Pin, HIGH);      //LED3 显示
            delay(1000);                      //延时 1s
            digitalWrite(LED3Pin, LOW);
            digitalWrite(LED4Pin, HIGH);      //LED4 显示
            delay(1000);                      //延时 1s
            }
        else {
            digitalWrite(LED1Pin, LOW);
            digitalWrite(LED4Pin, HIGH);      //LED4 显示
            delay(1000);                      //延时 1s
            digitalWrite(LED4Pin, LOW);
            digitalWrite(LED3Pin, HIGH);      //LED3 显示
            delay(1000);                      //延时 1s
            digitalWrite(LED3Pin, LOW);
            digitalWrite(LED2Pin, HIGH);      //LED2 显示
            delay(1000);                      //延时 1s
            digitalWrite(LED2Pin, LOW);
            digitalWrite(LED1Pin, HIGH);      //LED1 显示
            delay(1000);                      //延时 1s
            }
}
```

4.2 模拟量 I/O

模拟量是指信号的幅度在一定范围内连续发生变化的量，它可以在一定范围（定义域）内取任意值（在值域内），比如广播的声音信号。在 Arduino 中，处理模拟输入信号是通过模拟数字转换器（Analog-to-Digital Converter，ADC）来实现的，而控制模拟信号输出则是通过数字模拟转换器（Digital-to-Analog Converter，DAC）或脉冲宽度调制（Pulse Width Modulation，PWM）来实现的。

4.2.1 模拟量输入函数

与数字引脚一样，Arduino 将具有模拟信号输入功能的引脚统称为模拟引脚，引脚编号为A0～A11，并将其标识在开发板的"ANALOG"区域。每个模拟引脚分别对应 ADC 的一条输入通道。为了方便开发者使用模拟输入引脚的功能，Arduino 系统函数库提供了 analogReference(type)、analogReadResolution(bits)和 analogRead (pin)这 3 种操作函数。

1. analogReference (type)

analogReference (type)函数的功能是设置 ADC 的基准参考电压，它没有返回值。基准参考电压是 ADC 的一项技术指标，它与 ADC 输出的数据值呈现出一一对应的线性映射关系，反映了模拟信号的表示范围。该函数有一个参数 type，用来指定基准参考电压源。参数 type 有两种类型：DEFAULT 和 EXTERNAL，含义如下。

- DEFAULT：来自内部默认的 3.3V 基准参考电压。
- EXTERNAL：来自外部 AREF 引脚的电压被视为基准参考电压。AREF 引脚通过一个电阻桥连接到 SAM3X8E 模拟基准电压输入引脚 ADVREF。如果要使用 AREF 引脚，就必须首先从 Arduino Due 开发板上解焊电阻器 BR1，其次，保证 AREF 引脚的电压在 2.4～3.6V 范围之内。

不建议使用 AREF 引脚的电压作为基准参考电压，因为在使用不当的情况下，有可能损坏Arduino DUE 开发板。改变基准参考电压，必须在调用 analogReadResolution(bits)函数之前，重新设置 ADC 的基准参考电压，因此从 analogReadResolution(bits)函数返回的前几个数据有可能不够准确。

2. analogReadResolution(bits)

数据分辨率是 ADC 的一项技术指标，它反映了数据采样的精度。SAM3X8E 芯片内部集成的ADC 最高分辨率是 12 位，也就是说，输出数据的范围是 0～4095。但在实际应用中，不同场合需要的数据分辨率也不完全相同。因此，Arduino 提供了 analogReadResolution(bits)函数，用来设置 ADC 的数据分辨率。该函数没有返回值，它有一个参数 bits，用来指定 ADC 的数据分辨率。参数 bits 的取值范围为 1～32。在默认情况下，ADC 的数据分辨率是 10 位，输出数据范围为 0～1023。

如果参数 bits 的设置值超过 ADC 的最高分辨率，那么在使用 analogRead(pin)函数读取模拟输入信号时，返回数据的高 12 位是 ADC 输出的数据，低位用零填充。例如，设置 ADC 的数据分辨率为 16 位，即 analogReadResolution(16)，在使用 analogRead(pin)函数读取模拟输入信号时，它将返回一个近似 16 位的数据，其中高 12 位是 ADC 输出的数据，低 4 位用零填充。

如果参数 bits 的设置值低于 ADC 的最高分辨率，那么在使用 analogRead(pin)函数读取模拟输入信号时，返回数据会丢弃 ADC 输出的低位数据。例如，设置 ADC 的数据分辨率为 8 位，即 analogReadResolution(8)，在使用 analogRead(pin)函数读取模拟输入信号时，它将返回 ADC输出数据的高 8 位数据，丢弃低 4 位数据。

3. analogRead(pin)

analogRead(pin)函数的功能是从指定的模拟输入引脚上读取电压值，它的返回值为整型，返回值的范围由 analogReadResolution(bits)函数设定。默认情况下，返回值为 10 位，数据范围为 0～1023。例如，读取模拟输出引脚 A0 的电压值，可以使用以下语句来完成：

```
analogRead(A0);
```

在实际应用中，某些项目并不需要这么多模拟输入引脚。此时，模拟输入引脚就可以用作数字引脚，模拟输入引脚 A0～A11 对应的数字引脚编号为 54～65。当模拟输入引脚用作数字引脚时，必须通过数字量 I/O 函数来控制这些引脚。例如，设置模拟引脚 A0 输出高电平，以下两种方式是等价的。

```
pinMode(A0, OUTPUT);
digitalWrite(A0, HIGH);
```

如果模拟输入引脚被预先设置为数字输入引脚，同时使能了上拉电阻器，那么上拉电阻器将会影响 analogRead(pin)函数的返回值。如果模拟输入引脚被预先设置为数字输出引脚，analogRead(pin)函数将无法正常工作。因此，在使用 analogRead(pin)函数之前，必须将它读取电压值的模拟输入引脚设置为数字输入引脚。

当模拟输入引脚作为数字输出引脚，且输出高电平时，就会使能上拉电阻器。因此，模拟输入引脚在切换成数字输入引脚之前，必须先将它设置为数字输出引脚，且输出低电平。

当从数字引脚切换成模拟引脚时，或者不同模拟引脚切换时，可能会造成电气噪声或在模拟系统引入抖动。因此，在 analogRead (pin)函数读取电压值之前，应当使用延时函数延迟一段时间。

4.2.2　编程实验：光强度自动报警系统

1. 实验目的

本实验设计一种光强度自动报警系统，如果光强度超出设定阈值，报警器就会报警。其中，光强度的测量通过光敏电阻器实现，报警通过有源蜂鸣器实现。

光敏电阻器是一种对光敏感的电子元器件，它是利用半导体光电导效应制成的一种特殊电阻器。光敏电阻器的电阻值随着外界光照的变化而变化，在无光照射时，它呈高阻值状态；在有光照射时，其电阻值迅速减小。由于光敏电阻器的特性，它被广泛应用于各种自动控制电路中。

蜂鸣器是一种一体化结构的电子发声器件，它采用直流电压供电，被广泛应用于汽车电子设备、电子玩具和报警器等电子产品中。在电路图中，蜂鸣器一般使用字母 H 或 HA 标识（旧标准使用 FM、LB、JD 等）。按照结构原理划分，蜂鸣器主要分为压电式蜂鸣器和电磁式蜂鸣器两种类型。按照内部是否具有振荡源划分，蜂鸣器主要分为有源蜂鸣器和无源蜂鸣器。

有源蜂鸣器内部含有振荡源，一旦接通直流电源，有源蜂鸣器就会"鸣叫"。而无源蜂鸣器内部没有振荡源，如果仅仅接通直流电源，它不会鸣叫。只有使用 1.5～5.0kHz 的方波信号驱动无源蜂鸣器时，它才会鸣叫。从外观上看，两种蜂鸣器似乎一样，但两者还是略有区别。有源蜂鸣器的高度为 9mm，而无源蜂鸣器的高度为 8mm。将两种蜂鸣器的引脚都朝上放置，如图 4-2 所示。可以看见电路板的是无源蜂鸣器，没有电路板而用黑胶封闭的是有源蜂鸣器。

（a）有源蜂鸣器　　　　（b）无源蜂鸣器

图 4-2　有源蜂鸣器和无源蜂鸣器

2. 硬件电路

本实验的电路连接如图 4-3 所示。光敏电阻器的一端直接与 GND 相连，另一端同时与 10kΩ 电阻器和 Arduino Due 开发板上模拟引脚 A0 号相连，10kΩ 电阻器的另一端与 3.3V 电源相连。有源蜂鸣器的一端与 GND 相连，另一端经过 50Ω 的限流电阻器再与 PNP 型三极管的发射极相连。PNP 型三极管的基极经过 10kΩ 的限流电阻器后与 Arduino Due 开发板上数字引脚 14 号相连，集电极直接与 GND 相连。

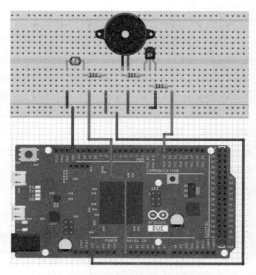

3. 软件程序

本实验首先通过 analogRead(pin) 函数来检测光敏电阻器的电阻变化，当测量值达到指定的阈值时，就通过 digitalWrite(pin,value) 函数来控制有源蜂鸣器处于鸣叫状态。一旦光敏电阻器的测量值小于阈值，控制有源蜂鸣器处于不鸣叫状态。本实验的软件程序如代码清单 4-2 所示。

图 4-3　光强度自动报警系统的电路连接

代码清单 4-2　光强度自动报警系统的程序代码

```
int SensorPin = A0;       //定义光敏电阻器连接的模拟引脚 A0
int BeepPin = 14;         //定义有源蜂鸣器连接的数字引脚 14
int BeepState = 0;        //定义鸣叫的状态标志，默认为不鸣叫
void setup() {
    pinMode(BeepPin, OUTPUT);       //设置有源蜂鸣器对应的控制引脚为输出模式
    digitalWrite(BeepPin, LOW);     //设置有源蜂鸣器为不鸣叫模式
}
void loop(){
    if(analogRead (BeepPin) >= 0xfffff)    // 超过报警阈值
        BeepState = 1;
    else
        BeepState = 0;
    if(~digitalRead(K2Pin))
        LedDir = 0;
    digitalWrite(BeepPin, BeepState);       //设置有源蜂鸣器的鸣叫模式
    }
```

4.2.3　模拟量输出函数

Arduino DUE 开发板提供了两种模拟信号输出方式：PWM 和 DAC。其中，输出 PWM 模拟信号通过微处理器芯片内部的定时/计数器来实现。Aruino DUE 开发板支持 12 路 PWM 信号，它们分别对应数字引脚的编号为 2～13。在 Arduino Due 开发板上，DIGITAL 引脚编号旁边有 "-" 标识的引脚才具有 PWM 功能。DAC 也被集成到微处理器芯片内部，它是一款 2 路通道的 12 位 DAC。2 路模拟输出通道分别为 DAC0 和 DAC1，它们对应的数字引脚编号为 66 和 67。

为了方便开发者使用这两种模拟量输出的功能，Arduino 系统函数库提供了统一的模拟量输出函数：analogWriteResolution (bits) 和 analogWrite(pin, value)。模拟量输出函数与模拟输入引脚没有任何关系。

1. analogWriteResolution(bits)

analogWriteResolution(bits)函数的功能是设置数据输出的分辨率，它决定了 analogWrite (pin, value)函数中参数数据的范围。该函数没有返回值，只有一个参数 bits，参数 bits 的取值范围为 1～32。在默认情况下，输出数据的分辨率是 8 位，数据范围为 0～255。

如果参数 bits 的设置值超过了 DAC 的最高分辨率，那么 DAC 将保留 analogWrite(pin, value)函数输出数据的低 12 位数据，丢弃高位数据。例如，设置 DAC 的数据分辨率为 14 位，即 analogWriteResolution(14)。因为 DAC 的最高分辨率只有 12 位，所以 analogWrite(pin, value)函数输出的低 12 位数据被 DAC 视为转换数据，而高 2 位数据被丢弃。

如果参数 bits 的设置值低于 DAC 的最高分辨率，那么 DAC 将把 analogWrite(pin, value)函数输出数据视为低 12 位数据，而高位数据用零填充。例如，设置 DAC 的数据分辨率为 8 位，即 analogWriteResolution (8)。因为 DAC 的最高分辨率是 12 位，所以 DAC 将把 analogWrite(pin, value)函数输出的数据视为转换数据的低 8 位，而高 4 位数据用零填充。

2. analogWrite(pin,value)

analogWrite(pin,value)函数的功能是在指定引脚上输出一路模拟信号，其中，引脚既可以是具有 PWM 功能的数字引脚，也可以是 DAC 的输出引脚。analogWrite(pin,value)函数没有返回值。它有两个参数 pin 和 value，其中，参数 pin 是具有 PWM 功能的数字引脚编号，取值范围为 2～13，并标识在开发板的 PWM 区域；或者是 ADC 的 2 路输出引脚编号，分别为 66 和 67，别名分别为 DAC0 和 DAC1。

当参数 pin 是具有 PWM 功能的数字引脚时，参数 value 表示 PWM 信号的占空比，对应占空比为 0～100%。当参数 pin 是 ADC 的 2 路输出引脚时，参数 value 表示 ADC 的输入数据。参数 value 的数值范围由 analogWriteResolution (bits)来设定，默认数据输出的分辨率是 8 位，数据范围为 0～255。

为了更好地匹配数据分辨率，Arduino 提供了 map(value,fromLow,fromHigh,toLow,toHigh)函数，它可以将数据转换为指定宽度的数据。例如，采集模拟引脚 A0 上的信号值，并将它的值输出到 PWM 的第 11 号引脚上，实现方法如下：

```
int sensorVal = analogRead(A0);    //默认情况下，sensorVal 是 10 位
analogWriteResolution(8);          //设定输出数据分辨率为 8 位
analogWrite(11, map(sensorVal, 0, 1023, 0 , 255)); //将 sensorVal 转换为 8 位数据
```

4.2.4 编程实验：简易调色 LED 灯

1. 实验目的

本实验设计一种可以调色的 LED 灯，它通过监测调节电位器的电压变化来调节 LED 灯的光线色彩和强弱。电位器的电压值由 analogRead(pin)函数获取，其中电压值的最高 3 位代表红色，中间 3 位代表绿色，最低 4 位代表蓝色，它们用于控制 LED 灯对应 3 种色彩的引脚。

电位器是一种阻值可变的电阻器，它通常又称为可变电阻器。电位器有 3 个连接端子：2 个固定接点与 1 个滑动接点，如果调节滑动端与固定端之间的相对位置，那么它们之间的电阻值就会发生改变。在使用时，电位器经常与普通电阻器串联在电路中，可形成不同的分压比率，改变滑动接点的电位。电位器被广泛应用于家电、电子仪器和工业控制等电子产品中。

调节 LED 灯发光亮度是通过 PWM 技术来实现的。从本质上讲，PWM 技术是一种利用微处理器的数字输出来产生模拟信号的非常有效的技术。在这种特殊的模拟信号中，模拟信号的幅值只有低电平或高电平，通常用占空比来描述模拟信号的形状。所谓占空比，是指高电平信

号与整个信号之间的比例，图 4-4 列出了 4 种占空比的模拟信号。通过调整波形的占空比改变了模拟信号的电压有效值（平均电压值），从而改变流经 LED 灯的电流，达到调节 LED 灯亮度的效果。需要注意的是，PWM 技术不仅可以调整占空比，还可以调整信号周期（或信号频率），它被广泛应用到测量、通信、功率控制与变换的许多领域中。但是，Arduino 官方提供的 analogWrite(pin, value)函数只能改变PWM波形的占空比，不能改变波形的频率，即PWM波形的周期是固定值。

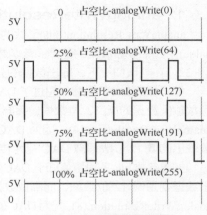

图 4-4　4 种占空比模拟信号

2. 硬件电路

本实验的电路连接如图 4-5 所示。5mm 三色共阴极 LED 灯的公共端连接到 Arduino Due 开发板的 GND 引脚，三色 LED 灯的红色（R）、绿色（G）和蓝色（B）引脚分别与 Arduino Due 开发板上 6～8 号数字引脚相连。3 个电位器的一端连接到 Arduino Due 开发板的 GND 引脚，另一端分别通过 10kΩ 上拉电阻器与 2～4 号数字引脚相连。

3. 软件程序

本实验首先通过 analogRead(pin) 函数获取电位器的电压状态，然后通过 analogWrite(pin,value) 函数输出 PWM 波形，分别控制 LED 的 R、G 和 B 的输出状态，实现 LED 灯的调色效果。本实验的软件程序如代码清单 4-3 所示。

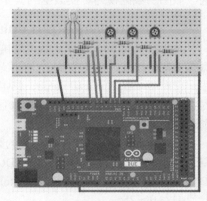

图 4-5　简易调色 LED 灯的电路连接

代码清单 4-3　简易调色 LED 灯的程序代码

```
int R_red   = 6;        //电位器对应的数字引脚号 6，用于控制 LED 灯的红色
int R_green = 7;        //电位器对应的数字引脚号 7，用于控制 LED 灯的绿色
int R_blue  = 8;        //电位器对应的数字引脚号 8，用于控制 LED 灯的蓝色
int LED_red = 2;        //LED 灯的红色发光二极管对应的数字引脚号 2
int LED_green = 3;      //LED 灯的绿色发光二极管对应的数字引脚号 3
int LED_blue = 4;       //LED 灯的蓝色发光二极管对应的数字引脚号 4
void setup() {
    pinMode(R_red, INPUT);              //设置 R_red 为输入模式
    pinMode(R_green, INPUT);            //设置 R_green 为输入模式
    pinMode(R_blue, INPUT);             //设置 LED_green 为输入模式
    pinMode(LED_red, OUTPUT);           //设置 LED_red 为输出模式
    pinMode(LED_green, OUTPUT);         //设置 LED_green 为输出模式
    pinMode(LED_blue, OUTPUT);          //设置 LED_blue 为输出模式
}
void loop(){
    int redVal = analogRead(R_red);    //默认情况下 redVal 是 10 位数据
    analogWrite(LED_red, map(redVal, 0, 1023, 0 , 255));  // 将 redVal 转换为 8
位数据
    int greenVal = analogRead(R_green);
    analogWrite(LED_green, map(greenVal, 0, 1023, 0 , 255));
    int blueVal = analogRead(R_blue);
```

```
    analogWrite(LED_blue, map(blueVal, 0, 1023, 0 , 255));
}
```

4.2.5 编程实验：三角波发生器

1. 实验目的

本实验设计一种三角波发生器，它通过数字模拟转换器，将一系列数字信号转化为一路模拟信号。

三角波（Triangular Wave）也被称为锯齿波，它的波形形状为三角形。三角波发生器就是信号源的一种，能够给被测电路提供所需的波形。传统的波形发生器多采用模拟电子技术设计，由分立元件或模拟集成电路构成，其电路结构复杂，不能根据实际需要灵活扩展。本实验设计的三角波发生器基于 DDS（Direct Digital Frequency Synthesis，直接数字频率合成）技术，能够产生数字式的三角波信号，具有性能稳定和扩展性强的优点。这种数字式的三角波发生器适用于对信号线性度要求较高的电子设备。

2. 软件程序

本实验首先利用 analogWrite(pin, value)函数使 DAC0 引脚输出一路模拟信号，通过不断地改变 analogWrite(pin, value)函数中 value 的值，实现调节模拟信号波形的目的。本实验的软件程序如代码清单 4-4 所示。在编译和下载程序成功后，将示波器探头连接至 DAC0 引脚，观察显示波形的形状，验证程序的正确性。

代码清单 4-4　三角波发生器的程序代码

```
void setup() {
    analogWriteResolution(12);              //设置 DAC 的分辨率为 12 位
}
void loop(){
 int index;
 for(index = 0; index < 4096; index++)
        analogWrite(DAC0, index);           //输出三角波的上升沿
 for(; index > 0; index--)
        analogWrite(DAC0, index );          //输出三角波的下降沿
}
```

4.3　串行通信

串行通信接口简称串口，它是一种应用广泛的接口设备。串行通信一般采用 RS-232 通信协议，它符合美国电子工业协会（Electronic Industries Association，EIA）制定的串行数据通信的接口标准。串行通信的特点是数据逐位按顺序发送或接收，典型的传输数据是 ASCII 字符。实现串行通信功能至少需要 3 根线：地线（GND）、发送信号线（TX）和接收信号线（RX）。串行通信数据传输采用全双工模式，即在 TX 上发送数据，同时可以在 RX 上接收数据。

一般来说，串行通信属于异步通信，通信双方没有同步时钟。因此，只有匹配重要参数，才能实现通信双方的异步通信功能。串行通信重要的参数包括比特率、数据位、奇偶校验位和停止位等。

（1）比特率：衡量通信速率的参数。它表示每秒传送 bit 的个数，单位为 bit/s。例如 300bit/s 表示每秒发送 300 比特数据。

（2）数据位：数据包位数的参数，一个数据包通常包含 4～8 位数据。数据位的设置取决

于传送信息的编码。比如，发送标准 ASCII（0～127）只需要 7 位数据位；发送扩展 ASCII（0～255）需要 8 位数据位。

（3）奇偶校验位：一种简单的检错方式。它通常有 5 种设置值：无、偶、奇、标准和空格。

（4）停止位：标识一次数据传输的结束，停止位的典型值为 1、1.5 和 2。停止位不仅仅是表示传输的结束，还为通信双方校正时钟同步。停止位的位数越多，对通信双方的时钟差异的容忍程度越大，但是数据传输率也越慢。

（5）流控制方式：它是确保两个数据传输速度不同的设备在通信过程中避免数据丢失的技术方式。流控制方式的典型值为 XON/XOFF、硬件和无。

4.3.1 串行通信接口函数

Arduino Due 开发板提供了 5 个串行通信接口，用于实现开发板与计算机或其他控制板等设备之间的串行通信。为了方便开发者使用串行通信接口功能，Arduino 定义了 5 个串行通信接口对象：Serial、Serial1、Serial2、Serial3 和 serialUSB。串行通信接口对象的基本情况如表 4-1 所示。

表 4-1　串行通信接口对象的基本情况

串行通信接口对象	硬件结构	串行通信接口数据	数字引脚	直接与计算机通信接口
Serial	UART	TX0	1	Programming port Serial
		RX0	0	Programming port Serial
Serial1	USART	TX1	18	
		RX1	19	
Serial2	USART	TX2	16	
		RX2	17	
Serial3	USART	TX3	14	
		RX3	15	
serialUSB	UOTGHS			Native port Serial USB

其中，Serial 通过 Programming port Serial 与计算机或其他设备之间进行串行通信；而 serialUSB 通过 Native port Serial USB 与计算机或其他设备之间进行串行通信。Arduino Due 开发板上的串行通信接口只能与外部 3.3V 设备进行串行通信。如果直接与 5V 外部设备串行通信，就会损坏 Arduino DUE 开发板。

虽然这些串行通信接口对象在硬件结构上存在差异，但它们都是通过 Stream 类实现的，因而在串行通信接口函数的使用方法上都相同，即通过对象名调用对应的功能函数。下文将以 Serial 为介绍对象，叙述 Arduino 串行通信接口函数库的使用方法。

1. if(Serial)

if(Serial)函数判断当前串行通信接口对象 Serial 是否可用，如果指定的串行通信接口对象 Serial 可用，它的返回值是 true；否则它的返回值是 false。例如，下面的例子用来判断串行通信接口对象 Serial 是否准备就绪：

```
void setup() {
//初始化 Serial 对象
Serial.begin(9600);
while(!Serial){
    ;  //等待串行通信接口就绪
  }}
```

2. Serial.available()

当串行通信接口接收到来自外部设备的数据后，数据就会被存放到串行通信接口的接收存储器中。串行通信接口的接收存储器是一个环形队列，队列的长度是 64 字节。Serial.available()函数可以用来获取串行通信接口的接收存储器状态，其返回值的数据类型是整型，表示串行通信接口的接收存储器中接收到数据的字节数目。例如，下面的代码使用 Serial.available()函数判断串行通信接口是否已经收到数据，如果返回值大于零，就说明可以从串行通信接口的接收存储器中读取数据了：

```
if (Serial.available() > 0)
incomingByte = Serial.read();
```

3. Serial.availableForWrite()

Serial.availableForWrite()函数用来获取串行通信接口的发送存储器的状态，其返回值的数据类型是整型，表示串行通信接口的接收存储器还可以接收数据的字节数目，它不会阻塞串行通信接口对象的写操作。

4. Serial.begin(speed)

Serial.begin(speed)函数用来设置串行通信接口的数据传输速率，即波特率。该函数没有返回值，只有一个长整型参数 speed，用来设定串行通信的波特率。当 Arduino DUE 开发板与计算机进行串行通信时，参数 speed 通常设置为 300、1200、2400、4800、9600、14400、19200、28800、38400、57600 或 115200 等。当 Arduino DUE 开发板与其他设备进行串行通信时，可以根据实际情况指定参数 speed 的取值。例如，要设置串行通信的波特率为 9600Baud，通常在 setup()函数中使用以下代码实现。

```
Serial.begin(9600);
```

5. Serial.end()

Serial.end()函数用来终止串行通信，从而允许串行通信接口的 RX 和 TX 引脚作为普通的数字引脚使用。如果要重新使用串行通信功能，就必须再次调用 Serial.begin(speed)函数。该函数既没有返回值，也没有输入参数。

6. Serial.read()

Serial.read()函数用来返回串行通信的接口接收存储器队列中的第 1 个字节数据，同时从队列中删除已读数据。该函数返回值的数据类型是整型。如果串行通信接口的接收存储器队列中没有数据，它的返回值为-1。调用 read()函数后，它将自动调整串行通信接口接收存储器中的队列指针，使它指向下一个字节数据。例如，下面的例子是在 setup()函数中清除接收队列中的数据：

```
void setup() {
  Serial.begin(9600);
  while(Serial.read()>= 0){}    //清除接收队列数据
}
```

7. Serial.peek()

Serial.peek()函数的功能与 Serial.read()函数相似，也是用来返回串行通信接口的接收存储器中的第 1 个字节数据，但是它并不修改串行通信接口的接收存储器中的队列指针，即不删除该存储器中的数据。因此，当连续调用 Serial.peek()函数时，它的返回值都一样，这同调用 Serial.read()函数不一样。该函数既没有返回值，也没有输入参数。如果串行通信接口的接收存储器中没有数据，它的返回值为-1。

8. Serial. readBytes(buffer, length)

Serial. readBytes(buffer, length)函数的功能是从串行通信接口的接收存储器队列中读取 length 字节的数据，并将这些数据写入指定的缓冲区 buffer 中。当读取 length 字节数据以后，或者超出设定的限制时间，该函数结束执行。限制时间通过串行通信接口对象的 setTimeout(time) 函数来设定。该函数的返回值是字节型数据，表示接收数据的字节数。如果返回值为 0，则说明没有接收到合法的数据。该函数有两个参数：buffer 和 length。其中，参数 buffer 表示数据的目标存储区（即指定的缓冲区），它的数据类型为字符型或字节型；参数 length 表示读取数据的字节数，数据类型为字节型。

9. Serial.readBytesUntil(character,buffer,length)

Serial.readBytesUntil(character,buffer,length)函数的功能是从串行通信接口的接收存储器队列中读取数据，并将这些数据写入指定的缓冲区 buffer 中。如果检测到终止字符 character，或读取了 length 字节数据，或超出设定的限制时间，该函数就会结束执行。从功能上说，该函数不仅具有 readBytes(buffer,length)的功能，还可以通过终止字符来结束读取操作。该函数的返回值是字节型数据，表示接收数据的字节数。如果返回值为 0，则说明没有接收到合法的数据。该函数有 3 个参数：character、buffer 和 length。其中，参数 character 表示终止字符，它的数据类型为字符型；参数 buffer 表示数据的目标存储区（即指定的缓冲区），它的数据类型为字符型或字节型；参数 length 表示读取数据的字节数，它的数据类型为字节型。

10. Serial.readString()

Serial.readString()函数的功能是从串行通信接口的接收存储器队列中读取数据，并将这些数据转换成一个字符串。如果读取操作超出设定的限制时间，该函数结束执行。限制时间通过串行通信接口对象的 setTimeout(time)函数来设定。该函数返回值的数据类型是字符串型，表示一个读取数据字符串。如果返回值为 0，则说明没有接收到合法的数据。例如，下面的例子是从串行通信接口 Serial 中读取数据字符串并通过串行通信接口 Serial 输出：

```
while (Serial.available() > 0) {
    String inBuffer = Serial.readString();
   if (inBuffer != null) {
      Serial.println(inBuffer);
}
```

11. Serial.readStringUntil(terminator)

Serial.readStringUntil(terminator)函数的功能是从串行通信接口的接收存储器队列中读取数据，并将这些数据转换成一个字符串。如果读取操作检测到终止字符 terminator，或超出设定的限制时间，该函数就会结束执行。限制时间通过串行通信接口对象的 setTimeout(time)函数来设定。从功能上说，该函数不仅具有 readString()的功能，还可以通过终止字符来结束读取操作。该函数返回值的数据类型是字符串型，表示一个读取数据字符串。如果返回值为 0，则说明没有接收到合法的数据。该函数只有一个参数 terminator，它的数据类型为字符型，表示终止字符。

12. Serial.setTimeout(time)

Serial.setTimeout(time)函数的功能是设置串行通信接口的等待时间，默认等待时间为 1000ms。如果串行通信接口操作函数超出设定的等待时间，这些操作函数就会被终止执行，比如 readBytes()和 parseInt()函数等。该函数没有返回值，它只有一个参数 time。参数 time 的数据类型是长整型，它表示以 ms 为单位的等待时间。

13. Serial.write()

Serial.write()函数的功能是将数据的二进制数值存储到串行通信接口的发送存储器队列中，

并通过串行通信接口输出。为了满足数据输出的需求，write()函数提供了 3 种格式。

（1）Serial.write(val)。

（2）Serial1.write(str)。

（3）Serial. write(buf, len)。

该函数返回值的数据类型是整型，它表示发送数据的字节数。不同格式的 write()函数具有不同的参数。其中，参数 val 表示 1 字节的二进制数，即 0～255 的数字；参数 str 表示字符串；参数 buf 表示字节型的数组，参数 len 表示数组 buf 的字节长度。例如，输出数值 45 可以使用以下方法：

```
Serial.write(45);    //45=B101101
```

如果需要使数据以数字字符串形式输出，比如 45，就必须使用 print()函数来代替。

14. Serial.print()

Serial.print()函数的功能是将数据的 ASCII 存储到串行通信接口的发送存储器队列中，并通过串行通信接口输出。为了满足数据输出的需求，print()函数提供了两种格式。

（1）Serial.print(val)。

（2）Serial.print(val, format)。

该函数的返回值为 size_t (long)，它表示发送数据的字节数。该函数有两个参数：val 和 format。其中，参数 val 表示将要输出的数据，它可以是任意数据类型，比如整型或字节型。对于浮点型数据，该函数将默认保留小数点后两位数字。对于字节型和整型数据，该函数将输出数据的 ASCII 字符值。print()函数输出数据后不能自动换行。它的使用方法参见下面的例子：

```
Serial.print(78)              输出字符串"78"
Serial.print(1.23456)         输出字符串"1.23"
Serial.print('N')             输出字符串"N"
Serial.print("Hello world.")  输出字符串"Hello world."
```

可选参数 format 既可以用来设置字节型和整型数据的进制格式，还可以设置浮点型数据中小数位的数据宽度。对于字节型和整型数据，它支持 4 种数制格式：BIN（二进制），OCT（八进制），DEC（十进制）和 HEX（十六进制）。它常用的使用方法如下：

```
Serial.print(78, BIN)         输出字符串"1001110"
Serial.print(78, OCT)         输出字符串"116"
Serial.print(78, DEC)         输出字符串"78"
Serial.print(78, HEX)         输出字符串"4E"
```

15. Serial.println()

Serial.println()函数通过串行通信接口输出数据的 ASCII 数值，在语法格式和使用方法上，与 print()函数一样。但是，println()函数输出数据后能够自动换行，即在输出数据以后会接着输出回车符('\r', ASCII 13)和换行符('\n', ASCII 10)。它常用的使用方法如下：

```
Serial.println(1.23456, 0)    输出字符串"1"
Serial.println(1.23456, 2)    输出字符串"1.23"
Serial.println(1.23456, 4)    输出字符串"1.2346"
```

16. Serial.parseFloat()

Serial.parseFloat()函数的功能是读取串行通信接口的接收存储器中第 1 个有效的浮点型数据，该数据是以数字字符或负号 "-" 开头的数据，读取时忽略独立的负号或其他非数字字符。该函数没有参数，返回值的数据类型是浮点型。例如，若串行的通信接口接收存储器中的数据为 aBc-345.21bc2.3，那么使用 Serial.parseFloat()函数就会返回浮点数-345.21。

17. Serial.parseInt()

Serial.parseInt()函数的功能是读取串行通信接口的接收存储器中第 1 个有效的整型数据,该数据是以数字字符或负号"-"开头的数据,读取时忽略独立的负号或其他非数字字符。该函数没有参数,返回值的数据类型是整型。例如,若串行通信接口的接收存储器中的数据为 aBc-345.21bc2.3,那么使用 Serial. parseInt()函数就会返回整数-345。

18. Serial.find(target)

Serial.find(target)函数的功能是读取串行通信接口的接收存储器中的数据,寻找目标字符串 target。它的返回值的数据类型是布尔型。如果存在目标字符串 target,返回 true,否则返回 false。该函数有一个字符型参数 target,它表示目标字符串。例如,若串行通信接口接收存储器中的数据为 adbc-.bhhust2.3,那么 Serial.find("hust")函数的返回值是 true。

19. Serial.findUntil(target,terminal)

Serial.findUntil(target,terminal)函数的功能是读取串行通信接口的接收存储器中的数据,寻找目标字符串 target,直到出现终止字符串 terminal。它的返回值的数据类型是布尔型。在出现终止字符串之前,如果存在目标字符串 target,返回 true,否则返回 false。该函数有两个字符型参数 target 和 terminal,其中参数 target 表示目标字符串,参数 terminal 表示终止字符串。如果串行通信接口的接收存储器数据为 adbc-.bhhust2.3,那么 Serial.find("hust","-")函数的返回值是 false。

20. Serial.serialEvent()

Serial.serialEvent()函数是专门用来处理串行通信接口接收中断的服务程序。新数据传送到串行通信接口 RX 引脚时,串行通信接口接收中断就会被触发,就会进入中断服务程序。与查询方式相比,中断服务程序不会阻塞微处理器的运行,将提高微处理器的工作效率。serialEvent()函数既没有参数,也没有返回值。在 serialEvent()函数体中,一旦接收中断触发后,就可以使用 read()函数来获取串行通信接口数据。

4.3.2 编程实验:回音壁

1. 实验目的

本实验通过 Arduino Due 开发板来实现"回音壁"功能,即在 Arduino Due 开发板与计算机之间进行串行通信。计算机通过"串行通信接口助手"或 Arduino 1.6.12 自带的串行通信接口监视器,向 Arduino Due 开发板发送一个字符。当 Arduino Due 开发板接收到该字符后,立即将该字符重新返回给计算机。

2. 软件程序

本实验仅需要使用 USB 数据线将 Arduino Due 开发板与计算机的 USB Programming Port 接口连接起来即可。

通过 Serial.available()函数判断串行通信接口 1 是否已经接收到数据。如果已经接收到数据,那么可以通过 Serial.read()函数从接收缓存队列中读取串行通信接口 1 接收的数据。如果需要向计算机发送数据,就可以调用 Serial.write()函数将数据发送出去。本实验的软件程序如代码清单 4-5 所示。

代码清单 4-5 回音壁程序代码

```
void setup()
{
```

```
        //设置串行通信接口1的波特率为9600
        Serial.begin(9600);
    }
void loop()
{
        //串行通信接口1是否接收到字符
        while (Serial.available())
        {
            //获取新字符
            char inChar = (char)Serial.read();
            Serial.write(inChar);
        }
    }
```

中断处理

中断是计算机发展过程中出现的一项十分重要的技术，它在很大程度上缩短了微处理器的等待时间，提高了微处理器的执行效率。在中断出现之前，微处理器采用轮询的方式访问外部设备。但是这种方式不仅浪费微处理器的处理时间，还可能使其他外部设备的请求得不到及时处理，从而导致系统功能失效。例如，在一些情况下，微处理器可能要等待某个外部 I/O 接口的响应，如果它没有响应，微处理器就会一直等待。这样就会导致微处理器无法及时响应其他外部设备的请求服务。中断处理机制是指某个中断事件发生以后，微处理器将暂停执行当前的程序，直接跳转到中断服务程序（Interrupt Service Routines，ISR）。直到中断服务程序执行完毕，微处理器再返回到原来的程序继续执行。一般来说，中断处理机制也设计了中断优先级，用来处理最紧急的事件。

4.4.1 中断处理函数

Arduino 已经为某些经典的应用实现了中断处理功能，比如串行通信接口的数据接收和外部 I/O 接口访问。为了方便开发者使用中断功能，Arduino 提供了以下 4 种典型的中断处理函数。

1. noInterrupts()

noInterrupts()函数的功能是禁止全局中断。全局中断相当于所有中断的总开关。该函数既没有返回值，也没有参数。在默认情况下，Arduino 已经使用了某些重要任务的中断功能，比如时间函数和串行通信接口数据接收等。一旦禁止全局中断，这些功能将无法正常工作。

2. interrupts()

interrupts()函数的功能是使能全局中断，它既没有返回值，也没有参数。使用 noInterrupts() 函数禁止全局中断以后，如果需要重新使能全局中断，就必须通过调用 interrupts()函数来实现。该函数通常与 noInterrupts()函数配合使用，主要用来保护关键代码区，使关键代码区不受其他中断事件的影响。保护关键代码区的方法如以下代码所示：

```
void loop()
{
noInterrupts();
//关键代码区
interrupts();
//其他代码
}
```

3. attachInterrupt(pin, ISR, mode)

attachInterrupt(pin, ISR, mode)函数的功能是设置 I/O 接口的外部中断功能。该函数没有返回值，它有 3 个参数：pin、ISR 和 mode。其中，参数 pin 表示引脚号，它是整型；参数 ISR 表示中断服务程序，它主要用来处理中断事件，中断服务程序是一个普通函数，该函数既没有参数，也没有返回值；参数 mode 表示外部中断的触发模式，具有 5 种取值，具体含义如下。

- LOW：低电平信号触发。
- CHANGE：信号变化时触发。
- RISING：上升沿触发。
- FALLING：下降沿触发。
- HIGH：高电平信号触发。

一般来说，中断服务程序应当尽可能短，程序执行越快越好。如果程序中使用了多种中断，那么在同一时刻只有一种中断能够被执行，而其他的中断将会被暂时忽略。一旦当前中断的服务程序执行完毕，它就返回到原来的程序。微处理器首先会执行原来程序的下一条指令，然后才再次响应被忽略的中断请求。

在外部中断服务程序中，如果使用了延时函数，就会影响延时函数的计算精度。这是因为延时函数也使用了中断功能，比如 delay()函数和 millis()函数。analogRead()函数通过轮询方式来访问指定引脚的状态，这将占用很长的处理时间，会使微处理器不能及时处理其他任务。例如，在读取光码盘的脉冲个数时，如果在中断处理函数中调用了 analogRead()函数，那么微处理器就有可能错过一个脉冲信号。

中断服务程序和主程序之间的数据传递通常由全局变量来实现。为了保证全局变量在编译阶段不被编译工具优化，在声明全局变量时必须使用 volatile 限定修饰符。

4. detachInterrupt(pin)

detachInterrupt(pin)函数的功能是关闭指定引脚的外部中断功能。该函数没有返回值，只有一个参数 pin。参数 pin 表示引脚编号，它是整型。

4.4.2 编程实验：键控 LED 灯

1. 实验目的

在 4.1.2 小节的编程实验中，已经实现了用按键控制 LED 灯。微处理器通过不断地查询按键接口的状态来实现控制 LED 灯的目的。这种方式耗费微处理器的处理时间，在有些应用场合不太实用。在下面的例子中，通过按键中断的方式来控制 LED 灯。

2. 软件程序

本实验首先在初始化函数 setup()中使用中断注册函数 attachInterrupt(pin,ISR,mode)声明外部中断的中断号（引脚号）、中断服务程序和中断触发模式。然后定义一个全局变量 state，state 是一个信号标志，用来表示按键的状态。接着实现中断服务程序 blink()函数，blink()函数是一个没有参数和返回值的普通函数，主要用来修改全局变量 state 的值。最后，在 loop()函数中根据全局变量 state 的值来控制输出电平，从而达到控制 LED 灯的目的。本实验的软件程序如代码清单 4-6 所示。

代码清单 4-6　键控 LED 灯程序代码

```
//LED 灯对应的引脚号
int LED_pin = 13;
//按键对应的引脚号
```

```
Int KEY_pin = 6;
//按键的状态变量
volatile int state = LOW;
void setup()
{   //设置 LED 的控制引脚为输出模式
    pinMode(LED_pin, OUTPUT);
   //设置按键的中断方式
    attachInterrupt(pin, blink, CHANGE);
}
void blink()
{   //更改按键的状态值
    state = !state;
}
void loop()
{   //通过全局变量 state 控制 LED 灯
    digitalWrite(pin, state);
}
```

4.4.3　编程实验：中断方式的回音壁

1. 实验目的

在 4.3.2 小节的编程实验中，已经实现了串行通信功能。它的实现原理是首先通过中断方式接收串行通信接口数据，并将它存放到缓存队列中；然后判断队列是否为空，再实现相应的功能处理。但在某些应用场合需要对接收的数据及时进行预处理，因此，之前的方法不适合这种应用需求。这里需要实现自定义的中断接收函数，这种自定义的中断接收函数与键控 LED 灯的中断处理函数 blink()类似。

2. 软件程序

本实验的软件程序如代码清单 4-7 所示。

代码清单 4-7　中断方式的回音壁程序代码

```
//接收数据字符串
String inputString = "";
//接收新行标志
booleanstringComplete = false;
void setup()
{   //初始化串行通信接口，波特率值为 9600
    Serial.begin(9600);
    //接收数据字符的存储空间为 200 字节
    inputString.reserve(200);
}
void loop()
{   //判断是否接收到新行
    if (stringComplete)
    {
        //输出接收字符串
        Serial.println(inputString);
        //清空接收数据字符串
        inputString = "";
        //设置接收新行标志为假
        stringComplete = false;
```

```
        }
    }
    void serialEvent()
    {
        while (Serial.available())
        {
            //获取新字符
            char inChar = (char)Serial.read();
            //将接收的字符保存到接收字符串
            inputString += inChar;
            //若新字符为新行符号, 设置接收新行标志为真
            if (inChar == '\n')  stringComplete = true;
        }
    }
```

4.4.4　编程实验：控制中断

1. 实验目的

在某些应用场合，只有当一些条件满足之后，外部中断才能执行响应中断操作。一旦失去某些条件，外部中断就停止响应中断操作。在本实验中，通过按键 KEY0 来控制 LED 灯，KEY0发生变化产生一次中断。这部分内容与 4.4.2 小节中编程实验相同。在此基础上，使用拨动开关SW0 来控制按键 KEY0 中断的使用。当 SW0 为高电平时，允许按键 KEY0 中断；当 SW0 为低电平时，不允许按键 KEY0 中断。类似地，使用拨动开关 SW1 来控制全局中断。

2. 硬件电路

本实验的电路连接如图 4-6 所示。LED 灯的正极首先连接 330Ω 限流电阻器后，接着与Arduino Due 开发板上数字引脚 7 号相连。LED 灯的负极接到开发板 GND 引脚。按键 KEY0 的一端与开发板上数字引脚 4 号相连，且接有 10kΩ 的上拉电阻器，按键的另一端接到开发板 GND引脚。拨动开关 SW0 的中心点与开发板上数字引脚 15 号相连，另外两端分别与开发板的 3.3V和 GND 引脚相连。拨动开关 SW1 的中心点与开发板上数字引脚 20 号相连，另外两端分别与开发板的 3.3V 和 GND 引脚相连。

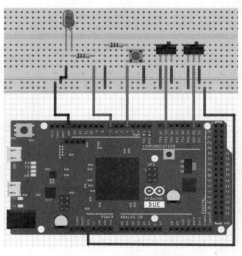

图 4-6　控制中断的电路连接

3. 软件程序

在本实验中，拨动开关 SW1 利用 interrupts()函数和 noInterrupts()函数分别使能和禁止全局中断。拨动开关 SW0 利用 attachInterrupt()函数和 detachInterrupt()函数，分别开启和关闭指定引脚的中断功能。本实验的软件程序如代码清单 4-8 所示。在编译和下载程序成功后，按照下面的方法，验证中断控制程序。

SW1=1，SW0=1（使能全局中断，使能 KEY0 中断）。

按 KEY0 按键，LED 灯会发生变化。

SW1=1，SW0=0（使能全局中断，禁止 KEY0 中断）。

按 KEY0 按键，LED 灯不会发生变化。

SW1=0，SW0=1（禁止全局中断，使能 KEY0 中断）。

按 KEY0 按键，LED 灯不会发生变化。

SW1=0，SW0=1（禁止全局中断，使能 KEY0 中断）。

按 KEY0 按键，LED 灯不会发生变化。

代码清单 4-8　控制中断程序代码

```
//LED 灯对应的引脚号 7
int LED_pin = 7;
//KEY0_pin 按键对应的引脚号
int KEY0_pin = 43;
//拨动开关 SW0_pin 对应的引脚号
int SW0_pin = 15;
//拨动开关 SW1_pin 对应的引脚号
int SW1_pin = 20;
//按键的状态变量
volatile int state = LOW;
void setup()
{
    //设置 LED_pin 为输出
    pinMode(LED_pin, OUTPUT);
    //设置 SW0_pin 为输入
    pinMode(SW0_pin, INPUT);
    //设置 SW1_pin 为输入
    pinMode(SW1_pin, INPUT);
    //设置 KEY0_pin 发生变化产生中断，中断服务程序是 blink()
    attachInterrupt(KEY0_pin, blink, CHANGE);
    swstate = HIGH;
}
void loop()
{
    if(digitalRead(SW1_pin))
        interrupts();      //SW1_pin=1 时，打开全局中断
    else
        noInterrupts();    //SW1_pin=0 时，关闭全局中断
    if(digitalRead(SW0_pin) == HIGH) //SW0_pin=1 时使能 KEY0_pin 中断
        attachInterrupt(KEY0_pin, blink, CHANGE);
    else //SW0_pin = 0 时禁止 KEY0_pin 中断
        detachInterrupt(KEY0_pin);
    //控制 LED 灯
    digitalWrite(LED_pin, state);
```

```
    }
//按键 KEY0 中断服务程序
void blink()
{
    state = !state;
}
```

4.5 其他功能函数

4.5.1 时间函数

为了实现测量程序运行的时间和延迟一段时间的功能，Arduino 提供了 4 种时间函数：millis()、micros()、delay(ms)和 delayMicroseconds(us)。其中，millis()和 micros()函数用来测量程序运行的时间，即计算出从 Arduino 开发板通电复位到现在时刻为止的时间间隔；而 delay(ms)和 delayMicroseconds(us)函数则用来暂停程序，等待一段时间，且到满足程序执行的要求，比如等待数据返回。

1. millis()

millis()函数的功能是返回系统程序运行的时间，时间单位为毫秒（ms），返回值的数据类型是无符号长整型。该函数能够记录的最长时间约 50 天，如果超出最长时间，该函数将重新从零开始计时。在程序设计过程中，如果使用其他数据类型来保存该函数的返回值，有可能得到错误的时间信息。

2. micros()

micros()函数的功能是返回系统程序运行的时间，时间单位为微秒（μs），返回值的数据类型是无符号长整型。该函数能够记录的最长时间约为 70min，如果超出最长时间，该函数将重新从零开始计时。在程序设计过程中，如果使用其他数据类型来保存该函数的返回值，有可能得到错误的时间信息。

3. delay(ms)

delay(ms)函数的功能是延迟时间，它没有返回值，只有一个参数 ms。参数 ms 表示延迟时间间隔，时间间隔的单位为毫秒（ms），数据类型为无符号长整型。调用该函数时，微处理器在延时期间不能执行其他功能，比如运算操作和对外部设备的访问。如果微处理器在延时期间还要进行其他操作，就必须利用 millis()函数实现专门的延时功能。在 delay(ms)函数执行期间，因为它并没有关闭中断，所以主程序能够响应其他中断事件，比如使能串行通信接口接收中断。

4. delayMicroseconds(us)

delayMicroseconds(us)函数的功能是延迟时间，它没有返回值，只有一个参数 us。参数 us 表示延迟时间间隔，时间间隔的单位为微秒（μs），数据类型为无符号整型。该函数与 delay(ms)函数功能相似，主要区别在于延时时间的范围和延时时间的精度不同。

4.5.2 高级 I/O 操作函数

1. shiftOut()

shiftOut(dataPin,clockPin,bitOrder,value)函数简写为 shiftOut()，使用通用数字引脚来模拟 SPI 时序，实现 SPI 的数据输出功能。它具有两种数据移位方向：最低位优先发送和最高位优先发送。

无论采用哪种方式，它只能在时钟信号的下降沿锁存位数据。也就是说，在输出每位数据后，在时钟引脚输出一个脉冲信号（先输出高电平信号，然后输出低电平信号）。它的参数含义如下。

- dataPin：整型数据，指定数据输出的数字引脚编号。
- clockPin：整型数据，指定时钟信号的数字引脚编号。
- bitOrder：整型数据，指定数据移位方向，取值为 MSBFIRST（最高位优先发送）或者 LSBFIRST（最低位优先发送）。
- value：字节型数据，指定即将输出的数据。

在调用 shiftOut()函数之前，必须设置 dataPin 和 clockPin 引脚的方向为输出。shiftOut()函数一次只能输出 8 位数据，即数值范围为 0～255。倘若输出数据的位数大于 8，必须按照数据移位方向进行分段传输。

2. shiftIn()

shiftIn(dataPin, clockPin,bitOrder)函数简写为 shiftIn()，使用通用数字引脚来模拟 SPI 时序，实现 SPI 的数据输入功能。它具有两种数据移位方向：最低位优先发送和最高位优先发送。无论采用哪种方式，它只能在时钟信号的下降沿锁存位数据。也就是说，先在时钟引脚输出一个高电平信号，接着获取位数据，最后在时钟引脚输出一个低电平信号。在调用 shiftIn()函数之前，必须设置 dataPin 和 clockPin 引脚的方向为输出。它的返回值是字节型数据，它的参数含义如下。

- dataPin：整型数据，指定数据输入的数字引脚编号。
- clockPin：整型数据，指定时钟信号的数字引脚编号。
- bitOrder：整型数据，指定数据移位方向，取值为 MSBFIRST（最高位优先发送）或者 LSBFIRST（最低位优先发送）。

4.5.3 编程实验：测量程序的执行时间

1. 实验目的

在某些应用中，经常需要判断程序的执行时间是否超过了设定的时间。也就是说，需要测量程序的执行时间。在嵌入式系统中，通常采用定时/计数器来测量程序的执行时间。定时/计数器的实现机制是周期性地中断微处理器，可通过调用中断服务函数来实现。在 Arduino 程序中，micros()函数与 millis()函数具有这种功能。

2. 软件程序

本实验的软件程序如代码清单 4-9 所示。

代码清单 4-9　测量程序的执行时间

```
unsigned long start_time;      //开始时间变量
unsigned long stop_time;       //停止时间变量
unsigned long time;            //时间间隔
void setup()
{
    Serial.begin(9600);
}
void loop()
{
    Serial.println("本程序用来测量程序的执行时间!");
    Serial.println("程序开始执行!");
    start_time = micros();     //记录程序开始执行时间
```

```
        test();                           //测试程序
        stop_time = micros();             //记录程序停止执行时间
        time = stop_time - start_time;    //计算时间间隔
        Serial.println(time);             //输出程序运行时间
        delay(1000);
    }
void test()                               //测试程序
{
        int i = 0xfffff;
        while(i--);
}
```

4.5.4 编程实验：74HC595 芯片驱动多路 LED 灯

1. 实验目的

本实验的目的是使用一块 74HC595 芯片同时驱动 8 路 LED 芯片。74HC595 芯片是一种采用 SPI 串行输入接口的移位寄存器（Shift Register），它支持 8 位数据并行输出。74HC595 芯片经常被用作外部设备电路驱动芯片，以节约微处理器芯片的 I/O 引脚资源。例如，使用两片 74HC595 芯片可以同时控制 16 路输出，即可同时驱动 16 组 LED 芯片。74HC595 芯片如图 4-7 所示，它总共有 16 个引脚，引脚的功能如表 4-2 所示。

图 4-7　74HC595 芯片

表 4-2　引脚功能表

引脚编号	引脚名称	功能说明
15、1~7	Q0~Q7	8 位并行数据输出，可以直接控制 8 个 LED，或者是七段数码管的 8 个引脚
9	Q7'	级联输出端，与下一块 74HC595 芯片的 DS 相连，实现多块芯片之间的级联
13	$\overline{OE}$	使能输出，高电平时禁止输出（高阻态），实际应用时可以将它直接连低电平（GND）
10	$\overline{MR}$	重置，低电平时将移位寄存器中的数据清零，应用时通常将它直接连接高电平（VCC）
11	SH_CP	移位寄存器的时钟输入。上升沿时移位寄存器中的数据依次移动一位，即 Q0 中的数据移到 Q1 中，Q1 中的数据移到 Q2 中，依次类推；下降沿时移位寄存器中的数据保持不变
12	ST_CP	存储寄存器的时钟输入。上升沿时移位寄存器中的数据进入存储寄存器，下降沿时存储寄存器中的数据保持不变。通常将 ST_CP 置为低电平，移位结束后再在 ST_CP 端产生一个正脉冲更新显示数据
14	DS	串行数据输入
8	GND	接地
16	VCC	供电电压

2. 软件程序

对于一个简单的 74HC595 芯片应用来讲，可以用 Arduino 的 3 个数字 I/O 接口分别控制 DS、SH_CP 和 ST_CP，然后将 $\overline{MR}$ 和 $\overline{OE}$ 分别接 VCC 和 GND。本实验的软件程序如代码清单 4-10 所示。

代码清单 4-10　74HC595 芯片驱动多路 LED 灯

```
//74HC595 芯片的 ST_CP 引脚
int latchPin = 8;
//74HC595 芯片的 SH_CP 引脚
int clockPin = 12;
//74HC595 芯片的 DS 引脚
int dataPin = 11;
void setup()
{
    //设置引脚的工作模式
    pinMode(latchPin, OUTPUT);
    pinMode(clockPin, OUTPUT);
    pinMode(dataPin, OUTPUT);
}
void loop()
{
    for (int i = 0; i< 256; i++)
    {
        //在传输过程中，必须保持 74HC595 的 ST_CP 芯片引脚为低电平
        digitalWrite(latchPin, LOW);
        shiftOut(dataPin, clockPin, LSBFIRST, j);
        //传输完成之后，必须保持 74HC595 芯片的 ST_CP 引脚恢复为高电平
        digitalWrite(latchPin, HIGH);
        delay(1000);
    }
}
```

思考与练习

1. 简述模拟量信号与数字量信号的特点。

2. 简述 pinMode(pin,mode)函数、digitalRead(pin)函数和 digialWrite(pin,value)函数的功能。

3. 什么是 PWM？如果 PWM 信号输出的平均电压为 2.0V，那么 PWM 波形的占空比是多少？此时若使用 analogWrite(pin,val)函数执行波形输出，那么 val 参数的值是多少？倘若 val 的值设置为 100，那么输出 PWM 信号的平均电压值是多少？

4. 默认情况下，analogRead(pin)函数的数据范围是多少？模拟输入引脚上的电压为 3.5V，则读到的值应为多少？

5. 什么是串行通信？在 Arduino 编程中，常用的串行通信接口函数有哪些？

6. 什么是中断？中断触发模式有几种？

7. 延时函数的作用有哪些？在 Arduino 编程中，常用的延时函数包括哪些？

8. 什么是 SPI？在 Arduino 编程中，模拟 SPI 时序的方法有哪些？请分别描述它们的实现方法。

05 chapter

ARM 编程基础

5.1 ARM 编程与 Arduino 编程的比较

5.1.1 Arduino 编程的局限性

Arduino 编程相对简单，不仅能帮助非专业出身的电子爱好者实现自己的创意设计，而且能帮助各类企业快速实现电子产品的原型设计。但是，Arduino 编程存在一定的局限性，具体表现在以下几个方面。

（1）Arduino IDE 的功能简单，不具备专业开发软件提供的调试功能。这会在一定程度上限制软件程序代码的规模。如果代码规模太大，则不容易发现软件设计中存在的问题。

（2）Arduino 编程使用 C/C++开发语言，不支持嵌入式实时操作系统。当前 Arduino 编程仅支持裸机编程，缺少广阔的应用场景。

（3）虽然 Arduino 编程提供了丰富的硬件抽象函数库，但是这些库函数之间存在兼容性问题。从函数库的源代码中可以看出，同一硬件抽象函数的新旧版本在参数和功能上存在不一致问题。除此之外，一些第三方实现的函数库可能会抢占同一硬件资源。

（4）Arduino 编程限制了微处理器的选择方案。截至目前，Arduino 官方推出的软硬件开源环境仅仅提供了为数不多的微处理器型号，如 ATmega328 和 ATSAM3X8E。在产品的原型设计中，如果不采用 Arduino 官方推出的解决方案，就无法使用 Arduino 编程来实现产品的原型设计。

因此，Arduino 编程局限于一些电子创意产品设计和简单的产品设计。如果想彻底解决产品设计的技术问题，还必须深入学习 Arduino 编程的内涵，即 ARM 编程。与 Arduino 编程相比，ARM 编程相对复杂，入门困难。但是，一旦掌握了 ARM 编程，它的优势就会在产品设计方面体现出来。

5.1.2　Arduino 引脚

在 Arduino 编程中，它将微处理器芯片的引脚按照功能重新划分并编号。Arduino Due 开发板使用了一块 ARM 芯片，即 SAM3X8E 芯片。Arduino 引脚与 SAM3X8E 芯片引脚的对应关系如图 5-1 所示。

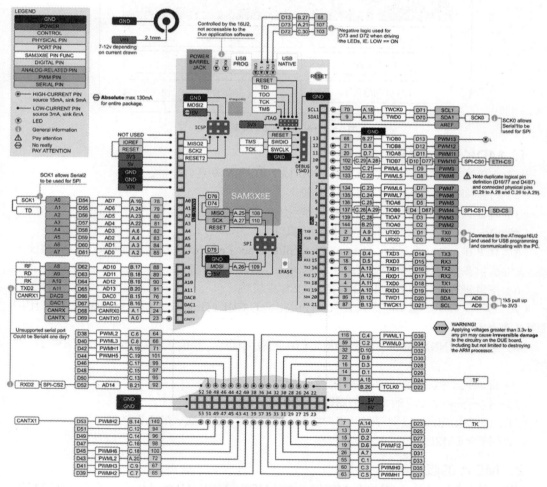

图 5-1　Arduino 引脚与 SAM3X8E 芯片引脚的对应关系

在 ARM 编程中，除了需要一套软件开发环境外，还需要一套用来下载与调试程序的硬件工具。ARM 编程可使用的软件开发工具有很多种，如 IAR、GCC 和 MDK。本节主要以 MDK 为阐述对象，具体地介绍 ARM 编程的流程。ARM 编程可使用的硬件开发工具也有很多，如 J-Link 和 ULINK 2 等。

5.2.1　MDK 概述

MDK-ARM（Microcontroller Development Kit-ARM）属于 MDK 的一种，系 ARM 公司推出的一款软件开发工具。它集成了业内领先的技术，支持 ARM 7、ARM 9 和 Cortex-M4/M3/M1/M0 等内核的微处理器。MDK-ARM 支持自动配置启动代码、Flash 下载，以及设备模拟和性能分析等功能。目前，MDK-ARM 在国内 ARM 开发工具市场已经达到 90%的占有率，其体系结构如图 5-2 所示。

图 5-2　MDK-ARM 的体系结构

1. MDK 的功能特点

（1）完美支持 Cortex-M、Cortex-R4、ARM 7 和 ARM 9 系列器件。

（2）行业领先的 ARM C/C++编译工具链。

（3）确定的 Keil RTX、小封装实时操作系统（带源码）。

（4）μVision 集成开发环境、调试器和仿真环境。

（5）TCP/IP（Transmission Control Protocol/Internet Protocol，传输控制协议/互联网协议）网络套件提供多种协议和各种应用。

（6）提供带标准驱动类的 USB 设备和 USB 主机栈。

（7）为带图形用户接口的嵌入式系统提供完善的 GUI（Graphical User Interface，图形用户界面）库支持。

（8）配套 ULINK 2 使用可实时分析运行中的应用程序，且能记录 Cortex-M 指令的每一次执行。

（9）提供关于程序运行的完整代码的覆盖率信息。

（10）执行分析工具和性能分析器可使程序得到优化。

（11）提供大量的项目例程帮助用户快速熟悉 MDK-ARM 强大的内置功能。

（12）符合 CMSIS。

2. MDK 的版本类型

MDK 有 4 个可用版本，分别是 MDK-Lite、C-MDK、MDK-ARM、MDK Professional（MDK-

PRO）。所有版本都提供一个完善的 C/C++开发环境，各个版本的功能差异如表 5-1 所示。

表 5-1　MDK 的版本功能差异

	MDK-Lite	C-MDK	MDK-ARM	MDK-PRO
支持情况	MDK 评估版	MDK 中国版套装	MDK 国际版	MDK 国际专业版
		含 ULINK 2 仿真器	固定许可/浮动许可	固定许可/浮动许可
编译器	RVCT	RVCT	RVCT	RVCT
	32 KB	256 KB	无限制	无限制
优化级别	0	0、1、2、3	0、1、2、3	0、1、2、3
模拟器	32 KB	无限制	无限制	无限制
ARM 内核	ARM 7/9+ Cortex-M3/M0/M1/M4/R4	ARM 7/9+ Cortex-M3/M0/M1/M4/R4	ARM 7/9+ Cortex-M3/M0/M1/M4/R4	ARM 7/9+ Cortex-M3/M0/M1/M4/R4
Windows 操作系统	Windows 7/Vista/XP	中文 Windows 7/Vista/XP	XP SP2/Vista/Windows 7（32/64）	
RTX 实时操作系统包括源代码	√	√	√	√
Flash 文件系统				√
TCP/IP 协议栈				√
CAN 接口驱动				√
USB Device / Host 设备接口				√
ULINK Pro	√	√	√	√
ULINK 2	√	√	√	√
升级	无	一年	一年	一年
技术支持	无	支持	支持	支持

3. MDK 的安装

这里以 MDK-ARM V4.71a 为例，介绍 MDK 的安装过程。后面章节中的例程均采用 MDK-ARM V4.71a。

双击图 5-3 所示的图标，将出现 MDK-ARM 安装界面，如图 5-4 所示。单击"Next"按钮进入授权协议界面，如图 5-5 所示。

mdk471a.exe

图 5-3　MDK-ARM 安装文件图标

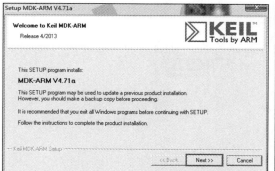

图 5-4　MDK-ARM 安装界面

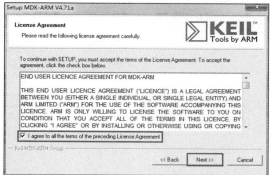

图 5-5　MDK-ARM 安装授权协议界面

勾选"I agree to all the terms of the preceding License Agreement"复选框，再单击"Next"

按钮，进入安装目录界面，如图 5-6 所示。

　　MDK-ARM 的默认安装目录是 "c:\ Keil"。这里保持默认安装目录，单击 "Next" 按钮，进入用户信息界面，如图 5-7 所示。

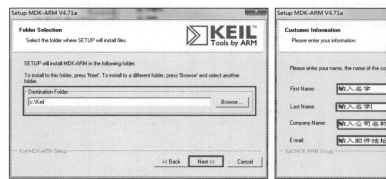

图 5-6　MDK-ARM 安装目录界面　　　　　　　　图 5-7　MDK-ARM 用户信息界面

　　填写用户名字、公司名称和邮件地址等信息，单击 "Next" 按钮，开始安装 MDK-ARM。根据配置的不同，MDK-ARM 的安装过程可能需要几十秒至几分钟不等的时间，请耐心等待，安装进度如图 5-8 所示。

　　当 MDK-ARM 文件安装完成之后，选择目标板的例程，如图 5-9 所示。例程仅供参考，这里选择了 "Atmel ATSAM3 Boards" 的例程。

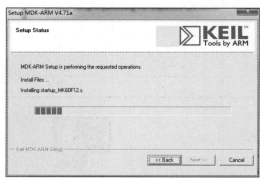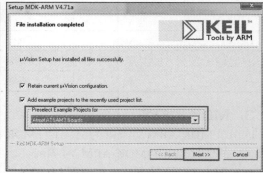

图 5-8　MDK-ARM 安装进度　　　　　　　　图 5-9　MDK-ARM 目标板例程选择

　　单击 "Next" 按钮，进入安装提示信息界面。单击 "Finish" 按钮，MDK-ARM 安装完成，并安装 ULINK 的驱动程序，如图 5-10 所示。

图 5-10　MDK-ARM 安装提示信息界面

当 MDK-ARM 安装完成之后，计算机桌面就多出一个快捷图标，如图 5-11 所示，这说明 MDK-ARM 已经成功安装。

图 5-11　MDK-ARM 快捷图标

5.2.2　ULINK 2 概述

ULINK 2 是 ARM 公司推出的一款仿真器，如图 5-12 所示。ULINK 2 可以与 MDK-ARM 配套使用，能方便地在目标硬件上进行片内调试和 Flash 编程。

图 5-12　ULINK 2 仿真器

1．ULINK 2 的功能特点

（1）提供的 USB 通信接口能高速下载用户代码。

（2）存储区域/寄存器查看。

（3）快速单步程序运行。

（4）多种程序断点。

（5）支持片内 Flash 编程。

（6）支持标准 Windows USB 驱动，ULINK 2 即插即用。

（7）支持基于 ARM Cortex-M3 的串行调试。

（8）支持程序运行期间的存储器读写、终端仿真和串行调试输出。

（9）支持 10-pin 连接线（也支持 20-pin 连接线）。

2．ULINK 2 的技术规格

ULINK 2 的技术规格如表 5-2 所示。

表 5-2　ULINK 2 的技术规格

RAM 断点	无限制
ROM 断点（ARM 7/9）	最多 2 个
ROM 断点（Cortex-M3）	最多 6 个
Execution 断点（Set While Executing）	支持
Access 断点（ARM 7/9）	最多 2 个
Access 断点（Cortex-M3）	最多 4 个
Trace History	不支持
Real-Time Agent	支持
JTAG 工作频率	小于或等于 10MHz
JTAG RTCK 支持（Return Clock）	支持
Memory 读写速度（Bytes/sec）	约 28KB
Flash 读写速度（Bytes/sec）	约 25KB
Single-Step（Fast）（Instructions/sec）	约 50

5.3　ARM 编程入门向导

5.3.1　MDK 环境简介

μVision IDE 是一个基于窗口的软件开发环境，它集成了功能强大的编辑器、工程管理器以

及 make 工具。µVision IDE 集成的工具包括 C 编译器、宏汇编器、链接/定位器和十六进制文件生成器。µVision 有编译和调试两种工作模式，两种模式下设计人员都可查看并修改源代码文件。图 5-13 是编译模式下典型的窗口配置。

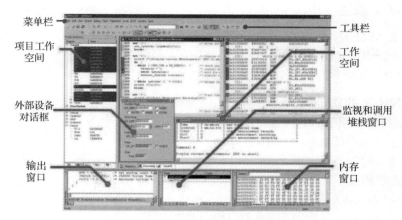

图 5-13　µVision IDE 编译模式下窗口配置

µVision IDE 由多个窗口、对话框、菜单栏和工具栏组成。其中，菜单栏和工具栏用来实现快速操作命令，项目工作空间（Project Workspace）用于文件管理、寄存器调试、函数管理、手册管理等，外部设备对话框（Peripheral Dialogs）帮助设计者观察片内外部设备接口的工作状态，输出窗口（Output Window）用于显示编译信息、搜索结果以及调试命令交互灯，内存窗口（Memory Window）可以不同格式显示内存中的内容，监视和调用堆栈窗口（Watch & Call Stack Window）用于观察和修改程序中的变量和当前的函数调用关系，工作空间（Workspace）用于文件编辑、反汇编输出和一些调试信息显示。

本小节将主要介绍 µVision IDE 的菜单栏、工具栏和常用快捷键，以及各种窗口的内容和使用方法，以便读者能快速了解 µVision IDE，并能使用 µVision IDE 进行简单和基本的操作。

1. 菜单栏、工具栏和快捷键

菜单栏可提供：编辑操作、工程维护、开发工具配置、程序调试、外部工具控制、窗口选择和操作，以及在线帮助等功能；工具栏图标按钮可快速执行 µVision4 的命令。在"View"菜单中可以控制工具栏和状态栏是否显示。使用快捷键可以快速执行 µVision4 命令，它可以通过"Edit"→"Configuration"→"Shortcut Key"命令来进行配置。以下分别结合图标进行部分菜单命令的介绍。

（1）"File"菜单的命令

"File"菜单命令的具体描述如表 5-3 所示。

表 5-3　"File"菜单命令的描述

命令	工具图标	快捷键	功能描述
New	📋	Ctrl+N	创建新的源代码文件或文本文件
Open	📂	Ctrl+O	打开已存在的文件
Close			关闭当前文件
Save	💾	Ctrl+S	保存当前文件
Save as			保存并重命名当前文件

命令	工具图标	快捷键	功能描述
Save All	🖫		保存所有已打的源代码文件及文本文件, 包括工程和当前文件
Device Database			μVision 设备库的维护
License Management			注册及查看已安装软件的组成
Print Setup			打印机设置
Print	🖨	Ctrl+P	打印当前文件
Print Preview			打印预览
1-10			打开最近使用的源代码文件
Exit			退出 μVision

（2）"Edit"菜单的命令

"Edit"菜单命令的具体描述如表 5-4 所示。

表 5-4 "Edit"菜单命令的描述

命令	工具图标	快捷键	功能描述
Undo	↺	Ctrl+Z	撤销
Redo	↻	Ctrl+Y	恢复键入
Cut	✂	Ctrl+X	剪切
Copy	📑	Ctrl+C	复制
Paste	📋	Ctrl+V	粘贴
Navigate Backwards	⬅	Ctrl+−	把光标返回到执行命令前的位置
Navigate Forwards	➡	Ctrl+Shift+−	把光标返回到执行命令后的位置
Insert/Remove Bookmark	📑	Ctrl+F2	在当前行插入/删除标签
Go to Next Bookmark	📑	F2	将光标移到下一个标签
Go to Previous Bookmark	📑	Shift+F2	将光标移到前一个标签
Clear All Bookmarks	📑	Ctrl+Shift+F2	消除所有的标签
Find	🔍	Ctrl+F	查找
Replace		Ctrl+H	替换
Find in Files	🔍	Shift+Ctrl+F	在多个文件内查找
Incremental Find	🔍	Ctrl+I	增量查找
Outlining			有关源代码的命令
Advanced			编辑器命令
Configuration	🔧		改变着色、字体、快捷键等设置

2. 状态栏

状态栏位于窗口的底部，它显示了当前 μVision 的命令及其他一些状态信息，如图 5-14 所示。

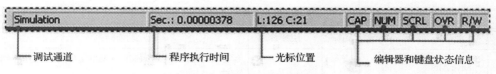

图 5-14 μVision 的状态栏信息

① 调试通道：显示了当前的调试通道。
② 程序执行时间：显示程序执行时间。
③ 光标位置：显示光标位置。
④ 编辑器和键盘状态信息：显示编辑器和键盘状态信息。
- CAP：Caps 键有效。
- NUM：Num 键有效。
- SCRL：Scroll 键有效。
- OVR：Insert 键有效。
- R/W、R/O：显示当前编辑文件的属性，R/W 表示可读写、R/O 表示只读。

3. 工程管理区

μVision IDE 的工程管理区由 4 部分组成，分别为"Project"对话框、"Books"对话框、"Functions"对话框、"Templates"对话框。

（1）"Project"对话框

选择"View"→"Project Window"命令，打开"Project"对话框，可以查看工程中的所有文件，如图 5-15 所示。工程呈树形结构，由若干源代码组构成。其中，源代码组里面包含若干个源代码文件。通过"View"→"Include File Dependencies"命令，可以将工程中的头文件自动包含在源代码组中。根据"Project"对话框中的顺序，依次编译和链接源代码文件。源代码文件的位置可以通过鼠标拖曳的方法来改变。在任何一个文件上双击，便可以在编辑框内打开此文件。单击鼠标右键选中一个文件或源代码组，通过单击其名字可为其改名。还可以通过"Project"→"Components，Environment，Books..."→"Project Components"对工程进行管理。在目标、组、文件上单击鼠标右键，均可打开相应的快捷菜单，快捷菜单命令如表 5-5 所示。

表 5-5 "Project"对话框快捷菜单命令

快捷菜单命令	说明
Option for Target	设置目标、组、文件的属性
Open File	打开文件
Open List File	打开 List 文件
Open Map File	打开 Map 文件
Rebuild all target files	重编译目标
Build Target	编译目标
Translate File	编译文件
Stop build	停止编译
New Group	创建新组
Add File to Group	添加文件到组
Manage Components	组件管理
Remove Item	移除文件
Include Dependencies	自动包含头文件

（2）"Books" 对话框

选择"View"→"Books Window"命令，打开"Books"对话框，可查看与 μVision IDE 相关的信息、开发工具用户指南及设备数据库相关的书，如图 5-16 所示。在指定的书上双击鼠标右键，可以将其打开。还可以通过选择"Project"→"Components,Environment,Books..."→"Books"管理书，可以添加、删除、整理书。

图 5-15 "Project" 对话框

图 5-16 "Books" 对话框

（3）"Functions" 对话框

选择"View"→"Functions Window"命令，打开"Functions"对话框，可查看当前工程中各个文件中的函数，如图 5-17 所示。在指定的函数名上双击鼠标左键，可以迅速定位函数所在的位置。在指定的函数名上，单击鼠标右键，可以在弹出的快捷菜单上更改该函数的显示方式。

（4）"Templates" 对话框

选择"View"→"Templates Window"命令，可打开"Templates"对话框，可查看一些常用的模板，如图 5-18 所示。模板提供了一些常用的代码，可以快速编程。在"Templates"对话框中，单击鼠标右键可以插入模板及配置模板。

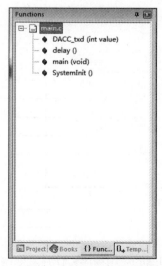

图 5-17 "Functions" 对话框

图 5-18 "Templates" 对话框

4. 工作区

μVision 提供了两种工作模式：编译模式和调试模式。编译模式用于汇编及编译所有的应用程序源代码文件，并生成可执行程序。在调试模式中，μVision 提供了一个强大的调试器，用于测试应用程序。在两种模式下，均可使用 μVision IDE 的源代码文件编辑器对源代码进行修改。在调试模式下，还增加了额外的窗口，并有单独的窗口布局。

（1）编译模式下的工作区

在编译模式下，工作区用于编写源代码文件，既可用汇编语言编写程序，也可用 C 语言编写程序。通过选择"File"→"New"新建源代码文件，会打开一个标准的文本编辑窗口，可在此窗口中输入源代码。

对于 C 语言源代码文件，当文件被以扩展名.c 保存时，μVision 会以高亮的形式显示 C 语言中的关键字，并在左侧显示文件中各行的标号。对于 C 语言源代码文件，μVision 用分块的形式来进行管理，如一个函数，在函数名的左侧会有一个"+"或"–"符号，通过单击该符号可将其展开或折叠，其他块也用同样的管理方法。通过"Edit"→"Outlining"下的命令，也可实现此项管理功能。通过双击指定的行则可设置断点，在左侧以红色方块显示。图 5-19 是典型的编译模式下的工作区。

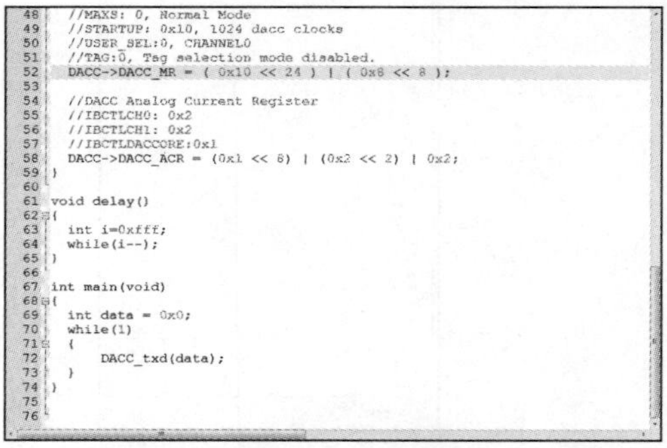

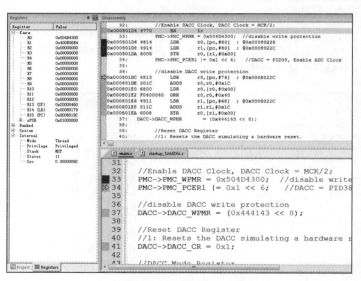

图 5-19　编译模式下的工作区

（2）调试模式下的工作区

调试模式下的工作区主要用于显示反汇编程序、源代码的执行跟踪及调试信息。它可以汇编语言形式显示，也可以 C 语言形式显示，还可以汇编语言形式与 C 语言形式混合显示。在此模式下，也能设置断点，方法是在指定位置双击鼠标左键。图 5-20 是典型的调试模式下的工作区。

图 5-20　调试模式下的工作区

5.3.2　简单工程示例

μVision 所提供的工程管理，使得基于 ARM 微处理器的应用程序设计开发变得越来越方便。通常使用 μVision 创建一个新的工程需要以下几步：选择工具集、创建工程并选择微处理器，创建源代码文件及文件组，配置硬件选项，配置对应启动代码，最后编译、链接生成 HEX 文件。本小节将以一个简单的工程 Helloworld 为例，阐述创建一个工程的基本过程，以帮助初次使用 MDK 的开发者迅速掌握 μVision 开发的基本操作步骤，本案例所使用的硬件对象如表 5-6 所示。至于每个步骤中的详细设置，请参阅"5.3.1 MDK 环境简介"和 MDK 软件的帮助手册（通过 MDK 的"Help"菜单获取）。

表 5-6 Helloworld 工程的硬件对象

硬件对象	型号
微处理器	SAM3X8E
仿真器	ULINK 2

1. 建立工程

（1）选择工具集

利用 μVision 创建一个基于微处理器 SAM3X8E 的应用程序，首先要选择开发工具集。在 μVision 中，默认使用 ARM RealView 编译器，也可以使用 GNU GCC 编译器。当使用 GNU GCC 编译器时，需要安装相应的工具集。

打开 μVision，单击"Project"→"Manager"→"Components, Environment and Books"命令，在图 5-21 所示的对话框中选择"Folders/Extensions"标签，可选择所使用的工具集，在本例中选择 ARM RealView 编译器。

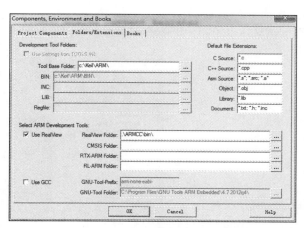

图 5-21 选择开发工具集

（2）创建工程

选择"Project"→"New μVision Project"命令，将会弹出"Create New Project"对话框。如果已打开某个工程文件，请先选择"Project"→"Close Project"命令将其关闭。在"Create New Project"对话框中，先选择工程文件的保存路径，然后填写工程文件名称，最后使用鼠标左键单击"保存"按钮即可。在本例中创建了一个 helloworld 工程，工程保存在 D:\firstprj 文件夹中，如图 5-22 所示。

（3）选择微处理器类型

在图 5-23 所示的对话框中，列出了 μVision 所支持的微处理器设备数据库。选择某个微处理器设备之后，μVision 将会自动为工程设置相应的工具选项，这使得工具的配置过程得到简化。工程新建完成后，也可单击"Project"→"Select Device"命令重新选择微处理器的型号。在本例中，选择 Atmel 公司的 SAM3X8E 微处理器，如图 5-23 所示，然后单击"OK"按钮。

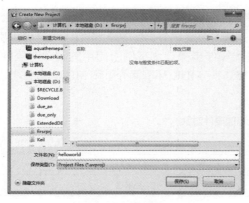

图 5-22　创建工程　　　　　　　　　　　　　　　图 5-23　选择微处理器类型

（4）选择启动代码文件

在用户的应用程序之前，需要由专门的一段代码直接对微处理器内核以及外部硬件接口等硬件设备进行初始化工作。这段代码通常被称为启动代码，一般使用汇编语言编写。启动代码的主要功能包括：堆和栈的初始化、向量表定义、地址重映射及中断向量表的转移、设置系统时钟频率、中断寄存器的初始化、进入 C 应用程序等。

在本例中，单击"是（Y）"按钮，将"Startup_SAM3XA.s"启动代码文件加入工程代码中，如图 5-24 所示。

（5）完成工程创建

至此，基于微处理器 SAM3X8E 的工程已经创建完毕，可以看到图 5-25 所示界面。

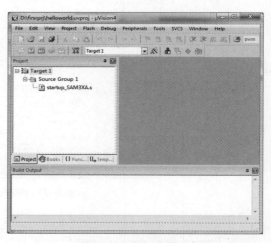

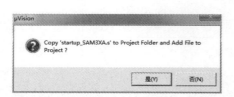

图 5-24　选择启动代码文件　　　　　　　　　　　图 5-25　完成工程创建

2. 编辑程序源代码文件

（1）建立新的源代码文件

创建一个工程之后，即可开始编写源程序。在 μVision IDE 中，首先选择"File"→"New"命令建立一个空的编辑窗口用以输入源程序；接着选择"File"→"Save As"命令保存源代码文件的名称及保存位置。C 语言的源代码文件保存时，应当以.c 为扩展名；汇编源代码文件保存时，应当以.s 为扩展名。默认的保存位置为工程目录下。

在本例中，将新建源代码文件保存在工程目录（D:\firstprj）下，并将其命名为"helloworld.c"，然后单击"保存"按钮，如图 5-26 所示。

（2）编辑源代码文件

当在 μVision IDE 中编辑 "helloworld.c" 源代码文件时，μVision IDE 将根据 C 语言语法以彩色高亮字体显示源程序。helloworld.c 源程序如下（见图 5-27）：

```
// 简单工程项目
void SystemInit() { }
int main()
{
    return 0;
}
```

编辑完源代码文件，选择 "File" → "Save" 命令或者按快捷键 Ctrl+S 保存源代码文件。

图 5-26　保存源代码文件

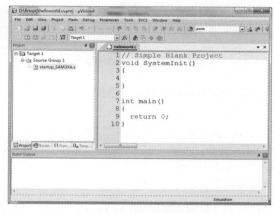

图 5-27　编辑源代码文件

（3）将源代码文件加入工程

源代码文件创建完后，便可以将其加入工程里。在 Project 工程管理区中，选择 "Project"，在选择的文件组 "Source Group1" 上单击鼠标右键，将会弹出快捷菜单，如图 5-28 所示。

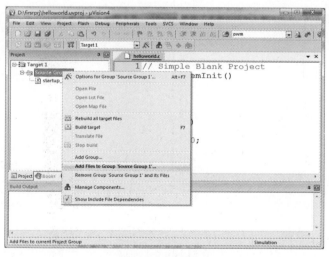

图 5-28　快捷菜单

单击 "Add Files to Group 'Source Group 1'…" 选项，将打开一个标准文件对话框，在工程目录下选择已创建的 "helloworld.c" 文件，单击 "Add" 按钮将源代码文件加入工程文件中，如图 5-29 所示。

单击"Close"按钮关闭该标准文件对话框，将源代码文件加入工程后，在 Project 工程管理区中选择"Project"，文件组织结构如图 5-30 所示。

图 5-29　将源代码文件加入工程文件

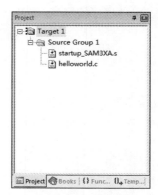

图 5-30　文件组织结构

3. 设置编译和链接参数

（1）硬件选项设置

μVision 可根据目标硬件的实际情况对工程进行配置。通过单击"Project"→"Options for Target"命令，在弹出的"Options for Target"对话框中可指定目标硬件和所选择设备片内组件的相关参数，如图 5-31 所示。在本例中，保持默认设置。

（2）输出文件设置

在"Options for Target"对话框中选择"Output"选项卡，并设置输出文件的相关参数，如图 5-32 所示。通常应用程序在编译通过后，需要生成 Intel HEX 文件，才能下载到 EPROM（Erasable Programmable Read-Only Memorty，可控可编程只读存储器）中或仿真器中。

在本例中，勾选"Create HEX File"复选框，其他保持默认设置，这样 μVision 就会在编译过程中同时产生 HEX 文件。

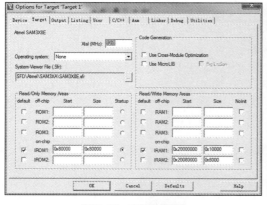

图 5-31　硬件选项设置

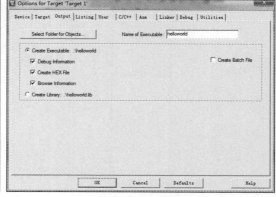

图 5-32　输出文件设置

（3）输出 List 文件设置

在"Options for Target"对话框中选择"Listing"选项卡，并设置输出 List 文件的相关参数，如图 5-33 所示。在本例中，保持默认设置。

（4）设置用户操作命令

在"Options for Target"对话框中选择"User"选项卡，并设置用户操作命令，指定在编译和链接工程前后的相关命令，如图 5-34 所示。在本例中，保持默认设置。

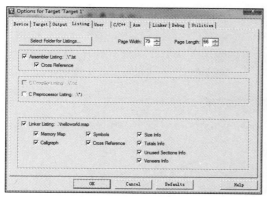

图 5-33　输出 List 文件设置

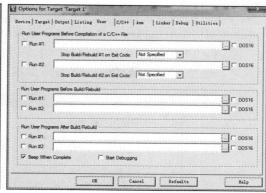

图 5-34　设置用户操作命令

（5）设置 C/C++编译参数

在"Options for Target"对话框中选择"C/C++"选项卡，并设置 C/C++编译参数，指定预编译符号、代码优化以及文件路径等参数，如图 5-35 所示。在本例中，保持默认设置。

（6）设置汇编语言编译参数

在"Options for Target"对话框中选择"Asm"选项卡，并设置汇编语言的编译参数，指定预编译符号、代码优化以及文件路径等参数，如图 5-36 所示。在本例中，保持默认设置。

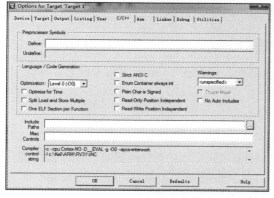

图 5-35　设置 C/C++编译参数

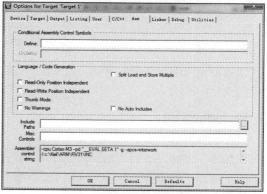

图 5-36　设置汇编语言编译参数

（7）设置工程链接参数

在"Options for Target"对话框中选择"Linker"选项卡，并设置工程链接参数，如图 5-37 所示。在本例中，保持默认设置。

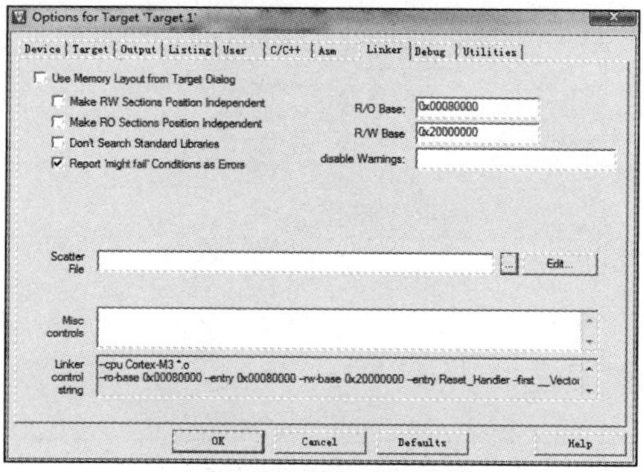

图 5-37　设置工程链接参数

4. 编译和链接工程

单击工具栏中 Build Target 图标或者选择菜单栏"Project"→"Build Target"选项，编译、链接工程文件，在"Build Output"窗口中会显示编译和链接结果信息。在本例中，若源程序无语法错误，则会出现如图 5-38 所示的提示信息。

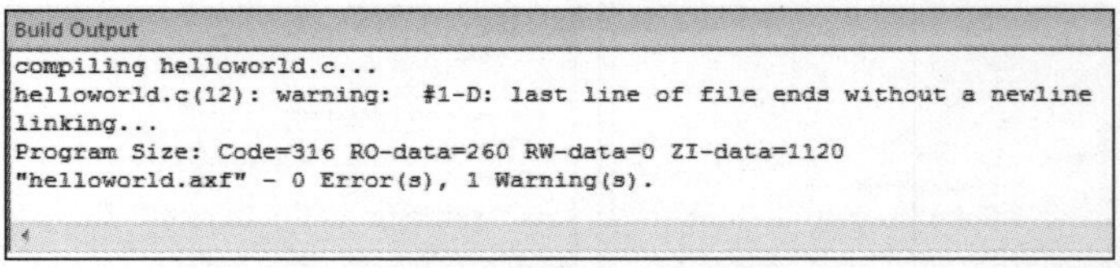

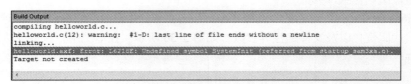

图 5-38　编译和链接工程提示信息

使用 MDK 为 SAM3X8E 这类 Cortex-M3 微处理器编程时，除了必须定义传统的 main()函数外，还必须定义一个 SystemInit()函数。SystemInit()函数被启动文件（startup_SAM3XA.s）调用时，可以使用 C 语言初始化相关的硬件控制接口。倘若不定义该函数，在编译时，会提示错误信息，如图 5-39 所示。

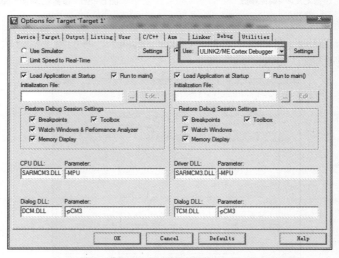

图 5-39　编译错误提示信息

如果源程序中存在语法错误，双击提示信息所在行，就会在 μVision IDE 编辑窗口中定位源代码文件中的出错行。

5. 调试工程

（1）选择调试工具

在编译、链接完成后，为了验证程序的正确性或者找到程序的功能性错误，就需要借助于仿真器。单击"Project"→"Options for Target"命令，在弹出的对话框中选择"Debug"选项卡，如图 5-40 所示。在本例中，使用的硬件仿真器的型号是 ULINK 2。

图 5-40　选择调试工具

（2）设置调试方式

选定仿真器后，单击图 5-40 中"Settings"按钮，弹出目标设置对话框。在"Debug"选项卡中查看仿真器的相关信息及设定调试方式和参数。在本例中，调试方式选择"JTAG"，其他保持默认设置，如图 5-41 所示。

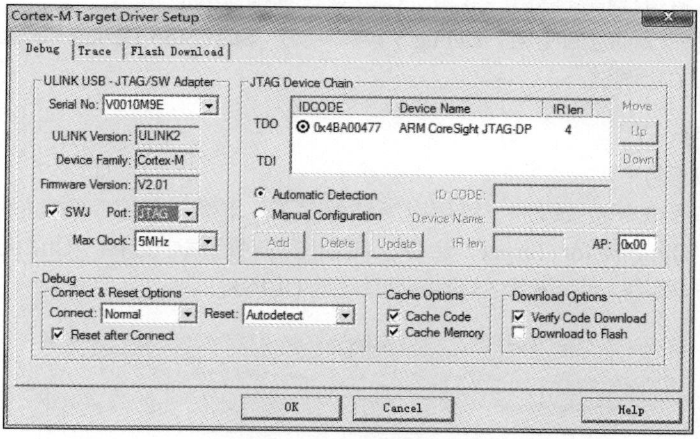

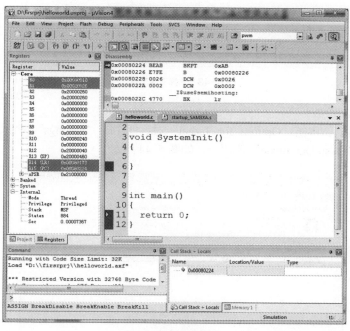

图 5-41　设置调试方式

单击"OK"按钮，返回到上级对话框中，再单击"OK"按钮，完成调试工具设置，即可使用 ULINK 2 仿真器进行调试了。

选择"Debug"菜单中的"Start/Stop Debug Session"进入调试模式。μVision 将会初始化调试器并启动程序运行到主函数，如图 5-42 所示。

图 5-42　调试界面

设置断点：选择"Debug"菜单中的"Insert/Remove Breakpoints"命令，或者单击鼠标右键，在弹出的菜单中选择"Insert/Remove Breakpoints"命令设置断点。

复位：可以选择"Debug"菜单或者工具栏里的 Reset CPU 命令对 CPU 进行复位。如果已经中止了程序，可使用"Run"命令启动程序运行，μVision 会在断点处中止程序运行。

单步运行：可以使用调试工具栏里的"Step"命令单步运行程序。当前的运行指令会用黄色箭头标记出来。

变量值观察：将鼠标指针停留在变量上可以观察其相应的值。

中止调试：可在任何时刻使用"Debug"菜单中的"Start/Stop Debug Session"命令或者工具栏中相应图标来中止调试。

6．下载程序

（1）选择下载工具

当工程经过编译或在验证以后，就可以下载程序了。下载工程程序需要借助于仿真器。单击"Project"→"Options for Target"命令，在弹出的对话框中选择"Utilities"选项卡，如图 5-43 所示。在本例中，使用硬件仿真器的型号是 ULINK 2。

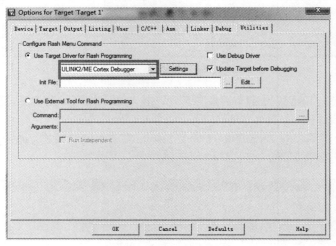

图 5-43　选择下载工具

（2）设置 Flash 参数

选定下载工具后，单击"Options for Target"对话框中的"Settings"按钮，将弹出目标设置对话框。选择"Flash Download"选项卡，如图 5-44 所示。

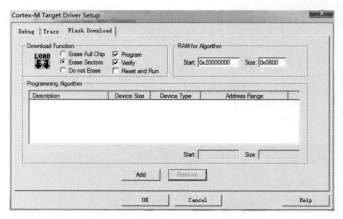

图 5-44　"Flash Download"选项卡

单击"Add"按钮，找到微处理器对应的 Flash 编程算法。在本例中，SAM3X8E 内部 Flash 对应的编程算法为"ATSAM3X 512kB Flash"，如图 5-45 所示。

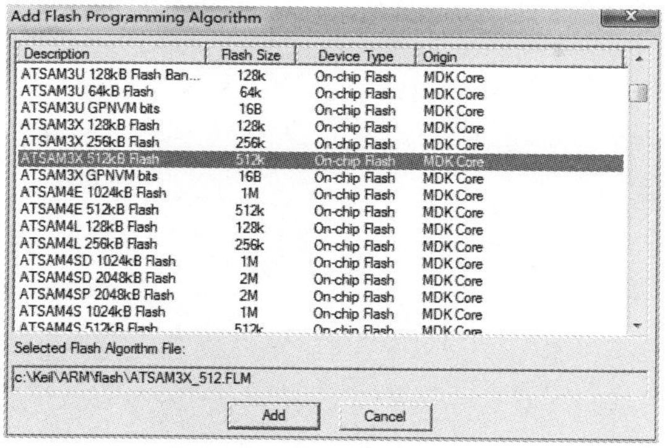

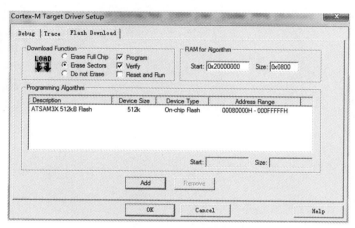

图 5-45　选择 SAM3X8E 对应的 Flash 编程算法

单击"Add"按钮，完成 Flash 编程算法选择，回到上级对话框，如图 5-46 所示。在本例中，目标设置对话框中其他设置保持默认设置。

图 5-46　完成 Flash 编程设置

单击"OK"按钮，完成 Flash 编程设置，返回上一级对话框。再单击"OK"按钮，完成下载工具设置，即可使用 ULINK 2 仿真器对 Flash 下载程序了。

（3）下载程序

前面两步工作完成后，单击菜单"Flash"→"Download"下载程序。

思考与练习

1. Arduino 编程存在哪些局限性？

2. 在 Arduino 编程中，它依据什么原则将微处理器芯片的引脚重新编号？简述它们之间的映射关系。

3. ARM 编程需要哪些开发工具？请分别说明这些开发工具的作用。

4. 在 Keil MDK 开发环境中，如何新建一个 ARM 项目？

5. 请简述 ARM 编程的基本流程。

06 chapter

Cortex-M3 微处理器

6.1 Cortex-M3 微处理器内核

　　ARM 公司在推出经典微处理器 ARM 11 以后，于 2006 年推出 Cortex 标准体系架构，ARM Cortex 微处理器包括 3 个分工明确的系列，分别为 ARM Cortex-A、ARM Cortex-R 和 ARM Cortex-M，它们全部采用 ARM v7 架构和 Thumb-2 指令集，用来解决不同市场的需求。

　　ARM Cortex-A 系列是面向高端的基于虚拟内存操作系统和用户应用的微处理器内核，支持 ARM、Thumb 和 Thumb-2 指令集。此系列微处理器的典型代表有 Cortex-A8 和 Cortex-A9 微处理器内核，它们是针对运行 Linux、Symbian 和 Windows CE 等操作系统的消费者娱乐产品和无线产品而设计的，典型的应用有高端手机、手持仪器、电子钱包以及金融事务处理机等。

ARM Cortex-R 系列用于高端嵌入式实时系统，支持 ARM、Thumb 和 Thumb-2 指令集，典型代表包括 Cortex-R4、Cortex-R4F。ARM Cortex-R 系列是针对需要运行实时操作系统进行控制的应用系统，典型的应用有高档轿车、大型发电机和机器手臂等。

ARM Cortex-M 系列用于深度嵌入的单片机风格系统，仅支持 Thumb-2 指令集。此系列微处理器的典型代表就是本书介绍的 Cortex-M3。ARM Cortex-M 系列针对的是要求低成本、低功耗、快速中断反应以及高处理效率的实时控制系统。

Cortex 系列是 ARM v7 架构的第一次亮相，Cortex-M3 就是按照 M 系列设计的。Cortex-M3 是首款基于 ARM v7-M 架构的 32 位微处理器内核，主要用于工业控制系统、无线网络等对功耗和成本敏感的嵌入式应用领域，很好地将低功耗（0.19mW/MHz）、低成本、高性能三者融合到了一起。由于采用了最新的设计技术，Cortex-M3 的门数更低，性能却更强，仅 33000 门的内核性能可达 1.2DMIPS/MHz。许多曾经只能求助于高级 32 位微处理器或 DSP 的设计，现在都能在 Cortex-M3 上实现。

按照存储空间分配方式和总线结构的不同，可以把微处理器分为冯·诺依曼体系结构和哈佛体系结构。在冯·诺依曼体系结构的微处理器中，数据、指令和 I/O 共用一条总线，因此微处理器读取指令的同时不能读写数据，读写数据的同时不能读取指令。这种体系结构应用在传统的非流水线微处理器（如 MCS51）上是没有问题的，取指、数据读写分时进行，不会产生冲突。但是对于现代多级流水线微处理器来说，不同指令的取指、译码和执行是同时进行的，此时共用一条总线就会发生冲突。哈佛体系结构的微处理器拥有独立的指令总线和数据总线，数据访问不再占用指令总线，取指和取数据可以同时进行，性能得到了大幅提升。

Cortex-M3 采用了哈佛体系结构，拥有独立的指令总线和数据总线，指令总线和数据总线共享同一个 4GB 存储器空间。它具有以下特点。

（1）三级流水线和分支预测。Cortex-M3 和 ARM 7-TDMI 微处理器内核一样，采用的是指令三级流水线执行机制，并且具备分支预测、单周期乘法和硬件除法等强大功能。

（2）高效的 Thumb-2 指令集。Cortex-M3 使用高效的 Thumb-2 16/32 混合编码指令，结合了 16 位指令的代码密度和 32 位指令的性能，以接近 Thumb 编码的代码大小，达到接近 ARM 编码的运行性能。Thumb-2 指令集面向高级语言，适用于 C 语言。

（3）内置 NVIC。Cortex-M3 是首个集成 NVIC 的 ARM 内核，可配置 240 个中断，共 256 个优先级，中断延迟一般为 12 个时钟周期。Cortex-M3 还使用尾链技术，使"背对背"中断之间的延迟时间、从低功耗模式唤醒的时间都变为只需 6 个时钟周期。此外，Cortex-M3 还采用了基于栈的异常模式，使封装芯片初始化工作变得更为简单。各个芯片制造商生产的基于 Cortex-M3 内核的微处理器都有统一的中断控制器，这使用户进行中断编程及程序移植变得更便利。

（4）支持串行调试。Cortex-M3 微处理器内核在支持原有 JTAG 调试接口的基础上，增加了更新、更好的串行调试接口。使用串行调试接口只占用两个引脚就可以进行所需的仿真和调试操作，节省了调试占用的引脚资源。Cortex-M3 还使用了 CoreSight 跟踪调试体系结构，支持 6 个断点和 4 个数据观察点，这使微处理器即使在运行过程中也能访问存储器的内容。

ARM 7-TDMI 和 Cortex-M3 是两款主流的 32 位 ARM 微处理器，定位都是面向专业嵌入式市场，特别是汽车和无线通信市场。ARM 7-TDMI 和 Cortex-M3 微处理器的主要区别如表 6-1 所示。

表 6-1　ARM 7-TDMI 和 Cortex-M3 微处理器的主要区别

比较项目	ARM 7-TDMI	Cortex-M3
架构	ARM v4T（冯·诺依曼体系结构），指令和数据总线共用，会出现瓶颈	ARM v7-M（哈佛体系结构），指令和数据总线分开，无瓶颈

比较项目	ARM 7-TDMI	Cortex-M3
指令集	32 位 ARM 指令集+16 位 Thumb 指令集，两套指令之间需要进行状态切换	16 位和 32 位 Thumb/Thumb-2 指令集，指令可直接混写，无须进行状态切换
流水线	3 级流水线，若出现转移则需要刷新流水线，损失惨重	3 级流水线+分支预测，出现转移时流水线无须刷新，几乎无损失
性能	0.95DMIPS/MHz（ARM 模式）	1.25DMIPS/MHz
功耗	0.28mW/MHz	0.19mW/MHz
低功耗模式	无	内置睡眠模式
面积	$0.62mm^2$（仅内核）	$0.86mm^2$（内核+外部设备）
中断	中断请求（Interrupt Request，IRQ）和快速中断请求（Fast Interrupt Request，FIQ）太少，大量外部设备不得不复用中断	NMI（Non Maskable Interrupt，不可屏蔽中断）+1～240 个外部中断，每个外部设备都可以独占一个中断，效率高
中断延迟	24～42 个时钟周期，缓慢	12 个时钟周期，最快只需 6 个时钟周期
中断压栈	软件手工压栈，代码长且效率低	硬件自动压栈，无须代码且效率高
存储器保护	无	8 段 MPU
内核寄存器	寄存器分为多组，结构复杂，占内核面积多	寄存器不分组（SP 除外），结构简单
工作模式	7 种工作模式，比较复杂	只有线程模式和处理模式两种，简单
乘除法指令	多周期乘法指令，无除法指令	单周期乘法指令，2～12 周期除法指令
位操作	无法直接访问外部设备寄存器，需分"读-改-写"3 个步骤进行	先进的 Bit-banding 操作技术，可直接访问外部设备寄存器的某个值
系统节拍定时器	无	内置系统节拍定时器，有利于操作系统移植

Cortex-M3 的性能约为 ARM 7-TDMI 的 1.3 倍，功耗约低 3/10。相比 ARM 7-TDMI，Cortex-M3 还具有更小的基础内核、更低的价格和更高的集成度等优点。

6.1.1 Cortex-M3 微处理器内核简介

Cortex-M3 的组织结构如图 6-1 所示，除了 Cortex-M3 微处理器内核外，还包括 NVIC、总线矩阵（Bus Matrix）、MPU、ETM（Embedded Trace Macrocell，嵌入跟踪宏单元）、DWT（Data Watchpoint and Trace Unit，数据监测点与跟踪单元）、ITM（Instrumentation Trace Macrocell Unit，仪表跟踪宏单元）、（Flash Patch and Breakpoint Unit，闪存补丁和断点单元）等模块。其中 MPU 和 ETM 是可选模块，这些模块用于系统管理和调试支持。

Cortex-M3 微处理器内核是系统的 CPU，采用 ARM v7-M 架构，执行带分支预测三级流水线的 Thumb-2 指令集，支持 32 位单周期乘法和硬件除法，具有 Thumb-2 状态和调试状态两种工作状态，支持处理模式和线程模式两种工作模式。

NVIC 是一个在 Cortex-M3 中内置的中断控制寄存器，与微处理器内核是紧密耦合的，可实现快速、低延迟的异常处理。NVIC 采用了向量中断机制，在中断发生时，无须编写软件来判定中断源，NVIC 会自动取出对应的中断服务例程入口地址，直接调用中断服务处理子程序，大大缩短了中断响应时间。

总线矩阵是 Cortex-M3 内部总线系统的重要部件，允许处理器同时对不同区域进行访问，实现数据在不同总线之间的并行传输。总线阵列还提供了一个写缓冲和一个按位操作的逻辑单元。

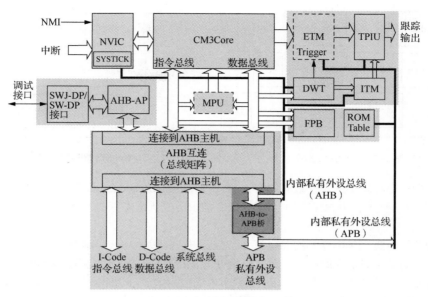

图 6-1　Cortex-M3 的组织结构

MPU 是用来保护存储器的可选单元。MPU 可以把存储器分成 8 个区和 1 个可选的执行默认存储器映射访问属性的背景区,从而对这些区分别进行保护。例如,可以使某些区在用户级下为只读状态,这样就可以防止一些用户程序破坏关键数据。如果希望给微处理器提供存储器保护,可以在微处理器中加入 MPU。

ETM 是 ARM CoreSight 跟踪调试体系结构的一部分,是实现实时指令跟踪的低成本跟踪宏单元,是可选单元。ARM CoreSight 跟踪调试体系结构除了 ETM 还包括用于设置数据观察点的DWT、对应用事件进行跟踪的指令和 ITM 等部件。

6.1.2　三级流水线

流水线工作方式是把一个重复的过程分解为若干个子过程,每个子过程可以与其他子过程同时进行。由于执行指令工作方式与工厂中的生产流水线十分相似,因此,把它称为流水线工作方式。

微处理器按照一系列步骤来执行每一条指令,典型的步骤如下。

(1)从存储器读取指令(fetch)。

(2)译码以鉴别它是哪一类指令(dec)。

(3)从寄存器堆取得所需的操作数(reg)。

(4)将操作数进行组合以得到结果或存储器地址(ALU)。

(5)如果需要,则访问存储器存取数据(mem)。

(6)将结果回写到寄存器堆(res)。

如图 6-2 所示,当采用流水线方式执行指令时,在当前指令结束之前就开始执行下一条指令,每个处理阶段将占用不同的硬件资源,互不影响,提高了硬件资源的使用率和微处理器的吞吐量。

Cortex-M3 微处理器使用三级流水线工作方式,如图 6-3 所示。3 个级别分别是:取指、译码和执行。

(1)取指:从程序存储器中读取指令,放入指令流水线(占用存储器访问操作)。

(2)译码:对指令进行译码,产生下一周期数据路径需要的控制信号(占用译码逻辑,不占用数据路径)。

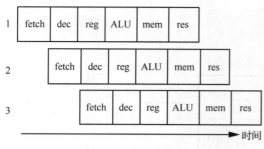

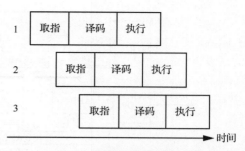

图 6-2　流水线指令执行　　　　　图 6-3　Cortex-M3 微处理器三级流水线工作方式

（3）执行：寄存器中的操作数被读取，ALU（Arithmetic and Logic Unit，算术逻辑部件）产生运算结果并回写到目的寄存器中，根据指令需求更改状态寄存器的条件位（占用 ALU 及数据路径）。

微处理器执行第 1 条指令的同时对第 2 条指令进行译码，并从存储器中取出第 3 条指令，因此，只有在对第 4 条指令取指时，第 1 条指令才执行完成。指令计数器（Program Counter，PC）总是指向"正在取指"的指令，而不是指向"正在执行"的指令或"正在译码"的指令，所以，PC 总是指向第 3 条指令，即当前正在执行指令的地址再加两条指令的地址。

只有流水线被指令填满时才能发挥最大的作用，即每个时钟周期完成一条指令的执行。如果程序发生跳转，指令的执行顺序可能会发生变化，指令预取队列和流水线中的部分指令可能会作废，需要从新的地址重新开始取指、译码、执行，建立一条新的流水线，这会使流水线出现"断流"现象，微处理器性能会因此受到影响。C 语言程序经过编译器优化生成的目标代码中，分支指令所占的比例在 10%～20%，对流水线微处理器影响很大。因此，现代高性能流水线微处理器新增分支预测功能，在微处理器从存储器预取指令时，如果遇到分支指令，会自动预测跳转是否发生，再从预测的方向进行取指，从而提供给流水线连续的指令流，就不会出现断流，可以连续不断地执行有效指令。Cortex-M3 微处理器内核的分支预测部件可以预取分支目标地址的指令，使分支延迟减少到一个时钟周期。

6.1.3　总线系统

总线是一种微处理器内部结构，用于在微处理器内部 CPU、内存、输入、输出设备等各个部件之间传递信息。微处理器内部的各个部件通过总线相连接，外部设备通过相应的接口电路与总线相连接，从而形成整个微处理器系统。按照所传输信息种类的不同，总线可分为数据总线、地址总线和控制总线。

ARM 公司定义了 AMBA（Advanced Microcontroller Bus Architecture，高级微处理器总线架构）总线规范，它是一组针对基于 ARM 内核的、片内系统之间通信而设计的标准协议。在 AMBA 总线规范中，定义了 AHB、ASB 和 APB 这 3 种总线。

（1）AHB 总线。全称 Advanced High Performance Bus（高级高性能总线），用于高性能系统模块的连接，支持突发模式数据传输和事务，如 CPU、DMA、DSP 之间的连接。

（2）ASB 总线。全称 Advanced System Bus（高级系统总线），和 AHB 类似，也用于高性能系统模块的连接，支持突发模式数据传输，用于微处理器与外部设备之间的互连，是一种老式的系统总线格式，后来被 AHB 总线替代。

（3）APB 总线。全称 Advanced Peripheral Bus（高级外部总线），用于低性能外部设备的简单连接，一般是连接在 AHB 或 ASB 总线上的第二级总线。

Cortex-M3 内部有若干条总线接口，能同时取指和访问内存，这些总线接口分别是：指令存储区总线、系统总线、私有外部设备总线和调试访问接口总线。

（1）指令存储区总线

I-Code 和 D-Code 是两条基于 AHB-Lite 总线协议的 32 位指令存储区总线，负责对指令存储区进行访问。

其中，I-Code 总线默认映射到 0x0000_0000～0x1FFF_FFFF 的内存地址段，主要进行取指操作，取指以字为单位，即每次取 4 字节长度指令。对 16 位指令进行取指也是如此，因此一次可以取出两条 16 位指令。

D-Code 负责 0x0000_0000～0x1FFF_FFFF 的数据访问操作。尽管 Cortex-M3 支持非对齐数据访问，但地址总线上总是对齐的地址，对于非对齐的数据传送，都会转换成多次对齐的数据传送。

（2）系统总线

系统总线也是基于 AHB-Lite 总线协议的 32 位总线，默认映射到 0x2000_0000～0xDFFF_FFFF 和 0xE010_0000～0xFFFF_FFFF 两个内存地址段，用于访问内存和外部设备，即 SRAM、片内外部设备、片外 RAM、片外扩展设备以及系统级存储区。它可以根据需要传送指令和数据，和 D-Code 总线一样，所有的数据传送都是对齐的。

（3）私有外部设备总线

私有外部设备总线是基于 APB 总线协议的 32 位总线，用于访问私有外部设备，默认映射到 0xE004_0000～0xE00F_FFFF 内存地址段。由于 TPIU（Trace Port Inter-face Unit，跟踪端口接口单元）、ETM 以及 ROM 表占用部分空间，实际可用内存地址段为 0xE004_2000～0xE00F_F000。在系统连接结构中，通常借助 AHB-APB 桥实现内核内部高速总线到外部低速总线的数据缓冲和转换。

（4）调试访问接口总线

调试访问接口总线是一条基于增强型 APB 的 32 位总线，专用于挂接调试接口，如 SWJ-DP 和 SW-DP。

6.2 Cortex-M3 微处理器工作模式和访问级别

Cortex-M3 微处理器支持两种工作模式和两种访问级别。

两种工作模式分别是处理模式（Handler Mode）和线程模式（Thread Mode）。这两种工作模式的区别在于正在执行代码的类型，处理模式执行的代码为异常处理例程的代码，线程模式执行的代码为普通应用程序的代码。

Cortex-M3 的访问级别包括特权级和用户级，这两种访问级别是对存储器访问提供的一种保护机制，如图 6-4 所示。在特权级下，程序可以访问所有范围的存储器（如果有 MPU，MPU 除外），并且能够执行所有指令；在用户级下，不能访问系统控制空间（SCS，包含配置寄存器及调试组件的寄存器），并且禁止使用 MSR 指令访问特殊功能寄存器（APSR 除外），如果访问，会产生错误，使得普通用户应用程序代码不能意外地，甚至是恶意地执行涉及要害的操作。

	特权级	用户级
异常处理例程的代码	处理模式	错误的用法
普通应用程序的代码	线程模式	线程模式

图 6-4 Cortex-M3 的访问级别

在线程模式下工作，既可以使用特权级访问，也可以使用用户级访问；在处理模式下工作，必须是特权级访问。复位时，微处理器默认进入线程模式+特权级的访问，如图 6-5 所示，异常返回时同样进入线程模式。出现异常情况时微处理器进入处理模式，在处理模式下，所有代码都是特权级访问。

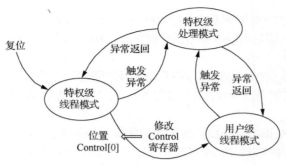

图6-5 工作模式的转换

处理模式和线程模式的切换是由异常触发的，而访问级别的切换则可以通过软件设置。在特权级线程模式下，通过置Control[0]位为1，可从特权级切换到用户级，但是用户级不能切换到特权级，因为用户级下程序不能访问控制寄存器。要想在线程模式下从用户级切换到特权级，必须触发一个异常，如SVC异常，然后在异常服务例程中使Control[0]为零，才能在返回线程模式后重新进入特权级，如图6-6所示。

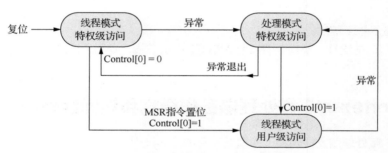

图6-6 特权级访问和用户级访问之间的相互转换

把程序按照特权级和用户级进行分类，有利于使Cortex-M3的架构更加安全和健壮。例如，当用户代码出现问题时，因其被禁止写特殊功能寄存器和NVIC，所以不会影响系统中其他代码的正常运行。特权级提供了一种机制可保障访问存储器的关键区域，同时还提供了一个基本的安全模式。通过写Control[0]=1，软件在特权访问级别可以使程序转换到用户访问级别。但是，用户程序不能通过写Control[0]直接变回特权状态，它要经过一个异常处理程序设置Control[0]=0，使得微处理器切换回特权访问级别，如图6-7所示。

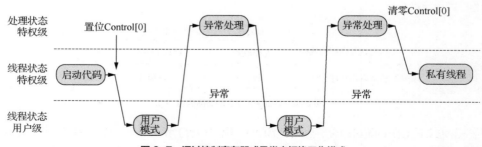

图6-7 通过控制寄存器或异常来切换工作模式

特权级线程模式、用户级线程模式和特权级处理模式的进入方式及堆栈指针寄存器（SP）的比较如表 6-2 所示。

表 6-2　3 种执行模式的比较

执行模式	进入方式	堆栈指针寄存器（SP）
特权级 线程模式	（1）复位； （2）在特权级处理模式下使用 MSR 指令使 Control[0]=0	主堆栈指针寄存器（MSP）： （1）复位后默认使用； （2）退出特权级处理模式前，修改返回值 EXC_RETURN [3:0]=0b1001； （3）使 Control[0]=0。
用户级 线程模式	在特权级线程模式或特权级处理模式下使用 MSR 指令使 Control[0]=1	进程堆栈指针寄存器（PSP）： （1）退出特权级处理模式前，修改返回值 EXC_RETURN [3:0]=0b1101； （2）使 Control[0]=1
特权级处理模式	发生异常	主堆栈指针寄存器（MSP）

6.3　Cortex-M3 寄存器组成

Cortex-M3 微处理器的寄存器按照其在程序中的功能划分，可分为以下两类。

（1）16 个通用寄存器（包括 PC），都是 32 位的，分别为 R0～R15。

（2）3 类特殊功能寄存器，分别是程序状态寄存器组、中断屏蔽寄存器组和控制寄存器。

6.3.1　通用寄存器 R0～R12

Cortex-M3 一共有 16 个通用寄存器 R0～R15，如图 6-8 所示。其中寄存器 R0～R12 没有特定的功能，主要用于数据操作，这 13 个寄存器按照使用权限可进一步分成两类。

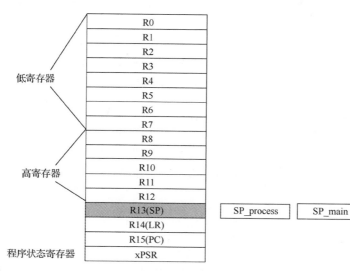

图 6-8　Cortex-M3 的寄存器

- 低寄存器 R0～R7。这些寄存器可以被所有指令访问。它们复位后的初始值不可预料。
- 高寄存器 R8～R12。所有 32 位指令都可以访问这些高寄存器，但不能被 16 位指令访问（极少数 16 位指令除外）。它们复位后的初始值也是不可预料的。

6.3.2　通用寄存器 R13

通用寄存器 R13 用作堆栈指针寄存器（SP）。Cortex-M3 微处理器可使用两种堆栈：主堆栈和进程堆栈。如图 6-9 所示，因此堆栈指针寄存器 R13 是分组寄存器，一共包含两个堆栈指针寄存器：主堆栈指针寄存器（MSP）和进程堆栈指针寄存器（PSP），分别供两种堆栈使用。MSP 和 PSP 拥有各自的寄存器，但这两个寄存器共享地址空间。也就是说，同一时刻只能使用这两个寄存器中的一个，即任何时刻只有一个堆栈可见，依据工作模式的不同在 MSP 和 PSP 之间切换。这两种堆栈指针寄存器的用途如下。

- MSP：微处理器复位后默认使用的堆栈指针寄存器，供操作系统内核、异常处理程序和所有需要特权访问的应用程序使用。
- PSP：供普通的应用程序使用。

微处理器内核工作在处理模式时，一般使用 MSP。工作在线程模式时可以选择使用 MSP 和 PSP。MSP 和 PSP 的最低两位[1:0]的值固定为 00，这就意味着堆栈空间地址总是字对齐（4字节对齐）。

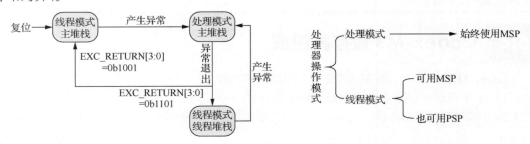

图 6-9　堆栈切换

Cortex-M3 微处理器使用双堆栈机制可以提高系统的稳定性和可靠性，尤其是具有操作系统的情况，在操作系统中和异常处理时使用主堆栈，在应用程序代码中使用进程堆栈。由于这种物理上的隔离，即使应用程序代码的堆栈使用时发生错误，也不会破坏底层操作系统的运行。

6.3.3　通用寄存器 R14

通用寄存器 R14 用作子程序链接寄存器（Link Register, LR）。当程序执行子程序调用指令，如调用 BL、BLX 指令时，当前的 PC 值将保存在 R14 寄存器中。当子程序执行完后，只要把 R14 的值复制到 PC 中，子程序即可返回。

执行下面指令可以实现子程序的调用和返回：

```
main                    ;主程序
   ......
  BL  Subroutine        ;使用带链接的跳转指令 BL 调用子程序 Subroutine
                        ; PC=Subroutine, LR="BL Subroutine"下一条指令地址
   ......
Subroutine
   ......               ;子程序 Subroutine 的代码
  MOV  PC, LR           ;从子程序返回到主程序
```

将子程序返回地址保存在寄存器中，可以减少访问内存的次数。访问寄存器的速度远高于访问内存的速度，大大提高了子程序调用的效率。

R14 还可用于异常处理的返回。当某种异常发生时，寄存器 R14 将保存异常前的 PC 值，也就是异常处理结束后的返回地址。异常返回的方式和子程序的返回方式基本相同。其他情况下，R14 可以作为通用寄存器使用。

6.3.4 通用寄存器 R15

通用寄存器 R15 被用作 PC, 也称为 PC 寄存器。如果修改它的值, 将引起程序执行顺序的变化, 例如, 将地址值写入 R15 寄存器中, 程序将跳转到该地址值执行, 因此, R15 寄存器的使用一定要慎重。

需要注意的是, Cortex-M3 微处理器采用三级流水线技术, 因此保存在 R15 寄存器的程序地址并不是当前指令的地址, 而是当前指令的地址加 4, 例如:

```
0x2000:     MOV  R1, PC          ; R1=0x2004
```

Cortex-M3 可以执行的 Thumb-2 指令是半字对齐或字对齐的, 因此, PC 的最低位[0]总为 0。

6.3.5 特殊功能寄存器

Cortex-M3 微处理器中的特殊功能寄存器如图 6-10 所示, 具体包括:

- 程序状态寄存器组(xPSR: APSR、IPSR、EPSR);
- 中断屏蔽寄存器组(PRIMASK、FAULTMASK、BASEPRI);
- 控制寄存器(CONTROL)。

特殊功能寄存器只能被专用的 MSR 和 MRS 指令访问。

图 6-10　Cortex-M3 的特殊功能寄存器

1. 程序状态寄存器组

程序状态寄存器用于指示程序的运行情况, 按照功能可以分成 3 个子寄存器。

- 应用状态寄存器 APSR。
- 中断状态寄存器 IPSR。
- 执行状态寄存器 EPSR。

(1) APSR

APSR 包含条件码标志。在进入异常之前, Cortex-M3 微处理器自动将条件码标志保存在堆栈内。APSR 各位的功能如图 6-11 所示。

① N: 符号标志。在结果是带符号的二进制补码的情况下, 如果结果为负数, 则 N=1; 如果结果为正数, 则 N=0。

② Z: 零标志。如果结果为 0, 则 Z=1; 如果结果非 0, 则 Z=0。

③ C: 进位/借位标志。有以下 4 种方法设置 C 标志位的值。

- 加法指令(包括比较指令 CMN), 如果产生进位, 则 C=1; 否则 C=0。
- 减法指令(包括比较指令 CMP), 如果产生借位, 则 C=0; 否则 C=1。
- 包含移位操作的非加/减运算指令, C 为移出值的最后一位。
- 其他非加/减运算指令, C 值通常不变。

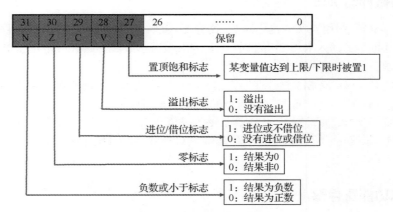

图 6-11 APSR 各位功能

④ V：溢出标志。有两种方法设置 V 标志位的值。对于加法/减法指令，当操作数和运算结果为二进制补码表示的带符号数时，如果发生溢出，则 V=1；否则 V=0。对于其他指令，V 通常不发生变化。

⑤ Q：置顶饱和标志。用于判断执行饱和运算指令时是否发生饱和，或者在一些具体的多次累加指令中是否发生符号溢出。

（2）IPSR

中断状态寄存器 IPSR 包含当前正在执行的异常的 ISR 号。中断状态寄存器 IPSR 如图 6-12 所示。

图 6-12 中断状态寄存器 IPSR

ISR 号如下：

```
基础级别 =0
Reset =1
NMI =2
SVCall =11
INTISR[0]=16
......
INTISR[239]=255
```

（3）EPSR

Thumb-2 指令集中的 LDM、STM 和 If-Then 指令为多周期指令，如果这些多周期指令执行过程中发生异常，微处理器会暂时停止这些指令的操作，进入异常，这时需要保护现场，如图 6-13 所示。

执行状态寄存器 EPSR 用于为多周期指令中止时暂存执行现场，执行状态寄存器 EPSR 如图 6-14 所示。

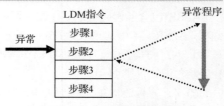

图 6-13 LDM 指令异常示意

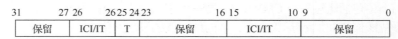

图 6-14 执行状态寄存器 EPSR

EPSR 所用到的各位功能如表 6-3 所示。

表 6-3　EPSR 各位功能

位	位名称	功能描述
[15:10]、 [26:25]	ICI/IT	ICI/IT 区是两个重叠的区域，其中： ICI 区为可中断—可继承指令区。用来保存多寄存器加载指令 LDM 和多寄存器存储指令 STM，从产生中断的位置继续执行所需要的信息。 IT 区为 If-Then 状态区，是 If-Then 指令的执行状态位。包含 If-Then 语句块中的指令数目和它们的执行条件
[24]	T	T 位为工作状态位。 T：0，执行 ARM 指令，处于 ARM 状态。 T：1，执行 Thumb 指令，处于 Thumb 状态。 注：由于 ARM v7-M 架构只支持 Thumb 指令，因此 T 位需保持值为 1，操作 EPSR 寄存器时不能使 T 位清零，否则会出现"用法错误"异常

由于 ICI 区和 IT 区是两个重叠的区域，因此，If-Then 语句块中的多寄存器加载和多寄存器存储操作没有可中断—可继承功能。

2. 中断屏蔽寄存器组

中断屏蔽寄存器组一共包括 3 个寄存器。

- 异常屏蔽寄存器 PRIMASK。
- 错误屏蔽寄存器 FAULTMASK。
- 优先级阈值寄存器 BASEPRI。

这些寄存器用于控制异常的使能和禁用。

（1）PRIMASK

PRIMASK 寄存器只有最低位有效，此位的值为 1 时，屏蔽所有可屏蔽中断，仅有 NMI 和硬件错误中断可以被响应；此位的值为 0 时，不屏蔽任何中断。可以使用 MRS 和 MSR 指令访问此寄存器。

关中断代码如下：

```
MOV    R0, #1
MSR    PRIMASK, R0
```

开中断代码如下：

```
MOV    R0, #0
MSR    PRIMASK, R0
```

（2）FAULTMASK

FAULTMASK 寄存器只有最低位有效，此位的值为 1 时，只有 NMI 能被响应，其他所有异常，包括硬件错误中断都被屏蔽；此位的值为 0 时，不屏蔽任何异常。此位的默认值为 0。FAULTMASK 寄存器的用法与 PRIMASK 寄存器类似，区别在于 FAULTMASK 会在异常退出时自动清零。

（3）BASEPRI

BASEPRI 寄存器只有最低 9 位有效，用来设置被屏蔽优先级的阈值，所有优先级序号大于等于此阈值的中断被屏蔽，如图 6-15 所示。Cortex-M3 微处理器的中断优先级序号越大，优先级越低。如果将 BASEPRI 寄存器的值设置为 0，则不屏蔽任何中断。此寄存器的默认值为 0。

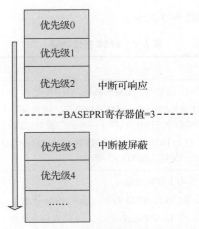

图 6-15　Cortex-M3 微处理器的中断优先级

例如，需要屏蔽所有优先级大于 0x40 的中断（使用 3 位表示优先级），则示例代码如下：

```
MOV     R0, #0x40
MSR     BASEPRI, R0
```

取消被屏蔽的中断，则示例代码如下：

```
MOV     R0, #0
MSR     BASEPRI, R0
```

BASEPRI 寄存器在使用时还可以用另一个名字 BASEPRI_MAX 替代。BASEPRI 寄存器和 BASEPRI_MAX 寄存器实质上是同一个物理寄存器，但是汇编后生成的机器码不同，具体的操作行为也有一定的差异。使用 BASEPRI_MAX 设置优先级阈值时，新设置的阈值必须比原来的阈值小，也就是只能扩大异常被屏蔽的范围，新设置的阈值比原来的阈值大则不行。例如以下代码：

```
MOV     R0, #0x80
MSR     BASEPRI_MAX, R0
MOV     R0, #0x60
MSR     BASEPRI_MAX, R0        ;正确，屏蔽范围增大
MOV     R0, #0x80
MSR     BASEPRI_MAX, R0        ;错误，屏蔽范围缩小
```

3. 控制寄存器

控制寄存器 CONTROL 只使用最低 2 位，用来定义特权级别和堆栈指针的选择，如表 6-4 所示。

表 6-4　控制寄存器的位选择

位	位名称	描述
[31:2]		保留
[1]	堆栈指针选择位	堆栈指针的选择： 0 表示选主堆栈指针寄存器 MSP（复位后默认值）； 1 表示选择进程堆栈指针寄存器 PSP。 注：访问级别改变时，此位会自动改变。在处理模式下，只能使用主堆栈，此时不能设置此位为 1
[0]	特权级别选择位	线程模式下的访问级别选择： 0 表示选择特权级的线程模式； 1 表示选择用户级的线程模式。 注：处理模式下始终是特权级，不需要选择

6.4　存储器系统

在嵌入式系统设计中，为了提高微处理器的性能，必须连接一个容量大、速度快的存储器系统。Cortex-M3 支持大小为 4GB 的存储空间，具有如下特点。

- 预先对存储器映射和总线分配进行简要的定义，具体细节由芯片厂商分配。
- Cortex-M3 存储器系统支持非对齐访问和互斥访问。
- 支持位带操作。
- 大端模式和小端模式都支持。

在以字节为单位寻址的存储器中，可以使用"大端"和"小端"两种模式存储字。两种存储模式下的存储器组织如图 6-16 所示。

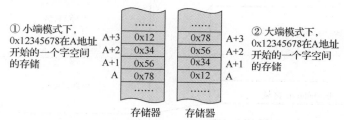

图 6-16　大端和小端模式下存储器组织

- 大端模式：数据的高字节存放在低地址中，低字节存放在高地址中。
- 小端模式：数据的高字节存放在高地址中，低字节存放在低地址中。

Cortex-M3 微处理器能方便地配置为其中任何一种存储器模式，常用的是小端模式。

6.4.1　存储器映射

Cortex-M3 的存储器映射方式是固定的，所有 Cortex-M3 微处理器的 NVIC、MPU 等设备寄存器具有相同的地址空间，与具体芯片无关，方便软件在各种 Cortex-M3 微处理器间进行移植。但是，Cortex-M3 只是简要地定义了存储器映射，具体细节由芯片厂商灵活分配，以生产出各具特色的芯片。图 6-17 为 Cortex-M3 的存储器映射。

Cortex-M3 中的程序可以在代码区、内部 SRAM 区和外部 RAM 区中执行。由于 Cortex-M3 的指令总线和数据总线是分开的，非常好的方式是把程序存放到代码区，使取指和数据操作使用各自的总线，互不影响。

SRAM 区的大小为 0.5GB，用于芯片厂商连接 SRAM 芯片，SRAM 区使用系统总线来访问。SRAM 区的最底端有一个 1MB 区间，称为"位操作区域"（Bit-Banding 区域），包含 8MB 个位变量，位操作区域与一个 32MB 的"位操作别名区域"相对应。位操作区域中的每一个比特位对应位操作别名区域中的一个字。通过位带功能，可以把多个布尔型数据打包在单一的字中，却依然可以从位操作别名区域中，像访问普通内存一样访问它们。位带操作仅适用于数据访问，不适用于取指。具体的位带操作在 6.4.2 小节介绍。

存储器映射中还有一个 0.5GB 外部设备区，这个空间由片上外部设备使用。Cortex-M3 微处理器把片上外部设备的寄存器映射到外部设备区，这样可以使用访问内存的方式来访问片内外部设备寄存器，进而控制片内外部设备的工作，大大提高了 Cortex-M3 微处理器的访问速度。但是，外部设备区不允许执行指令。外部设备区的最底端也有一条 1MB 的位操作区域，用法与 SRAM 区中的位带相同，便于快速地访问外部设备寄存器。例如，可以方便地访问各种状态位和控制位。

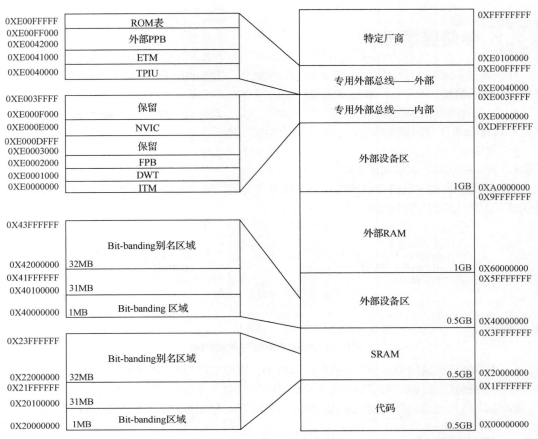

图 6-17 Cortex-M3 的存储器映射

接下来是两个 1GB 的空间，分别用于连接外部 RAM 和外部设备。这两个空间中没有位带。它们之间的区别在于外部 RAM 区允许执行指令，外部设备区不允许执行指令。

最后还有 0.5GB 的空间，包含系统级组件、内部专用外部总线、外部专用外部总线和芯片厂商定义的系统外部设备。

专用外部设备总线有两条，如下所示。

● AHB 专用外部设备总线。只用于 Cortex-M3 内部的 AHB 外部设备（NVIC、FPB、DWT 和 ITM）。

● APB 专用外部设备总线。既用于 Cortex-M3 内部的 APB 设备，又用于片内外部设备。

Cortex-M3 允许芯片厂商添加片内 APB 外部设备到 APB 专用总线上，并通过 APB 接口进行访问。

NVIC 所在的位置称为系统控制空间，在系统控制空间中除了 NVIC，还有 SysTick、MPU 和代码调试控制所用的寄存器。

存储器映射的最顶端区域为芯片厂商定义区，此区域可通过系统总线来访问，不允许在其中执行指令。

上述 Cortex-M3 存储器映射只是对存储器区域进行了粗略的划分，芯片厂商可以根据需要做更详细的划分，来表明芯片中片内外部设备的具体分布、RAM 和 ROM 的容量及位置信息等。

6.4.2 位带操作

位带操作最早出现在 8051 单片机中，Cortex-M3 继承并加强了位带操作的功能，其中包括位操作区域和位操作别名区域。

- 位操作区域：支持位带操作的地址区。
- 位操作别名区域：对位操作别名区域地址的访问最终映射为位操作区域的访问。

在位操作区域中，每个比特都映射到位操作别名区域中的一个字，这个字只有最低位有效。当一个别名地址被访问时，会把该地址转换为位带地址。

Cortex-M3 中，SRAM 区的最低 1MB 和片内外部设备区的最低 1MB 为位操作区域。有了位操作区域，可以使用普通的加载/存储指令完成单一比特的读写。这两个位带区中的地址除了可以像普通 RAM 区一样使用外，还具有自己的位操作别名区域，位操作别名区域将位操作区域中的每个比特扩展成一个 32 位的字，当通过位操作别名区域访问这些字时，可以达到访问原始比特的目的。位操作区域和位操作别名区域的关系如图 6-18 所示。

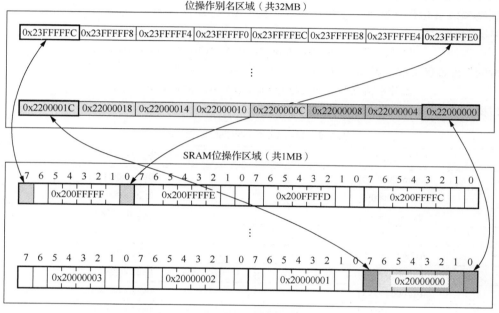

图 6-18 位操作区域和位操作别名区域的关系

如果没有位带的概念，当设置一个比特位时，需要先把对应位移位，然后执行"读-改-写"操作过程。即读取一个比特位时，需要先读取地址中的整个字数据，再把需要的位右移到最低位，并把最低位返回。无论是读还是写，过程都相对复杂，有了位带操作后，读写操作变得很简单。

例 6-1：将 0x20000000 地址中的位[3]位置 1。

无位带操作代码：

```
LDR    R0, =0x20000000    ;读地址
LDR    R1, [R0]           ;获取数据
ORR.W  R1, #0x8           ;设置对应位
STR    R1, [R0]           ;返回结果
```

位带操作代码：

```
LDR    R0, =0x22000008    ;读地址
MOV    R1, #1             ;设置数据
STR    R1, [R0]           ;写回结果
```

例 6-2： 读取 0x20000000 地址中的位[3]。

无位带操作代码：

```
LDR     R0,  =0x20000000      ;读地址
LDR     R1,  [R0]             ;获取数据
UBFX.W  R1,  R1,  #3,  #1     ;提取位[3]
```

位带操作代码：

```
LDR     R0,  =0x22000008      ;读地址
LDR     R1,  [R0]             ;读数据
```

Cortex-M3 支持位带操作的两个内存区的范围如下。

- 0x20000000～0x200FFFFF（SRAM 区的最低 1MB）；
- 0x40000000～0x400FFFFF（片内外部设备区的最低 1MB）。

假设 SRAM 位带区的某个比特位于字节地址 A 中，位序号为 n（$0 \leqslant n \leqslant 7$），则该比特在位带别名区的地址为：

$$位带别名区地址=0x22000000+((A-0x20000000)\times 8+n)\times 4$$

片内外部设备位操作区域与位操作别名区域的映射关系类似：

$$位带别名区地址=0x42000000+((A-0x40000000)\times 8+n)\times 4$$

位操作区域和位操作别名区域地址的映射关系如表 6-5 和表 6-6 所示。

表 6-5 SRAM 区中位带地址映射关系

位操作区域地址	对应位操作别名区域地址
0x20000000[0]	0x22000000[0]
0x20000000[1]	0x22000004[0]
0x20000000[2]	0x22000008[0]
……	……
0x20000000[31]	0x2200007C[0]
0x20000004[0]	0x22000080[0]
0x20000004[1]	0x22000084[0]
0x20000004[2]	0x22000088[0]
……	……
0x200FFFFC[31]	0x23FFFFFC[0]

表 6-6 片内外部设备区中位带地址映射关系

位操作区域地址	对应位操作别名区域地址
0x40000000[0]	0x42000000[0]
0x40000000[1]	0x42000004[0]
0x40000000[2]	0x42000008[0]
……	……
0x40000000[31]	0x4200007C[0]
0x40000004[0]	0x42000080[0]
0x40000004[1]	0x42000084[0]
0x40000004[2]	0x42000088[0]
……	……
0x400FFFFC[31]	0x43FFFFFC[0]

6.4.3 非对齐数据传送

Cortex-M3 以前版本的 ARM 微处理器只允许对齐的数据传送,即以字为单位的传送地址的最低两位必须是 0,以半字为单位的传送地址的最低一位必须是 0。例如,使用地址 0xC001、0xC002、0xC003 以字为单位进行数据传送会产生一个数据访问中止异常。而 Cortex-M3 与以往 ARM 微处理器不同,支持在单一的访问中地址非对齐地传送。

Cortex-M3 的非对齐字传送例子如图 6-19 所示。对于字的传送,任何一个不能被 4 整除的地址都是非对齐的。

Cortex-M3 的非对齐半字传送例子如图 6-20 所示。对于半字的传送,任何一个不能被 2 整除的地址都是非对齐的。

	Byte 3	Byte 2	Byte 1	Byte 0
Address N+4				[31:24]
Address N	[23:16]	[15:8]	[7:0]	

非对齐字传送例子1

	Byte 3	Byte 2	Byte 1	Byte 0
Address N+4			[31:24]	[23:16]
Address N	[15:8]	[7:0]		

非对齐字传送例子2

	Byte 3	Byte 2	Byte 1	Byte 0
Address N+4		[31:24]	[23:16]	[15:8]
Address N	[7:0]			

非对齐字传送例子3

图 6-19 非对齐字传送

	Byte 3	Byte 2	Byte 1	Byte 0
Address N+4				
Address N		[15:8]	[7:0]	

非对齐半字传送例子1

	Byte 3	Byte 2	Byte 1	Byte 0
Address N+4				[15:8]
Address N	[7:0]			

非对齐半字传送例子2

图 6-20 非对齐半字传送

在 Cortex-M3 中,只有单数据 Load/Store 指令支持非对齐的数据传送,如 LDR、LDRH、LDRSH。其他不支持非对齐数据传送的操作包括:

- 批量数据 Load/Store 指令 LDM 和 STM;
- 堆栈操作指令 PUSH 和 POP;
- 互斥访问指令;
- 位带操作。

事实上,在非对齐数据传送过程中,微处理器内部的总线单元把非对齐的数据访问转换为若干个对齐的数据进行访问。具体的转换过程不用关心,转换过程对于编程人员来说是透明的。但是,这种通过若干个对齐的访问来实现一个非对齐的访问会增加更多的时钟周期,因此,不提倡使用非对齐的数据传送方式。

思考与练习

1. Cortex-M3 微处理器支持哪些工作模式和访问级别?
2. Cortex-M3 微处理器有多少个 32 位通用寄存器,分别是什么?
3. Cortex-M3 微处理器有哪些特殊功能寄存器,分别是什么?作用是什么?
4. 什么是位带操作?
5. ARM Cortex-M3 有何特点?
6. Cortex-M3 的微处理器有哪两种工作模式和状态?如何进行工作模式和状态的切换?

07

chapter

Thumb-2 指令集

7.1 Thumb-2 指令集概述

Cortex-M3 微处理器支持的指令集是 Thumb-2 指令集的子集。在 Thumb-2 指令集中，首次实现了 16 位指令和 32 位指令的并存。Thumb-2 指令集继承了 16 位 Thumb 指令集和 32 位 ARM 指令集的优点，无须微处理器进行工作状态的切换就可以运行 16 位和 32 位指令混合代码，并由同一汇编器对其进行汇编，可以完全取代 Thumb 和 ARM 指令集。

Thumb-2 指令集相比 ARM 指令集和 Thumb 指令集具有以下特点。

* 可以实现 ARM 指令集的所有功能。
* 代码性能达到 ARM 指令集代码性能的 98%，代码大小仅是 ARM 指令集代码大小的 74%，代码密度比 Thumb 指令集高。

- 不需要状态切换的额外开销，节省了执行时间和指令空间。
- 16 位指令与 32 位指令可以在同一程序模块中出现，并由同一汇编器对其进行汇编，软件开发的管理成本大大降低。

1. Thumb-2 指令基本格式

Thumb-2 指令使用的基本格式如下：

```
<opcode>{<cond>}{S}{.N|.W}   <Rd>,<Rn>{,<Operand2>}
```

指令格式中"<>"内的项是必选的，"{ }"内的项是可选的。指令格式中所用的英文缩写的含义如表 7-1 所示。

表 7-1　指令格式英文缩写含义

英文缩写	含义
opcode	操作码，也称指令助记符，是指令的名字，说明指令的功能，如 ADD、STR 等
cond	可选的指令执行条件码，如 NE、EQ 等，不选为 AL（无条件执行）
S	可选后缀，若有 S，则根据运算结果更新 APSR 寄存器的条件码标志位
.N|.W	.N 为 16 位编码指令，.W 为 32 位编码指令，建议不选该项，让系统自动选择编码类型（N=Narrow；W=Wide）
Rd	目的寄存器
Rn	第 1 个操作数寄存器
Operand2	第 2 个操作数

指令格式举例如下：

```
STR.N  R2, [R1,#0x20]      ; 16 位编码指令，立即数范围为 0～124
                          ; R2 寄存器内容存到 R1+0x20 存储单元
```

2. 条件执行

Thumb-2 指令集中的指令可以带有条件码<cond>，每个条件码由两个英文字符表示，表 7-2 列举了所有的 15 种条件码，可以将其添加到操作码的后面，表示指令执行时必须满足的条件。使用条件码可以实现高效的逻辑操作，提高代码的执行效率。

表 7-2　条件码

条件码	标志位状态	含义
EQ	Z==1	相等
NE	Z==0	不相等，与 EQ 相反
CS/HS	C==1	进位（无符号数大于或等于）
CC/LO	C==0	未进位（无符号数小于）
MI	N==1	负数
PL	N==0	非负数
VS	V==1	溢出
VC	V==0	没有溢出
HI	C==1&&Z==0	无符号数大于
LS	C==0&&Z==1	无符号数小于或等于
GE	N==V	有符号数大于或等于
LT	N!=V	有符号数小于

条件码	标志位状态	含义
GT	Z= =0&&N= =V	有符号数大于
LE	Z= =1||N! =V	有符号数小于或等于
AL	—	无条件执行

在 Cortex-M3 中，只有分支转移指令 B 的后面可以随意使用条件码。其他指令要想进行条件执行，必须放入 If-Then 指令块中，并且 If-Then 指令块中的指令后面必须加上条件码，才能实现条件执行。

3. 后缀 S 与条件码标志位

在 Cortex-M3 微处理器中，有 4 种情况可以更新应用状态寄存器 APSR 中的条件码标志位。

- 执行 16 位算术运算指令和逻辑运算指令。
- 执行比较指令（例如 CMP/CMN）和测试指令（例如 TST/TEQ）。
- 执行 MSR 指令。
- 执行带后缀 S 的 32 位算术运算指令和逻辑运算指令。

大多数 16 位算术运算指令和逻辑运算指令不用加后缀 S 就可以直接更新条件码标志位。对于 32 位指令可以在指令助记符的后面使用后缀 S 来控制更新条件码标志位。例如：

```
ADD     R0, R1        ;使用 16 位 Thumb-2 指令，无条件更新条件码标志位
ADDS.W  R0, R1, R2    ;使用 32 位 Thumb-2 指令，更新条件码标志位
ADD.W   R0, R1, R2    ;使用 32 位 Thumb-2 指令，不更新条件码标志位
```

Cortex-M3 中还具有比较和测试指令，它们存在的目的就是更新条件码标志位，因此这些指令会无条件更新条件码标志位。例如：

```
CMP     R0, R1        ;计算 R0-R1，根据结果更新条件码标志位
CMN     R0, R1        ;计算 R0+R1，根据结果更新条件码标志位
TST     R0, R1        ;计算 R0&R1，根据结果更新条件码标志位
TEQ     R0, R1        ;计算 R0^R1，根据结果更新条件码标志位
```

7.2 寻址方式

寻址方式是根据指令编码中给出的地址码，寻找真实操作数地址的方式。Cortex-M3 微处理器支持的基本寻址方式有以下 8 种。

- 寄存器寻址。
- 寄存器移位寻址。
- 立即寻址。
- 寄存器间接寻址。
- 基址加偏址寻址。
- 多寄存器寻址。
- 堆栈寻址。
- 相对寻址。

1. 寄存器寻址

寄存器寻址是指令第 1 操作数或第 2 操作数的地址码给出寄存器的编号，指定编号寄存器中的数值作为操作数，指令执行时直接从寄存器中取出值进行操作。例如：

```
MOV    R1, R0              ;将 R0 的值传给 R1，即 R1←R0
ADD    R2,R1,R0            ;将 R0 的值加上 R1 的值和存入 R2，即 R2←R0+R1
```

寄存器寻址是各类微处理器经常使用的一种方式，也是一种执行效率较高的寻址方式。

2. 寄存器移位寻址

当执行指令的第 2 操作数为寄存器寻址时，可以选择对第 2 操作数进行移位，指令执行时使用寄存器移位后的内容作为第 2 操作数参与运算。寄存器移位寻址的语法格式如下：

```
ADD Rd, Rn, Rm, {<shift>}  ;Rd←Rn+（Rm 按<shift>指定方式移位后的值）
```

其中<shift>用来指定移位类型和移位位数。移位位数既可以用立即数给出，也可以用寄存器方式给出。例如：

```
ADD R2, R1, R0, LSL #2     ;R2←R1+（R0 左移 2 位）
ADD R2, R1, R0, LSL #R3    ;R2←R1+（R0 左移 R3 位）
```

微处理器可以使用的移位操作有以下几种。

- LSL（Logical Shift Left，逻辑左移）：向左移，空出最低有效位用 0 填充。
- LSR（Logical Shift Right，逻辑右移）：向右移，空出最低有效位用 0 填充。
- ASR（Arithmetic Shift Right，算术右移）：带符号数向右移位过程中保持符号位不变，即如果源操作数为正数，则空出的最高有效位补 0；如果源操作数为负数，则补 1。
- ROR（Rotate Right，循环右移）：数据位向右移出的最低有效位依次填入空出的最高有效数据位。
- RRX（Rotate Right eXtended by 1 place，带扩展的循环右移）：操作数右移一位，高端空出的位用原来 APSR 寄存器 C 标志位填充。

3. 立即寻址

指令中直接给出一个整数作为操作数，整数直接包含在指令的 32 位二进制编码中，这个操作数称为立即数，对应的寻址方式称为立即寻址。例如：

```
ADD  R0, R0, #3            ;R0←R0+3
MOV  R0, #0x12             ;R0←0x12
```

书写立即数时必须以"#"作为开头。

4. 寄存器间接寻址

寄存器间接寻址以及后面要讲解的几种寻址方式是数据存取指令所使用的寻址方式，数据存取指令是唯一用于在寄存器和存储器之间进行数据传送的指令，使用这几种寻址方式可以找到所要访问的存储器地址。

寄存器间接寻址使用一个寄存器的值指定存储器的地址，在存储器的地址单元中存放真正的操作数。这个寄存器的功能类似于指针，称为基址寄存器。基址寄存器中的地址值称为基地址，例如以下指令：

```
LDR  R0, [R1]              ;将 R1 指向的存储单元的数据读出并存入 R0
```

5. 基址加偏址寻址

基址加偏址寻址也称为变址寻址，是将基址寄存器中的基地址与指令中给出的偏移量相加，形成存储器的有效地址，用于访问基地址附近的存储单元，主要应用于查表、数组操作、功能部件寄存器访问等。

基址加偏址寻址具体可分 3 种模式：前变址模式、自动变址模式和后变址模式。

（1）前变址模式

前变址模式是非常基础的一种变址模式，基本思想是基址寄存器的值加上偏移量作为存储器的地址，从这个存储器地址中获得数据完成指令的功能，指令完成后不修改基址寄存器的值。前变址模式的语法格式和含义如图 7-1 所示。

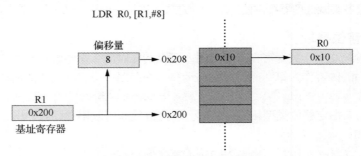

图 7-1　前变址模式的语法格式和含义

在该 LDR 指令中，使用前变址的语法格式[R1, #8]给出访问的存储单元地址。其中 R1 为基址寄存器，把 R1 中存放的基地址 0x200 加上偏移量#8 得到的和 0x208 作为存储器的地址，把 0x208 这个存储单元中的数据 0x10 传送到寄存器 R0 中。指令执行结束，基址寄存器 R1 的值保持不变，还是原来的 0x200。采用这种模式可以使用一个基址寄存器来访问位于同一区域的多个存储单元。

（2）自动变址模式

自动变址模式首先按照前变址模式完成指令的功能，然后实现基址寄存器的自动修改，例如：

```
LDR     R0, [R1, #8]!        ;R0←mem[R1+8]
                             ;R1←R1+8
```

指令中的感叹号"!"是自动变址符号，它表示完成 LDR 指令规定的数据存取后将更新基址寄存器 R1 的值，更新的方式是基址寄存器自动加上偏移量后再存入基址寄存器。此时使用一条指令实现了两个功能，既实现了数据的存取，又更新了基址寄存器。

自动变址的实现并不花费额外的指令周期，因为这个过程是在数据从存储器中取出的同时在微处理器的数据路径中完成的。自动变址严格等效于先执行一条简单的前变址模式指令，再执行一条数据处理指令以向基址寄存器加一个偏移量，但避免了额外的指令时间和代码空间开销。

（3）后变址模式

后变址模式首先按照寄存器间接寻址完成指令的功能，然后修改基址寄存器的内容。本质就是基址寄存器不加偏移量作为存储器传送地址使用，完成数据存取后再加上偏移量更新基址寄存器。后变址模式的语法格式和含义如图 7-2 所示。

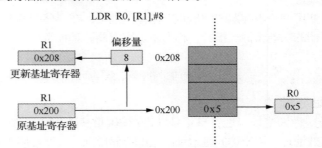

图 7-2　后变址模式的语法格式和含义

后变址模式中偏移量的唯一用途就是修改基址寄存器，因此不需要在指令中加上感叹号。执行图 7-2 中的 LDR 指令时先将 R1 中基地址对应的存储单元中的内容读到 R0 中，然后 R1

加 8 更新基址寄存器值。

后变址模式完成的功能等效于简单的寄存器间接寻址，再加一条更新基址寄存器的数据处理指令，显然它具有更高的执行效率。

基址加偏址寻址与寄存器间接寻址的区别在于多了一个偏移量，也就是偏移地址。偏移可以加到基址寄存器上（基址寄存器值+偏移量），也可以由基址寄存器减去偏移量（基址寄存器值-偏移量）。

上面的示例中偏移量都是使用立即数的形式给出的，偏移量除了立即数，还可以使用一个寄存器给出，此时寄存器中的数据就是偏移量，并且寄存器偏移量加/减到基址寄存器前还可以经过移位操作。但是，如果使用寄存器提供偏移量，就不能用自动变址模式和后变址模式，只能使用前变址模式。例如：

```
LDR   R0, [R1, R2]              ;正确，R0←mem[R1+ R2]
LDR   R0, [R1, R2, LSL #2]      ;正确，R0←mem[R1+ R2×4]
LDR   R0, [R1, R2]!             ;错误，寄存器偏移量不支持自动变址模式
LDR   R0, [R1], R2              ;错误，寄存器偏移量不支持后变址模式
```

常用的是立即数偏移量，寄存器偏移量很少使用。

6. 多寄存器寻址

多寄存器寻址是多寄存器传送指令 LDM/STM 的寻址方式。该指令可以把存储器中的一个连续数据区域加载到多个寄存器中，并可以反过来把多个寄存器中的数据保存到连续的存储空间中。多寄存器寻址中的寄存器可以是 R0～R15 这 16 个寄存器的子集，或是所有寄存器。

Cortex-M3 支持两种多寄存器寻址操作，分别是 IA 和 DB。

- IA：全称 Increment After。先完成数据传送，然后地址值加 4。
- DB：全称 Decrement Before。先将地址值减 4，然后进行数据传送。

在 LDM/STM 指令助记符的后面紧跟着给出操作名称 IA 或 DB，表示采用相应的多寄存器寻址操作完成多寄存器数据传送。例如以下指令：

```
LDMIA  R0!, {R1-R3, R6}
```

此 LDMIA 指令将 R0 所指向存储单元中的数据依次存到 R1～R3 寄存器、R6 寄存器中，基址寄存器 R0 后的感叹号与自动变址模式中的含义相同，表示基址自动更新。LDMIA 指令执行前后对比如图 7-3 所示。

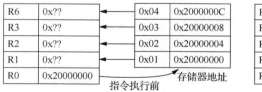

图7-3 LDMIA 指令执行前后对比

7. 堆栈寻址

堆栈是一块按特定顺序进行数据存取的连续内存空间，堆栈具有特定的访问顺序，即"后进先出"或"先进后出"。指向堆栈顶空间的地址寄存器称为堆栈指针 SP，堆栈的访问是通过堆栈指针指向一块存储器区域实现的。

堆栈指针向内存高地址方向变化的堆栈称为递增堆栈（Ascending Stack）；向内存低地址方向变化的堆栈称为递减堆栈（Descending Stack）。

根据堆栈指针 SP 指向的数据位置不同，堆栈又可以分为：满堆栈（Full Stack）和空堆栈

（Empty Stack）。

- 满堆栈：堆栈指针指向最后压入堆栈的有效数据，也就是指向第一个要读出的数据项。
- 空堆栈：堆栈指针指向下一个待压入数据的空位置。

根据上述堆栈的分类——递增堆栈、递减堆栈、满堆栈、空堆栈，可以组合出 4 种类型的堆栈方式。

- 满递增堆栈（FA）：堆栈指针指向最后压入的数据，且堆栈指针由低地址向高地址方向生长。
- 满递减堆栈（FD）：堆栈指针指向最后压入的数据，且堆栈指针由高地址向低地址方向生长。
- 空递增堆栈（EA）：堆栈指针指向下一个将要压入数据的空位置，且由低地址向高地址生长。
- 空递减堆栈（ED）：堆栈指针指向下一个将要压入数据的空位置，且由高地址向低地址生长。

Cortex-M3 微处理器默认使用满递减堆栈。指令举例如图 7-4 所示。STMFD SP!, {R3-R6, LR}指令的功能是将 R3～R6、LR 寄存器中数据入栈，SP 自动更新。

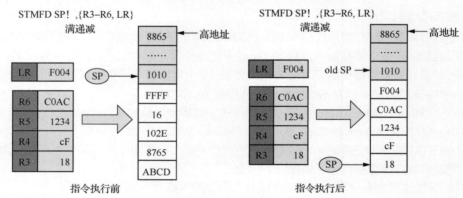

图 7-4　STMFD 指令执行前后对比

LDMFD SP!, {R4-R7, PC}指令的功能是堆栈中数据出栈到 R4～R7、PC 寄存器，如图 7-5 所示。STMFD/LDMFD 指令与 PUSH/POP 指令等效。

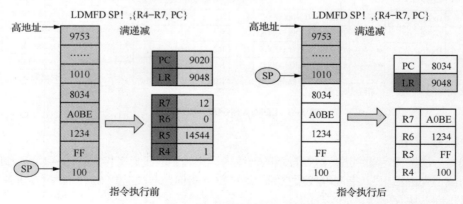

图 7-5　LDMFD 指令执行前后对比

8. 相对寻址

相对寻址与基址加偏址寻址方式类似。将 PC 的当前值作为基地址，指令中的地址码作为偏移量，两者相加后得到的地址即操作数的有效地址。例如以下指令：

```
B    SUBR                ;跳转到 SUBR 标号处，其跳转范围为+16MB
BL   SUBR1               ;调用 SUBR1 子程序，并存储返回地址到 LR 中，其跳转范围为+16MB
     ...
SUBR1
     ...
SUB
     ...
```

7.3 Thumb-2 指令集分类

Thumb-2 指令集中的指令按照指令长度可分为以下两类。

- 16 位指令集。
- 32 位指令集。

使用 Thumb-2 指令集编写的代码，在执行过程中，不存在 ARM 工作状态和 Thumb 工作状态的切换。但是，微处理器必须能够自动识别当前指令的长度是 16 位还是 32 位，以便正确地执行 Thumb-2 指令代码。识别的方法如图 7-6 所示。

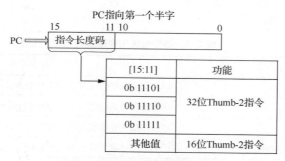

图 7-6   Thumb-2 指令长度识别方法

PC 所指向的二进制指令编码的第 1 个半字中，[15:11]的值决定指令类型以及长度。如果[15:11]="0b11101""0b11110"或"0b11111"，则 PC 采用 32 位 Thumb-2 指令；如果[15:11]的取值为其他值，则 PC 采用 16 位 Thumb-2 指令。

在 Thumb-2 指令集中，有些操作既可以由 16 位指令完成，也可以由 32 位指令完成。例如，想要实现 R0+10=>R1，下面的 16 位 ADD 指令和 32 位 ADD 指令都可以实现：

```
ADDS.N  R1, R0, #10        ;指定使用 16 位指令
ADDS.W  R1, R0, #10        ;指定使用 32 位指令
```

.N 后缀指定使用 16 位指令，.W 后缀指定使用 32 位指令。如果指令中没有给出后缀，汇编器先试图使用 16 位指令，如果不行再使用 32 位指令。例如以下指令：

```
ADDS    R1, R0, #10        ;汇编器为了节省空间将选择使用 16 位指令
```

Thumb-2 指令集还可以按照指令功能和寻址方式进行分类，可分为以下指令。

- 数据传送指令。
- 存储器访问指令。
- 算术运算指令。
- 逻辑运算指令。
- 比较和测试指令。
- 子程序调用与无条件转移指令。

- 移位指令。
- 符号扩展指令。
- 字节调序指令。
- 位操作指令。
- 饱和运算指令。
- 隔离指令。
- If‐Then 指令。

<table>
<tr><td>7.4</td><td>Thumb-2 常用指令详细介绍</td></tr>
</table>

7.4.1 数据传送指令

微处理器的基本功能之一就是数据传送。Cortex-M3 中的数据传送类型包括以下几种。
- 把一个立即数加载到寄存器。
- 两个寄存器间传送数据。
- 寄存器与特殊功能寄存器间传送数据。

数据传送指令格式如表 7-3 所示。

表 7-3　数据传送指令格式

位数	指令格式	功能说明
16 位	MOV　Rd, #immed_8	将 8 位立即数传送到目的寄存器 Rd
	MOV　Rd, Rn	将源寄存器 Rn 的值传给目的寄存器 Rd
	MVN　Rd, Rm	将寄存器 Rm 值取反后传给目的寄存器 Rd
32 位	MOV{S}.W Rd, #immed_12	将 12 位立即数传送到寄存器 Rd 中，带 S 则影响条件码标志位
	MOV{S}.W Rd, Rm{,shift}	将寄存器 Rm 移位后的值传送到寄存器 Rd 中，带 S 则影响条件码标志位
	MOVT.W Rd, #immed_16	将 16 位立即数传送到寄存器 Rd 的高半字[31:16]
	MOVW.W Rd, #immed_16	将 16 位立即数传送到寄存器 Rd 的低半字[15:0]，Rd 高半字[31:16]清零
	MRS　Rd, SReg	读特殊功能寄存器 SReg，Rd←SReg
	MSR　SReg, Rn	写特殊功能寄存器 SReg，SReg←Rn

　　MOV 指令用于将第 2 操作数的值传送到目的寄存器中，第 2 操作数的形式可以是立即数，也可以是寄存器，第 2 操作数寄存器还可以先经过移位后再进行传送。

　　MVN 指令用于取反传送，先将第 2 操作数寄存器中的每一位取反，然后将取反后的值传动到目的寄存器中。示例代码如下：

```
MOV     R1, #10                 ;R1←10
MOV     R1, R0                  ;R1←R0
MVN     R1, R0                  ;R1←(~R0)
```

　　例 7-1：利用 MOVW 和 MOVT 指令的配合将 32 位立即数 0x12345678 传送到寄存器 R0 中。

```
MOVW    R0，#0x5678             ; R0 低 16 位←0x5678，高 16 位清零
MOVT    R0，#0x1234             ; R0 高 16 位←0x1234，低 16 位保持不变
```

例 7-1 中的两条指令执行结束后，R0 = 0x12345678。

数据传送指令中还包括 MRS/MSR 指令，用于特权级下在特殊功能寄存器和通用寄存器之间传送数据。在 Thumb-2 指令集中，只有这两条指令可以访问特殊功能寄存器，除了 APSR 可以在用户级下访问外，其他特殊功能寄存器只能在特权级下访问。

MRS/MSR 指令可访问的特殊功能寄存器如表 7-4 所示。

表 7-4　MRS/MSR 指令可访问的特殊功能寄存器

特殊功能寄存器	说明
IPSR	中断状态寄存器
EPSR	执行状态寄存器（读回来的总是 0）。里面含 T 位，在 Cortex-M3 中 T 位必须是 1
APSR	应用状态寄存器
IEPSR	IPSR+EPSR
IAPSR	IPSR+APSR
EAPSR	EPSR+APSR
PSR/xPSR	APSR+EPSR+IPSR
PRIMASK	异常屏蔽寄存器
BASEPRI/BASEPRI_MAX	优先级阈值寄存器
FAULTMASK	错误屏蔽寄存器
CONTROL	控制寄存器（堆栈选择，特权等级）
MSP	主堆栈指针
PSP	进程堆栈指针

MRS/MSR 指令举例如下：

```
MRS    R0, APSR          ;R0←APSR，读取 APSR 到 R0 中
MSR    xPSR, R0          ;xPSR←R0，将 R0 写入 xPSR
MRS    R0, BASEPRI       ;R0←BASEPRI，读取 BASEPRI 到 R0 中
MSR    BASEPRI, R0       ;BASEPRI←R0，将 R0 写入 BASEPRI
MRS    R0, CONTROL       ;R0←CONTROL，读取 CONTROL 到 R0 中
MSR    CONTROL, R0       ;CONTROL←R0，将 R0 写入 CONTROL
```

MRS/MSR 指令可以读取/写入特殊功能寄存器中已使用的位。保留未使用的位忽略不受影响。

7.4.2　存储器访问指令

Cortex-M3 微处理器是 Load/Store 型的，Load/Store 型微处理器对数据的操作分为 3 个步骤，第一步是通过存储器访问指令将数据从存储器加载到片内寄存器中，第二步是使用各种数据处理指令对片内寄存器中的数据进行处理，第三步是使用存储器访问指令将处理完成后的结果经过寄存器存回到存储器中，这样可以加快对片外存储器进行数据处理的速度。存储器访问指令是唯一用于寄存器和存储器之间进行数据传送的指令。

Cortex-M3 微处理器在存储器和寄存器之间传送数据的类型可以是无符号和有符号的 8 位字节、16 位半字、32 位字和 64 位双字，有符号数最高位表示该数据是作为正数处理还是作为负数处理（最高位是 1 表示负数，最高位是 0 表示正数）。对于字节操作，指令中增加一个字母 B 来表示；对于半字操作，指令中增加一个字母 H 来表示；对于双字操作，指令中增加一个字母 D 来表示，不加字母 B、H 和 D 的指令表示进行字数据操作。例如：

```
LDRB   R1, [R0]          ;R1←mem₈[R0]
```

```
                        ;加载 8 位字节到寄存器 R1，用 0 扩展到 32 位
    LDRH    R1, [R0]    ;R1←mem₁₆[R0]
                        ;加载 16 位半字到寄存器 R1，用 0 扩展到 32 位
    LDRD.W  R2, R1, [R0]    ;R2,R1←mem₆₄[R0]
                        ;加载 64 位双字到寄存器 R2、R1
                        ;R2 存低字、R1 存高字
    LDR     R1, [R0]    ;R1←mem₃₂[R0]
                        ;加载 32 位字到寄存器 R1
```

传送的存储器地址不仅限于 4 字节的字分界处，可以对准任意字节和半字。

Thumb-2 指令集中的存储器访问指令分为以下两类。

- 单数据 Load/Store 指令。单数据 Load/Store 指令提供寄存器和存储器间非常灵活的单数据项传送方式，传送的数据可以是 8 位字节、16 位半字、32 位字和 64 位双字。

- 批量数据 Load/Store 指令。批量数据 Load/Store 指令与单数据 Load/Store 指令相比灵活性要差一些，但批量数据 Load/Store 指令可以更有效地进行大批量数据的传送。这类指令一般用于异常的进入和退出、工作寄存器的保存和恢复，以及对存储器中一块连续数据的复制等。

下面详细介绍这两类存储器访问指令。

1. 单数据 Load/Store 指令

单数据 Load/Store 指令包括 LDR 和 STR 两条指令。其中 LDR 指令可把存储器中的内容加载到寄存器中，STR 指令可把寄存器中的内容存储至存储器中。它们是 Cortex-M3 在寄存器和存储器间传送单个字节、半字、字和双字非常灵活的方式。只要基址寄存器被初始化为指向接近所需访问的存储器地址的某处，这些指令就可以提供有效的存储器存取操作。单数据 Load/Store 指令支持的寻址方式主要包括：寄存器间接寻址、基址加偏址寻址和相对寻址。

单数据 Load/Store 指令格式如表 7-5 所示。

表 7-5　单数据 Load/Store 指令格式

指令位数	指令格式	功能说明
16 位（LDR）	LDR　　Rd, [Rn, #offset]	从地址 Rn+offset 处读取一个字到 Rd
	LDRB　　Rd, [Rn, #offset]	从地址 Rn+offset 处读取一个字节到 Rd, Rd 高 24 位清零
	LDRH　　Rd, [Rn, #offset]	从地址 Rn+offset 处读取一个半字到 Rd, Rd 高 16 位清零
	LDRSB　　Rd, [Rn, #offset]	从地址 Rn+offset 处读取一个字节，再将其带符号扩展成 32 位后存储到 Rd
	LDRSH　　Rd, [Rn, #offset]	从地址 Rn+offset 处读取一个半字，再将其带符号扩展成 32 位后存储到 Rd
16 位（STR）	STR　　Rd, [Rn, #offset]	把 Rd 中的字数据存储到地址 Rn+offset 处
	STRB　　Rd, [Rn, #offset]	把 Rd 中的低字节存储到地址 Rn+offset 处
	STRH　　Rd, [Rn, #offset]	把 Rd 中的低半字存储到地址 Rn+offset 处
32 位（LDR）	LDR.W　　Rd, [Rn, #offset]{!}	从地址 Rn+offset 处读取一个字到 Rd
	LDRB.W　　Rd, [Rn, #offset]{!}	从地址 Rn+offset 处读取一个字节到 Rd, Rd 高 24 位清零
	LDRH.W　　Rd, [Rn, #offset]{!}	从地址 Rn+offset 处读取一个半字到 Rd, Rd 高 16 位清零
	LDRD.W　　Rd1,Rd2,[Rn, #offset]{!}	从地址 Rn+offset 处读取一个双字到 Rd1（低 32 位）和 Rd2（高 32 位）

指令位数	指令格式	功能说明
32 位 （STR）	LDRSB.W　Rd, [Rn, #offset]{!}	从地址 Rn+offset 处读取一个字节，再将其带符号扩展成 32 位后存储到 Rd
	LDRSH.W　Rd, [Rn, #offset]{!}	从地址 Rn+offset 处读取一个半字，再将其带符号扩展成 32 位后存储到 Rd
	STR.W　Rd, [Rn, #offset]{!}	把 Rd 中的字数据存储到地址 Rn+offset 处
	STRB.W　Rd, [Rn, #offset]{!}	把 Rd 中的低字节存储到地址 Rn+offset 处
	STRH.W　Rd, [Rn, #offset]{!}	把 Rd 中的低半字存储到地址 Rn+offset 处
	STRD.W Rd1, Rd2, [Rn, #offset]{!}	把 Rd1（低 32 位）和 Rd2（高 32 位）中双字数据存储到地址 Rn+offset 处

表 7-5 中列出了所有 16 位单数据 Load/Store 指令的语法格式和部分 32 位单数据 Load/Store 指令的语法格式。

- Rn 表示基址寄存器。基址寄存器 Rn 为 PC 寄存器时，指令使用相对寻址方式。
- #offset 表示偏移量，如果偏移量为 0，则指令使用寄存器间接寻址，如果偏移量 #offset 不为 0，指令使用基址加偏址寻址。

32 位单数据 Load/Store 指令还可以选择在指令后加 "!"，此时使用自动变址模式的基址加偏址寻址方式，数据传送完成后，基址寄存器的值自动更新。

除了前变址模式和自动变址模式，32 位单数据 Load/Store 指令还可以使用后变址模式的基址加偏址寻址方式，指令语法格式与表 7-5 列出的格式类似，在此省略。

单数据 Load/Store 指令举例如下：

```
LDR      R1, [R0,#0x10]!       ;R1←mem₃₂[R0+0x10], R0←R0+0x10
LDR      R1, [R0,-R2,LSL #2]   ;R1←mem₃₂[R0-R2×4]
LDRH     R1, [R0,#0x10]        ;R1←mem₁₆[R0+0x10], 用 0 扩展到 32 位
LDRSH    R1, [R0,#0x10]        ;R1←mem₁₆[R0+0x10], 带符号扩展到 32 位
LDR.W    R1, [R0,#0x10]!       ;R1←mem₃₂[R0+0x10], R0←R0+0x10
LDR.W    R1, [R0],#-0x10       ;R1←mem₃₂[R0], R0←R0-0x10
LDRSB.W  R1, LOCAL             ;R1←mem₈[标号 LOCAL 位置], 符号扩展到 32 位
```

例 7-2：将存储器[0x20000000]地址的双字数据 0x12345678ABCDEF90 进行字序反转。

```
LDR      R0, =0x20000000       ;LDR 伪指令, 执行后 R0=0x20000000
LDRD.W   R1, R2, [R0]          ;执行后 R1=0xABCDEF90, R2=0x12345678
STRD.W   R2, R1, [R0]          ;执行后[0x20000000]=0xABCDEF9012345678
```

2. 批量数据 Load/Store 指令

当需要存取大量数据时，通常希望能同时存取多个寄存器。批量数据 Load/Store 指令可以用一条指令将 16 个通用寄存器（R0～R15）的任意子集或全部存储到存储器，或反过来从连续的存储器空间中读取数据到寄存器集合中。例如，可以将寄存器列表保存到堆栈，也可以反过来将寄存器列表从堆栈中恢复。与单数据 Load/Store 指令相比，批量数据 Load/Store 指令大大提高了数据的操作效率，但可用的寻址方式相对有限。

批量数据 Load/Store 指令共包含以下 4 个指令。

- LDM：加载多个存储器字数据到多个寄存器。
- STM：存储多个寄存器数据到存储器。
- PUSH：将多个寄存器列表数据压入堆栈。

- POP：从堆栈中弹出多个数据到寄存器列表中。

批量数据 Load/Store 指令格式如表 7-6 所示。

表 7-6　批量数据 Load/Store 指令格式

指令位数	指令格式		功能说明
16 位	LDMIA	Rd!, {寄存器列表}	用 IA 方式连续加载多个存储器字数据到多个寄存器
	STMIA	Rd!, {寄存器列表}	用 IA 方式连续存储多个寄存器字数据到存储器
	PUSH	{寄存器列表 [,LR]}	将多个寄存器列表数据压入堆栈
	POP	{寄存器列表 [,PC]}	从堆栈中弹出多个值数据到寄存器列表中
32 位	LDMIA.W	Rd!, {寄存器列表}	用 IA 方式连续加载多个存储器字数据到多个寄存器
	LDMDB.W	Rd!, {寄存器列表}	用 DB 方式连续加载多个存储器字数据到多个寄存器
	STMIA.W	Rd!, {寄存器列表}	用 IA 方式连续存储多个寄存器字数据到存储器
	STMDB.W	Rd!, {寄存器列表}	用 DB 方式连续存储多个寄存器字数据到存储器

批量数据 Load/Store 指令采用多寄存器寻址和堆栈寻址，Rd 后面的"！"表示在每次访问前（Before）或访问后（After），要自增（Increment）或自减（Decrement）基址寄存器 Rd 的值。当 LDM/STM 指令中的基址寄存器 Rd 为 SP 寄存器时，指令功能有时和 PUSH/POP 指令功能等价。例如：

```
STMDB SP!,{R0-R5,LR}等价于 PUSH {R0-R5,LR}  ;R0~R5、LR 寄存器列表数据入栈
LDMIA SP!, {R0-R5,PC}等价于 POP {R0-R5,PC}  ;出栈到 R0~R5、PC 寄存器
```

LDM/STM 指令与 PUSH/POP 指令的功能虽然类似，并且有时功能完全等效，但它们有本质的区别。

- LDM/STM 能对任意的地址空间进行操作（基址寄存器可以为任意通用寄存器），而 PUSH/POP 只能对堆栈空间进行操作（基址寄存器只能是 SP 寄存器）。
- LDM/STM 的生长方式可以支持向上（IA）和向下（DB）两种方式，而 PUSH/POP 只能支持向下生长（FD 满递减堆栈）。
- 当两对指令的基址寄存器都为 SP 时，LDM/STM 可以选择是否回写修改 SP 值（是否在 SP 后加感叹号"！"），而 PUSH/POP 指令会自动修改 SP 值。

寄存器列表中寄存器的次序可以按任意顺序给出，并不影响数据存取的次序和指令执行后寄存器中的值，因为批量数据 Load/Store 指令操作规定：编号低的寄存器在存储数据或加载数据时对应存储器的低地址，编号高的寄存器在存储数据或加载数据时对应存储器的高地址。所以，寄存器会按照编号的顺序依次与连续的存储空间相对应。一般习惯在寄存器列表中按递增的次序设定寄存器。

7.4.3　算术运算指令

算术运算指令用于主要完成寄存器中数据的加、减、乘、除四则运算操作。算术运算指令的基本原则如下。

- 所有操作数都是 32 位，来自寄存器或是在指令中定义的立即数。
- 如果算术运算有结果，则结果都为 32 位，放在一个目的寄存器中（64 位乘法除外）。

1.　加法指令

加法指令包括 ADD、ADC 和 ADDW 这 3 类指令。

- ADD 是常规加法指令，可实现两个数的相加。

- ADC 是带进位标志（C 标志）加法指令，即可把第 1 操作数、第 2 操作数和 C 标志位三者相加的和存放到目的寄存器中。
- ADDW 是宽加法指令，可以与 12 位立即数相加。

加法指令格式如表 7-7 所示。

表 7-7　加法指令格式

指令位数	指令格式	功能说明
16 位	ADD　Rd, Rn, Rm	Rd←Rn+Rm，Rn、Rm 为低寄存器
	ADD　Rd, Rn, #imm_3	Rd←Rn+#imm_3
	ADD　Rd, #imm_8	Rd←Rd+ #imm_8
	ADD　Rd, Rm	Rd←Rd+Rm
	ADC　Rd, Rm	Rd←Rm+C 标志位
32 位	ADD{S}.W　Rd, Rn, Rm	Rd←Rn+Rm
	ADD{S}.W　Rd, Rn, #imm_12	Rd←Rn+#imm_12
	ADD{S}.W　Rd, Rm{,shift}	Rd←Rd+Rm 移位后的值
	ADDW.W　Rd, Rn, #imm_12	Rd←Rn+#imm_12
	ADC{S}.W　Rd, Rn, #imm_12	Rd←Rn+#imm_12+C 标志位
	ADC{S}.W　Rd, Rn, Rm{,shift}	Rd←Rn+Rm 移位后的值+C 标志位

16 位加法指令和 32 位加法指令虽然助记符相同，但它们的二进制编码格式不同，使用上也有所差异。当使用 16 位加法指令时，指令根据执行结果会自动更新 APSR 中的标志位，而 32 位加法指令不自动更新标志位，必须通过在指令助记符后加 S 后缀手动控制对 APSR 的更新。例如：

```
ADD     R0, R1      ;R0←R0+R1, 自动更新 APSR
ADD.W   R0, R1,R2   ; R0←R1+R2, 不更新 APSR
ADDS.W  R0, R1,R2   ; R0←R1+R2, 更新 APSR
```

例 7-3：两个 64 位整数的加法。

```
ADD     R0, R2,R4    ; R0←R2+R4, 如果有进位, C 标志位自动置 1
ADC.W   R1, R3,R5    ; R1←R3+R5+C
```

例 7-3 实现了两个 64 位整数的加法操作，第 1 个加数存在 R2 寄存器、R3 寄存器中，R2 寄存器存放低 32 位，R3 寄存器存放高 32 位；第 2 个加数存在 R4 寄存器、R5 寄存器中，R4 寄存器存放低 32 位，R5 寄存器存放高 32 位。加法得到的结果存在 R0 寄存器、R1 寄存器中，R0 存放低 32 位，R1 寄存器存放高 32 位。

2. 减法指令

减法指令包括 SUB、SBC、RSB 和 SUBW 指令。
- SUB 可完成非常简单的减法运算。
- SBC 是带进位标志的减法运算，即可用第 1 操作数减去第 2 操作数后再减去 C 标志位的反码。
- RSB 是做反减运算，即可用第 2 操作数减去第 1 操作数。由于第 2 操作数可选的寻址方式比较多，所以这条指令很有用。
- SUBW 是宽减法指令，可以与 12 位立即数相减。

减法指令格式如表 7-8 所示。

表 7-8　减法指令格式

指令位数	指令格式	功能说明
16 位	SUB　Rd, Rn, Rm	Rd←Rn-Rm
	SUB　Rd, Rn, #imm_3	Rd←Rn-#imm_3
	SUB　Rd, #imm_8	Rd←Rd-#imm_8
	SBC　Rd, Rm	Rd←Rd-Rm+C-1
32 位	SUB{S}.W　Rd, Rn, #imm_12	Rd←Rn-#imm_12
	SUB{S}.W　Rd, Rn, Rm{,shift}	Rd←Rn-Rm 移位后的值
	SUBW.W　Rd, Rn, #imm_12	Rd←Rn-#imm_12
	SBC{S}.W　Rd, Rn, #imm_12	Rd←Rn-#imm_12+C-1
	SBC{S}.W　Rd, Rn, Rm{,shift}	Rd←Rn-Rm 移位后的值+C-1
	RSB{S}.W　Rd, Rn, #imm_12	Rd←#imm_12-Rn
	RSB{S}.W　Rd, Rn, Rm{,shift}	Rd←Rm 移位后的值-Rn

减法指令对 APSR 中标志位的更新方式与加法指令完全相同。

例 7-4：两个 96 位整数的减法。

```
SUB      R0, R3, R6      ;R0←R3-R6，如果有借位，C 标志位自动置 1
SBCS.W   R1, R4, R7      ;R1←R4-R7+C-1，如果有借位，C 标志位置 1
SBC.W    R2, R5, R8      ;R2←R5-R8+C-1
```

例 7-4 指令集实现了两个 96 位整数的减法操作，即：

```
(R2R1R0)←(R5R4R3)-(R8R7R6)
```

3. 乘法指令

乘法指令用于完成两个寄存器中数据的乘法操作。按照乘积的位宽可以把乘法指令分成两类。

- 32 位乘法指令。两个 32 位二进制数相乘，只保留结果最低有效 32 位。
- 64 位乘法指令。两个 32 位二进制数相乘，使用两个目的寄存器保存 64 位结果。

这两类乘法都有相应"乘加"功能的实现指令，即先做乘法运算，后将乘积做加法运算得到总和，而且有符号和无符号操作数都能使用。乘法指令格式如表 7-9 所示。

表 7-9　乘法指令格式

指令位数	指令格式	功能说明
32 位	MUL　Rd, Rm	Rd←Rd×Rm
	MUL.W　Rd, Rn, Rm	Rd←Rn×Rm
	MLA.W　Rd, Rn, Rm, Rs	Rd←Rn×Rm+Rs
	MLS.W　Rd, Rn, Rm, Rs	Rd←Rn×Rm-Rs
64 位	SMULL.W　RdLo, RdHi,Rn, Rm	RdHi:RdLo←Rn×Rm，带符号扩展到 64 位
	SMLAL.W　RdLo, RdHi,Rn, Rm	RdHi:RdLo+=Rn×Rm，带符号扩展到 64 位
	UMULL.W　RdLo, RdHi,Rn, Rm	RdHi:RdLo←Rn×Rm，无符号扩展到 64 位
	UMLAL.W　RdLo, RdHi,Rn, Rm	RdHi:RdLo+=Rn×Rm，无符号扩展到 64 位

- MUL 是普通乘法指令，可完成两个操作数相乘的运算。
- MLA 是乘加指令，即先将两个操作数相乘再与另一个操作数相加，最后将得到的和存入目的寄存器。
- MLS 是乘减指令，即先将两个操作数相乘再与另一个操作数相减，最后将得到的差存入目的寄存器。
- SMULL 是有符号数长乘指令。乘积使用符号扩展成 64 位，并存入 RdLo、RdHi 两个目的寄存器。
- SMLAL 是有符号数长乘加指令。乘积使用符号扩展成 64 位，再与目的寄存器 RdLo、RdHi 的原值相加，并用得到的和更新 RdLo 寄存器和 RdHi 寄存器。
- UMULL 是无符号数长乘指令。乘积使用 0 扩展成 64 位，并存到 RdLo、RdHi 两个目的寄存器中。
- UMLAL 是无符号数长乘加指令。乘积使用 0 扩展成 64 位，再与目的寄存器 RdLo、RdHi 的原值相加，然后用得到的和更新 RdLo 寄存器和 RdHi 寄存器。

对于有符号和无符号操作数，乘积的最低有效 32 位是一样的，所以对于只保留 32 位结果的乘法指令，不需要给出有符号数和无符号数两种指令格式。

例 7-5：计算两个矢量的标量积。

```
        MOV     R2,#5
        MOV     R3,#0
LOOP    LDR.W   R0,[R4],#4
        LDR.W   R1,[R5],#4
        MLA.W   R3,R0,R1,R3
        SUB     R2,R2,#1
        BNE     LOOP
```

例 7-5 实现了 R4 所指向内存空间的一个矢量与 R5 所指向内存空间的一个矢量的标量积的计算。

乘法指令与其他算术运算指令相比有一个重要的区别，就是乘法指令不支持第 2 操作数是立即数。

4．除法指令

早期的 ARM 微处理器不能执行除法指令，Cortex-M3 加入了 32 位硬件除法指令，除法指令格式如表 7-10 所示。其中，UDIV 用于实现无符号数除法操作，SDIV 用于实现有符号数的除法操作。

表 7-10　除法指令格式

指令位数	指令格式	功能说明
32 位	UDIV　Rd, Rn, Rm	Rd←Rn/Rm，无符号数除法
	SDIV　Rd, Rn, Rm	Rd←Rn/Rm，有符号数除法

例 7-6：除法运算。

```
LDR     R0, =100
MOV     R1, #3
UDIV    R2, R0, R1
```

例 7-6 的 3 条指令实现了 100/3 的运算，并将计算得到的商存到 R2 寄存器中，产生的余数会被丢弃。为了避免产生被零除的非法操作，可以在 NVIC 的配置控制寄存器中置位 DIVBZERO，如果发生了被零除的情况，会产生一个用法错误异常。如果没有置位 DIVBZERO，Rd 将在除数为零时被清零。

7.4.4 逻辑运算指令

逻辑运算指令主要完成寄存器中数据的与、或等逻辑运算。其中包括按位与指令、按位或指令、位清零指令、按位或反码指令和异或指令等。

1. 按位与指令

按位与指令 AND 用于完成操作数按位逻辑"与"操作，并将结果保存到目的寄存器 Rd 中。常用于提取寄存器中某些位的值。按位与指令格式如表 7-11 所示。

表 7-11　按位与指令格式

指令位数	指令格式	功能说明
16 位	AND　　Rd, Rm	Rd←Rd&Rm
32 位	AND{S}.W　Rd, Rn, #imm_12	Rd←Rn&#imm_12
	AND{S}.W　Rd, Rn, Rm{,shift}	Rd←Rn&Rm 移位后的值

指令举例如下：

```
ANDS.W    R0, R0, #0x01              ;R0←R0&0x01，取出 R0 最低位数据
AND.W     R2, R1, R3, LSL #2        ;R2←R1&R3*4
```

2. 按位或指令

按位或指令 ORR 用于完成操作数按位逻辑"或"操作，并将结果保存到目的寄存器 Rd 中。常用于将寄存器中某些位的值设置为 1。按位或指令格式如表 7-12 所示。

表 7-12　按位或指令格式

指令位数	指令格式	功能说明
16 位	ORR　　Rd, Rm	Rd←Rd｜Rm
32 位	ORR{S}.W　Rd, Rn, #imm_12	Rd←Rn｜#imm_12
	ORR{S}.W　Rd, Rn, Rm{,shift}	Rd←Rn｜Rm 移位后的值

指令举例如下：

```
ORRS.W   R0, R0, #0x0F            ;R0←R0|0x0F，将 R0 最低 4 位置 1
```

3. 位清零指令

位清零指令 BIC 用于将源操作数的各位与第 2 操作数中对应位的反码进行"与"操作，并将结果保存到目的寄存器 Rd 中。常用于将寄存器中某些位的值设置为 0。位清零指令格式如表 7-13 所示。

表 7-13　位清零指令格式

指令位数	指令格式	功能说明
16 位	BIC　　Rd, Rm	Rd←Rd&(～Rm)
32 位	BIC{S}.W　Rd, Rn, #imm_12	Rd←Rn&(～#imm_12)
	BIC{S}.W　Rd, Rn, Rm{,shift}	Rd←Rn&(～Rm 移位后值)

指令举例如下：

```
BICS.W    R0, R0, #0x0F           ;R0←R0&(～0x0F)，将 R0 最低 4 位清零
                                  ;其他位不变
```

将某一位与 1 做 BIC 操作，该位的值被设置为 0；将某一位与 0 做 BIC 操作，该位的值不变。

4．按位或反码指令

按位或反码指令 ORN 没有 16 位指令格式，只有 32 位指令格式，用于将第 1 操作数的各位与第 2 操作数中对应位的反码进行"或"操作，并将结果保存到目的寄存器 Rd 中。常用于将寄存器中某些 0 值设置为 1。按位或反码指令格式如表 7-14 所示。

表 7-14　按位或反码指令格式

指令位数	指令格式	功能说明
32 位	ORN{S}.W　Rd, Rn, #imm_12	Rd←Rn｜(~#imm_12)
	ORN{S}.W　Rd, Rn, Rm{,shift}	Rd←Rn｜(~Rm 移位后的值)

指令举例如下：

```
ORNS.W    R0, R0, #0xFFFFFFF0    ;R0←R0 | (~0xFFFFFFF0)
                                 ;将 R0 最低 4 位置 1，其他位不变
```

将某一位与 1 做 ORN 操作，该位的值不变；将某一位与 0 做 ORN 操作，该位的值被设置为 1。

5．异或指令

异或指令 EOR 用于完成操作数按位"异或"操作，并将结果保存到目的寄存器 Rd 中。常用于将寄存器中某些位的值取反。异或指令格式如表 7-15 所示。

表 7-15　异或指令格式

指令位数	指令格式	功能说明
16 位	EOR　　Rd, Rm	Rd←Rd ^ Rm
32 位	EOR{S}.W　Rd, Rn, #imm_12	Rd←Rn ^ #imm_12
	EOR{S}.W　Rd, Rn, Rm{,shift}	Rd←Rn ^ Rm 移位后的值

指令举例如下：

```
EORS.W    R0, R0, #0x0F    ;R0←R0 ^ 0x0F
                           ;将 R0 最低 4 位取反，其他位不变
```

将某一位与 1 做 EOR 操作，该位的值取反；将某一位与 0 做 EOR 操作，该位的值不变。

7.4.5　比较和测试指令

比较和测试指令唯一的功能就是根据运算结果更新 APSR 寄存器中的条件码标志位，不保存运算结果。比较和测试指令格式如表 7-16 所示。

表 7-16　比较和测试指令格式

指令位数	指令格式	功能说明	指令名称
16 位	CMP　Rn, #imm_8	状态标志←Rn - imm_8	
	CMP　Rn, Rm	状态标志←Rn - Rm	
	CMN　Rn, #imm_8	状态标志←Rn + Rm	
32 位	CMP.W　Rn, #imm_12	状态标志←Rn - imm_12	比较指令
	CMP.W　Rn, Rm {, shift}	状态标志←Rn - Rm 移位后的值	
	CMN.W　Rn, #imm_12	状态标志←Rn + imm_12	
	CMN.W　Rn, Rm {, shift}	状态标志←Rn + Rm 移位后的值	

指令位数	指令格式	功能说明	指令名称
16 位	TST　　Rn, Rm	状态标志←Rn & Rm	
32 位	TST.W　　Rn, #imm_12	状态标志←Rn & imm_12	测试指令
	TST.W　　Rn, Rm {, shift}	状态标志←Rn & Rm 移位后的值	
	TEQ.W　　Rn, #imm_12	状态标志←Rn ^ imm_12	
	TEQ.W　　Rn, Rm {, shift}	状态标志←Rn ^ Rm 移位后的值	

比较和测试指令不需要加后缀 S，即无条件更新条件码标志位。

1. 比较指令

比较指令由 CMP 和 CMN 两类指令组成。

- CMP 是普通比较指令，用 Rn 减去 Rm/#imm，再根据差设置条件码标志位，并将差丢弃。除了将结果丢弃外，CMP 和 SUBS 指令完成相同的操作。
- CMN 是负数比较指令，用 Rn 加上 Rm/#imm，再根据和设置条件码标志位，并将和丢弃。除了将结果丢弃外，CMN 和 ADDS 指令完成相同的操作。

指令举例如下：

```
CMP.W   R0, R1, LSL #2        ;状态标志←R0 - R1×4
CMN     R0, #10               ;状态标志←R0 + 10
```

2. 测试指令

测试指令由 TST 和 TEQ 两类指令组成。

- TST 是位测试指令，对两个操作数进行按位与操作，根据结果设置条件码标志位，并将与的结果丢弃。除了将结果丢弃外，TST 和 ANDS 指令完成相同的操作。TST 指令常用于测试寄存器中某些位的值是 1 还是 0。
- TEQ 是测试是否相等的指令，对两个操作数进行按位异或操作，根据结果设置条件码标志位，并将异或的结果丢弃。除了将结果丢弃外，TEQ 和 EORS 指令完成相同的操作。TEQ 指令常用于测试两个操作数是否相等。

指令举例如下：

```
TST.W   R0, R1, LSL #2        ;状态标志←R0 & R1×4
TST     R0, #10               ;状态标志←R0 & 10
TEQ.W   R0, R1, LSL #2        ;状态标志←R0 ^ R1×4
TEQ.W   R0, #10               ;状态标志←R0 ^ 10
```

7.4.6　子程序调用与无条件转移指令

子程序调用与无条件转移指令可以从当前指令向前或向后的地址空间跳转，详细的指令格式如表 7-17 所示。

表 7-17　子程序调用与无条件转移指令格式

指令位数	指令格式	功能说明
16 位	B{cond}　target_address	{条件}跳转到 target_address
	BL　　Rm	带链接的跳转
	BLX　　Rm	带链接和状态切换的跳转
32 位	B{cond}.Wtarget_address	{条件}跳转到 target_address
	BL　　target_address	带链接的跳转

1. 转移指令 B 和转移链接指令 BL

转移指令 B 在程序中完成简单的跳转功能，可以跳转到指令中指定的目的地址。B 是 Thumb-2 指令集中唯一可以随意使用条件码的指令，编写程序时，可以根据需要在 B 指令的后面加入表 7-2 中的条件码。例如：

```
BEQ   LABEL            ;EQ 条件满足时，跳转到 LABEL
B     SUB1             ;无条件跳转到 SUB1
    ......
SUB1  ......
```

例 7-7：执行 10 次循环。

```
MOV   R0, #10          ;初始化循环计数值
LOOP  ......
  SUBS  R0, R0, #1     ;计数值减 1
  BNE   LOOP           ;如果计数值 R0≠0，重复循环
    ......
```

例 7-7 中 B 后的 NE 是执行条件，NE 条件满足时，B 指令正常执行，跳转到 LOOP 地址标号处；如果 NE 条件不满足，B 指令被忽略不执行，继续执行 B 指令后的下一条指令。

在编写程序时，经常需要调用子程序，并且当子程序执行结束时，要能确保返回到原来的代码位置继续执行。这就需要把执行转移前的 PC 的值保存下来，转移链接指令 BL 可以实现这一功能。BL 指令的功能首先和 B 指令一样实现跳转，并且在跳转的同时把 BL 后面紧接的一条指令的地址保存到链接寄存器 LR（R14）中。例如：

```
    ......
BL    SUB1             ;转移链接到子程序 SUB1
ADD R0, R1, R2         ;返回到这里
......
SUB1  ......           ;子程序入口
......
MOV PC, LR             ;子程序返回
```

上例中返回地址保存在 LR 寄存器中，在将 LR 寄存器压入堆栈保存前，子程序不应再调用下一级嵌套子程序，否则，新的返回地址将覆盖原有的返回地址，就无法返回到原来的调用位置。这时，一般在嵌套子程序调用前将 LR 压入堆栈来保存。由于子程序调用还需要传递一些工作寄存器，因此可以使用批量数据 Load/Store 指令把这些寄存器中原有的数据一起存储。

例 7-8：嵌套子程序调用。

```
    ......
BL    SUB1             ;转移链接到子程序 SUB1
ADD R0, R1, R2         ;返回到这里
......
SUB1  PUSH R13!, {R0-R3, LR}    ;子程序入口，保存工作和链接寄存器
BL    SUB2                       ;嵌套调用 SUB2
..........
POP   R13!, {R0-R3, PC}          ;恢复工作寄存器并返回
```

2. 转移链接交换指令 BLX

转移链接交换指令 BLX 既实现了转移链接指令 BL 的功能，又实现了转移交换指令 BX 的功能。BX 指令用于完成微处理器从 ARM 状态到 Thumb 状态的切换，当 BX 指令中 Rm[0]=0 时，表示执行 ARM 指令，处于 ARM 状态；当 Rm[0]=1 时，表示执行 Thumb 指令，处于 Thumb 状态。Cortex-M3 微处理器只能执行 Thumb-2 指令，只有 Thumb 状态，必须始终保证 Rm[0]=1，

否则会发生异常，BLX 指令也是如此。

3. Cortex-M3 程序的跳转

Cortex-M3 程序的跳转除了可以使用子程序调用与无条件转移指令外，还可以使用以 PC 寄存器作为目的寄存器的其他指令实现。常用的程序跳转指令格式为：

```
B    Label              ;转到 Label 处对应的地址
BL   Label              ;转到 Label，并把跳转前下一条指令地址存入 LR
BLX  reg                ;转到寄存器 reg 给出的地址，并把跳转前下一条指令地址存入 LR
MOV  PC, R0             ;转移地址由 R0 给出
LDR  PC, [R0]           ;转移地址存在 R0 存储器中
POP  {..., PC}          ;返回地址以出栈的形式发给 PC
LDMIA SP!, {..., PC}    ;POP 的另一种等效写法
```

7.4.7 移位指令

移位指令完成寄存器中数据的按位移动，包括逻辑左移 LSL、逻辑右移 LSR、算术右移 ASR、循环右移 ROR 和带扩展的循环右移 RRX。移位指令格式如表 7-18 所示。

表 7-18 移位指令格式

指令位数	指令格式	功能说明	指令名称
16 位	LSL Rd, Rm, #imm_5	Rd←Rm<<imm_5	逻辑左移
	LSL Rd, Rs	Rd←Rd<<Rs	
32 位	LSL{S}.W Rd, Rn, Rm	Rd←Rn<<Rm	
16 位	LSR Rd, Rm, #imm_5	Rd←Rm>>imm_5	逻辑右移
	LSR Rd, Rs	Rd←Rd>>Rs	
32 位	LSR{S}.W Rd, Rn, Rm	Rd←Rn>>Rm	
16 位	ASR Rd, Rm, #imm_5	Rd←Rm·>>imm_5	算术右移
	ASR Rd, Rm, Rs	Rd←Rd·>>Rs	
32 位	ASR{S}.W Rd, Rn, Rm	Rd←Rn·>>Rm	
16 位	ROR Rd, Rs	Rd←Rd 循环右移 Rs 位	循环右移
	ROR{S}.W Rd, Rn, Rm	Rd←Rn 循环右移 Rm 位	
32 位	RRX{S}.W Rd, Rm	Rm 值右移 1 位，并将 C 标志位移入最高位，将结果保存到 Rd	带扩展的循环右移

移位指令的移位规则与 7.2 节寻址方式中寄存器移位寻址的移位规则相同，这里不再重复说明。32 位移位指令必须在指令助记符后加上后缀 S，才能根据指令的执行情况更新进位标志位 C；16 位移位指令不需要加后缀 S，总是自动更新 C 标志位。

7.4.8 符号扩展指令

数据在计算机中是以二进制补码的形式存储的。在二进制补码表示法中，最高位代表符号位，负数符号位用 1 表示，正数符号位用 0 表示。符号扩展指令的功能就是用符号把一个带符号数据从 8 位或 16 位扩展成 32 位，具体操作如下。

- 数据为负数时，所有高位全填充 1，负数数值保持不变。
- 数据为正数或无符号数时，所有高位全填充 0。

符号扩展指令格式如表 7-19 所示。

表 7-19　符号扩展指令格式

指令位数	指令格式	功能说明
16 位	SXTB　Rd, Rm	用 Rd←Rm[7:0]符号扩展到 32 位
	SXTH　Rd, Rm	用 Rd←Rm[15:0]符号扩展到 32 位
	UXTB　Rd, Rm	用 Rd←Rm[7:0]0 扩展到 32 位
	UXTH　Rd, Rm	用 Rd←Rm[15:0]0 扩展到 32 位
32 位	SXTB.W　Rd, Rm{, rotation}	用 Rd←Rm 循环右移后取[7:0]符号扩展到 32 位
	SXTH.W　Rd, Rm{, rotation}	用 Rd←Rm 循环右移后取[15:0]符号扩展到 32 位
	UXTB.W　Rd, Rm{, rotation}	用 Rd←Rm 循环右移后取[7:0]0 扩展到 32 位
	UXTH.W　Rd, Rm{, rotation}	用 Rd←Rm 循环右移后取[15:0]0 扩展到 32 位

SXTB/SXTH 指令使用符号扩展到 32 位，UXTB/UXTH 指令使用 0 扩展到 32 位。

例 7-9：设 R0=0xF6B8A451，则：

```
SXTB  R1, R0        ;R1=0x00000051
SXTH  R1, R0        ;R1=0xFFFFA451
UXTB  R1, R0        ;R1=0x00000051
UXTH  R1, R0        ;R1=0x0000A451
```

7.4.9　字节调序指令

一个 32 位字数据可以认为是由 4 个字节数据组成的，也可以认为是由 2 个半字数据组成的。很多时候，需要对一个字数据中的字节或半字数据次序进行调整，使用字节调序指令就可以完成调整。字节调序指令格式如表 7-20 所示。

表 7-20　字节调序指令格式

指令位数	指令格式	功能说明
16 位	REV　Rd, Rn	Rd←Rn 中数据字节反转
	REV16　Rd, Rn	Rd←Rn 中数据高低半字内字节反转
	REVH　Rd, Rn	Rd←Rn 中低半字字节反转，高半字字节不变
	REVSH　Rd, Rn	Rd←Rn 中低半字字节反转，并用符号扩展到 32 位
32 位	REV.W　Rd, Rn	Rd←Rn 中数据字节反转
	REV16.W　Rd, Rn	Rd←Rn 中数据高低半字内字节反转
	REVH.W　Rd, Rn	Rd←Rn 中低半字字节反转，高半字字节不变
	REVSH.W　Rd, Rn	Rd←Rn 中低半字字节反转，并用符号扩展到 32 位

32 位字节调序指令的执行方法如图 7-7 所示。

REV 指令反转 32 位数据中所有的 4 个字节顺序，REV16 指令对 32 位数据中高低两个半字字节分别进行 2 个字节反转，REVH/REVSH 指令只对 32 位数据的低半字内 2 个字节进行反转，其中，REVH 指令反转后高半字不变，REVSH 指令反转后带符号扩展到 32 位。

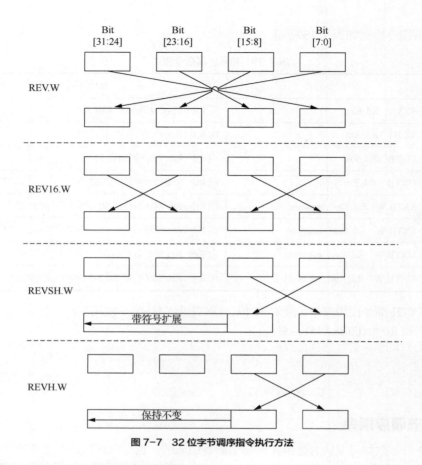

图 7-7　32 位字节调序指令执行方法

例 7-10：设 R0=0x1234ABCD，则：

```
REV     R1, R0      ;R1=0xCDAB3412
REV16   R2, R0      ;R1=0x3412CDAB
REVH    R3, R0      ;R1=0x1234CDAB
REVSH   R4, R0      ;R1=0xFFFFCDAB
```

7.4.10　位操作指令

位操作指令是对 Cortex-M3 通用寄存器中部分数据位进行操作的指令。所有位操作指令都是 32 位。位操作指令格式如表 7-21 所示。

表 7-21　位操作指令格式

指令位数	指令格式		功能说明
32 位	BFC.W	Rd, #lsb, #width	Rd←Rd 右起 lsb+1～lsb+width 位清零
	BFI.W	Rd, Rn, #lsb, #width	将 Rn 的指定位插入 Rd
	CLZ.W	Rd, Rn	Rd←Rn 的前导 0 个数
	RBIT.W	Rd, Rn	Rd←Rn 的位顺序进行 180° 反转
	SBFX.W	Rd, Rn, #lsb, #width	Rd←提取从 Rn 第 lsb 位开始的 width 位，并用符号位扩展到 32 位
	UBFX.W	Rd, Rn, #lsb, #width	Rd←提取从 Rn 第 lsb 位开始的 width 位，并用 0 扩展到 32 位

1.　位清零指令 BFC

BFC 指令的功能是使 Rd 寄存器中 32 位数据的部分位清零。被清零的位是从 Rd 最低位开始向左第 lsb+1 位到第 lsb+width 位。假设 R0=0xFFFFFFFF，例如：

```
BFC.W   R0, #4, #9
```

指令执行后，R0=0xFFFFE00F。需要注意的是，指令中提供的位不能收尾拼接，否则将产生不可预料的结果。例如：

```
BFC.W   R0, #28, #8              ;错误，产生不可预料结果
```

2. 位插入指令 BFI

BFI 指令的功能是使用 Rn 中从位[0]开始的 width 位替换 Rd 中从 lsb 开始的 width 位。例如：

```
LDR    R1, =0x87654321          ;伪指令，R1←0x87654321
LDR    R0, =0xDDCCBBAA          ;伪指令，R0←0xDDCCBBAA
BFI.W  R0, R1, #8, #16
```

指令集执行后，R1 寄存器值保持不变，R2=DD4321AA。

BFI 指令总是从 Rn 寄存器的最低位开始提取，lsb 值只对 Rd 寄存器起作用，指令执行结束时，Rn 寄存器值保持不变。

3. 前导 0 计数指令 CLZ

CLZ 指令对 Rn 中前导 0 的个数进行计数，并将结果放到 Rd 中。若 Rn=0，则 Rd=32；若 Rn[31]=1，则 Rd=0。例如：

```
LDR     R1, =0x10F0F            ;R1=0b00000000000000010000111100001111
CLZ.W   R0, R1                  ;R0=15
```

前导 0 计数指令 CLZ 能有效地实现数字归一化的功能。

4. 位反转指令 RBIT

位反转指令 RBIT 将 Rn 寄存器中的 32 位整数用二进制形式表示后，再按位旋转 180°，并将结果保存在 Rd 寄存器中。例如：

```
LDR     R1, =0x12345678        ;R1=0b00010010001101000101011001111000
RBIT.W  R0, R1                 ;R0=0b00011110011010100010110001001000
```

指令执行后，R0=0x1E6A2C48。

5. 位提取指令 SBFX/UBFX

位提取指令包括有符号提取指令 SBFX 和无符号提取指令 UBFX。它们将 Rn 寄存器中从第 lsb 位开始的 width 位提取出来，并用符号位/0 扩展到 32 位后放入目的寄存器 Rd。例如：

```
LDR      R0, =0x1234ABCD
UBFX.W   R1, R0, #12, #16
SBFX.W   R2, R0, #4, #8
```

指令执行结束时，R1=0x0000234A，R2=FFFFFFBC。示例中为了更清楚地说明指令功能，使用了 4 位对齐的 lsb 值和 width 值，事实上并无此限制。

7.4.11 饱和运算指令

饱和运算指令常用在信号处理程序中。比如，当信号被放大后，可能信号的幅值超出允许输出的范围，如果仅是简单地清除最高位，则常常会严重破坏信号的波形，而使用饱和运算则只是使信号产生削顶现象，不会出现严重失真。

Cortex-M3 饱和运算指令分为两类。

- 带纹波的直流信号饱和，即可进行无符号饱和运算。
- 没有直流分量的交流信号饱和，即可进行有符号饱和运算。

它们的格式如表 7-22 所示。

表 7-22　饱和运算指令格式

指令位数	指令格式	功能说明
32 位	USAT　Rd, #imm_5,Rn, {,shift}	无符号饱和运算
	SSAT　Rd, #imm_5, Rn, {,shift}	有符号饱和运算

指令格式说明如下。

● Rn：用于存储放大后待做饱和运算的信号，Rn 值为 32 位有符号整数。进行饱和运算前，Rn 可以选择进行移位预处理。

● Rd：目的寄存器，用于存储饱和运算的结果。

● imm_5：用于指定饱和边界，即应用多少位来表示允许的范围。imm_5 取值范围为 1～32。

饱和运算的结果可以用于更新应用状态寄存器 APSR 中的 Q 标志位。Q 标志位被置 1 后可以通过写 APSR 清零。

1. 无符号饱和运算

无符号饱和运算的执行情况如图 7-8 所示。

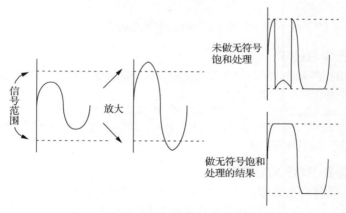

图 7-8　无符号饱和运算执行情况

例如把 32 位整数饱和到无符号 12 位整数（0～4095），则使用指令：

```
USAT    R1, #12, R0
```

指令执行过程中 R0 的取值和运算的结果如表 7-23 所示。

表 7-23　USAT 指令运算示例

饱和运算输入（R0 值）	饱和运算输出（R1 值）	Q 标志位值
0x3000（12288）	0xFFF（4095）	置 1
0x1000（4096）	0xFFF（4095）	置 1
0xFFF（4095）	0xFFF（4095）	不变
0xFFE（4094）	0xFFE（4094）	不变
0x0（0）	0	不变
0xFFFFFF92（-110）	0	置 1

2. 有符号饱和运算

有符号饱和运算的执行情况如图 7-9 所示。

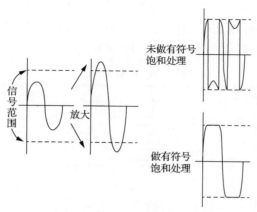

图 7-9 有符号饱和运算执行情况

例如把 32 位整数饱和到有符号 12 位整数（-2048~2047），则使用指令：

```
SSAT    R1, #12, R0
```

指令执行过程中 R0 的取值和运算的结果如表 7-24 所示。

表 7-24 SSAT 指令运算示例

饱和运算输入（R0 值）	饱和运算输出（R1 值）	Q 标志位值
0x3000（12288）	0x7FF（2047）	置 1
0x800（2048）	0x7FF（2047）	置 1
0x7FF（2047）	0x7FF（2047）	不变
0x7FE（2046）	0x7FE（2046）	不变
0x0（0）	0	不变
0xFFFFFF92（-110）	0xFFFFFF92（-110）	不变
0xFFFFE000（-8192）	0xFFFFF800（-2048）	置 1

7.4.12 隔离指令

在一些结构比较复杂的存储器系统中需要对存储器进行必要的隔离。举例说明，如果在执行过程中修改了内存保护区的设置或存储器的映射关系，就必须在修改后立即做数据同步操作，因为对存储空间的写操作经常被放到写缓冲中。写缓冲可以提高存储器的总体访问效率，但同时也会导致写内存的指令被延迟几个时钟周期完成，因此对存储器的设置不能即刻生效。如果下一条指令仍然是存储器访问指令，将可能使用旧的存储器设置，发生存储空间访问错误。

Cortex-M3 中提供了 3 条隔离指令，可以减少类似错误的发生。这 3 条隔离指令分别是数据存储器隔离指令 DMB、数据同步隔离指令 DSB 和指令同步隔离指令 ISB，如表 7-25 所示。

表 7-25 隔离指令

指令位数	指令	功能说明
32 位	DMB	所有在 DMB 指令之前的存储器访问操作都执行完，才提交 DMB 指令后的存储器访问操作
	DSB	所有在 DSB 指令之前的存储器访问操作都执行完，才提交 DSB 指令后的指令操作
	ISB	清空流水线。所有 ISB 指令前面的指令都执行结束，才继续执行 ISB 后面的指令

3 条隔离指令中，ISB 指令的要求最严格，DSB 指令次之，DMB 指令的要求相对最弱。

7.4.13 If-Then 指令

If-Then 指令也可简写为 IT 指令。使用 IT 指令可以定义一个语句块，语句块中最多有 4 条指令，可以进行条件执行。IT 指令格式如表 7-26 所示。

表 7-26 IT 指令格式

指令位数	指令格式	功能说明
16 位	IT cond	条件执行后面的 1 条指令
	IT<x>cond	条件执行后面的 2 条指令
	IT<x><x>cond	条件执行后面的 3 条指令
	IT<x><x><x>cond	条件执行后面的 4 条指令

表 7-26 中的<x>的取值为 T 或者 E，含义如下。

- T：代表 Then，条件成立时执行的语句。
- E：代表 Else，条件不成立时执行的语句。

IT 指令助记符中已经包含一个字符 T，因此，后面最多还可以有两个字符：T 或 E。并且 T 和 E 的顺序没有要求。

IT 指令块中的指令后必须加上表 7-2 中的条件码，字符 T 对应的指令必须使用和 IT 指令相同的条件，字符 E 对应的指令必须使用和 IT 指令相反的条件。

例 7-11：IT 指令示例。

```
CMP       R0, R1              ;比较 R0 和 R1
ITTEE     EQ                  ;若 R0==R1，即 EQ 满足时，则执行此语句下面第 1 条和第 2 条指令，
否则执行此语句下面第 3 条和第 4 条指令
ADDEQ     R2, R3, R4          ;相等时相加
LSREQ     R2, R2, #1          ;相等时右移
SUBNE     R2, R3, R4          ;不相等时相减
LSLNE     R2,R2,#1            ;不相等时左移
```

例 7-11 实现了以下 C 伪代码的功能。

```
if ( R0==R1)
{
    R2=R3+R4;
    R2=R2/2;
}
else
{
    R2=R3-R4;
    R2=R2*2;
}
```

思考与练习

1. Thumb 指令集的特点有哪些？
2. Thumb-2 指令集按照指令功能和寻址方式进行分类，可以分成哪些类？
3. 移位指令都有哪些？移位方式是什么？
4. Thumb-2 指令集与 ARM 体系结构的指令集有何异同？

08 chapter

PIO 接口

8.1　PIO 接口概述

　　随着计算机技术的飞速发展，各种功能繁多的外部设备不断出现，这些外部设备（机械式的、光电式的、电子式的）的组成及工作原理千差万别，所采用的信号形式（数字信号、模拟信号）也各不相同，工作速度（高速、中速、低速）差异也很大。由于它们的多样性和复杂性，这些外部设备不可能像存储器那样直接连接在系统总线上，CPU 也无法直接对所有外部设备进行管理和控制。因此，CPU 与外部设备之间通过某个中间环节交换信息，这个中间环节就是接口。

　　I/O 接口是连接 CPU 和外部设备的"桥梁"，是微处理器与外部设备之间交换信息的通路。外部设备只有通过 I/O 接口才能与 CPU 的总线相连，实现与微处理器之间的信息交换，I/O 接口的基本结构如图 8-1 所示。

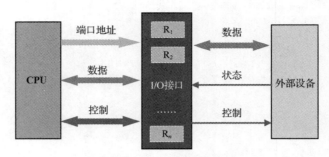

图 8-1 I/O 接口的基本结构

I/O 接口一边连接着 CPU，另一边连接着外部设备，是 CPU 与外部设备进行信息交换的中转站。每个 I/O 接口的功能由一组特殊功能寄存器控制。当 CPU 与外部设备之间进行数据传输时，数据信息、控制信息和状态信息分别由不同的寄存器来控制。

为保证 CPU 和外部设备之间进行正确而有效的数据传输，应当针对不同的外部设备或不同的应用采用不同的数据传送控制方式。CPU 与外部设备之间的数据传送控制方式通常有 4 种。

1. 无条件传送方式

无条件传送方式是一种非常简单的 I/O 接口传送方式，传送过程中所需要的硬件和软件都比较简单，所有操作都是通过执行程序来完成的。这种方式要求外部设备和 CPU 始终是准备就绪的，并且 CPU 会通过实时访问 I/O 接口来获取外部设备传送的数据信息。

无条件传送方式在实际应用中使用的场合较少，只用于对一些简单的外部设备进行操作和控制的场合。

2. 条件传送方式

条件传送方式也叫作查询方式或应答式传送，是指 CPU 在传送数据之前要先查询外部设备是否准备就绪，如果未准备就绪则继续查询外部设备状态，直到外部设备准备就绪时才进行数据传送。条件传送方式传送一次数据的流程如图 8-2 所示。

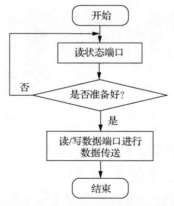

图 8-2 条件传送方式传送一次数据的流程

条件传送方式在实际应用中使用得比较多，只有当外部设备的工作频率较低，并且对 CPU 的工作效率要求不高时，CPU 才可以采用条件传送方式与外部设备进行信息交换。其 I/O 接口中必有状态信息和数据信息，所用硬件数量较少，代价是软件开销较大。

3. 中断方式

条件传送方式虽然简单，但是存在以下两个方面的限制。

（1）CPU 在对外部设备进行查询时无法进行其他工作，特别是在对多个外部设备轮流查询时，无论是否必要都要查询外部设备状态，造成时间浪费，导致 CPU 工作效率降低。

（2）CPU 同时对多个外部设备进行 I/O 操作时，如果某外部设备要求 CPU 对其服务的时间间隔小于 CPU 对多个外部设备轮询一趟循环所需的时间，则 CPU 就不能与外部设备进行实时数据交换，可能会造成数据丢失。

为进一步提高 CPU 的效率，使系统具有实时性，引入了中断方式。所谓中断，是指某事件发生时，CPU 暂停当前程序的执行，转去对所发生的事件进行处理，处理结束后又回到原程序被打断的位置继续执行的过程。

当外部设备准备好和 CPU 交换数据时，先通过 I/O 接口发送给 CPU 一个中断请求信号。CPU 响应 I/O 接口的中断请求，暂停正在执行的程序，跳转到 I/O 接口操作程序，完成数据传输。因为 CPU 省去了查询外部设备状态和等待的时间，所以 CPU 和外部设备可以并行工作，大大提高了系统工作效率。

4．DMA 方式

因为中断方式存在以下两个不足，所以它并不适用于大批量数据的高速传输。

（1）中断方式下，I/O 操作仍然需要 CPU 执行指令来完成外部设备与内存之间的数据传送，指令的执行会花费大量的时间。

（2）每次中断的进入和返回、中断现场的保存和恢复都需要花费大量的时间。

高速传输大批量的数据，一般使用 DMA 方式。这种方式可使 CPU 不参与数据 I/O，而是由专用硬件 DMA 控制器来实现内存与外部设备之间、外部设备与外部设备之间数据的直接快速传送。

DMA 方式既不需要 CPU 干预，也不需要软件介入，而是会采用硬件代替软件的方式来提高传输效率，但这种方式是以增加硬件接口和控制的复杂性为代价的。

8.2　PIO 接口结构

SAM3X8E 的 PIO（Parallel Input/Output，并行输入/输出）接口使用 PIO 控制寄存器来管理 I/O 引脚，每个 I/O 引脚的状态与 PIO 控制寄存器中的某一位相对应。因此，PIO 控制寄存器最多可管理 32 个可编程 I/O 引脚。PIO 控制寄存器的一次写操作可同步输出最多 32 位的数据。每个 I/O 引脚既可用作一个通用 I/O 引脚，也可用来控制一个外部设备，即各 I/O 引脚具有复用功能。除此之外，PIO 接口中的每个 I/O 引脚都具有以下特征。

- 输入电平的变化都可以产生中断。
- 中断方式可以设置为：上升沿、下降沿、低电平、高电平。
- 内部集成了防干扰滤波器，能过滤持续时间小于半个系统时钟周期的脉冲。
- 内部集成了去抖动滤波器，能过滤按键或按钮操作中多余的脉冲。
- 具备与漏极开路 I/O 引脚类似的多路驱动能力。
- 可控制引脚的上拉电阻器。
- 输入可见并且输出可控。

SAM3X8E 的 PIO 接口的结构如图 8-3 所示。

根据电子产品的设计原则，每个 I/O 引脚既可以设置为通用 I/O（GPIO）引脚，也可以设置为 1～2 个外部设备。因为引脚复用是由硬件定义的，所以其与电子产品的设计相关。根据应用的需求，硬件设计师和软件工程师必须首先确定 PIO 接口的 I/O 引脚配置。如果一个 I/O 引脚只用作通用 I/O 引脚，即不与任何外部设备联系，那么可以操作 PIO 控制寄存器，控制驱动 I/O 引脚或获取 I/O 引脚的状态。此时，访问该引脚所复用的外部设备是无效的。

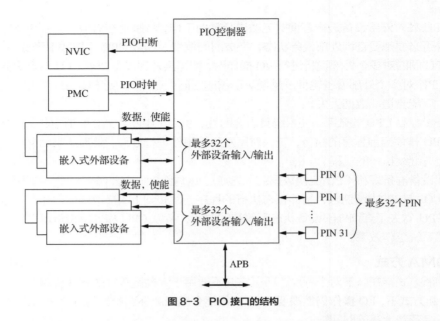

图 8-3 PIO 接口的结构

PIO 接口具备功耗管理功能，可以通过功耗管理控制寄存器（Power Manageble Component，PMC）来节省能耗，即调节 PIO 控制寄存器的工作时钟频率。当设置 PIO 接口中的任何寄存器时，不需要使能 PIO 控制寄存器的工作时钟。但是，一旦禁用 PIO 控制寄存器的工作时钟，PIO 控制寄存器的任何功能并非均可用，比如干扰滤波器、输入跳变中断、中断类型和读取引脚电平。当微处理器复位时，PIO 控制寄存器的工作时钟默认是被禁用的。因此，若要获取输入引脚的信息，则必须首先配置功耗管理控制寄存器，使能 PIO 控制寄存器的工作时钟。

PIO 控制寄存器连接到嵌套向量中断控制寄存器（Nested Vectored Interrupt Controller，NVIC）中的一个中断源上。如果想使用 PIO 接口的中断功能，那么应当在使用 PIO 控制寄存器之前，首先对 NVIC 进行编程。需要注意的是，只有使能 PIO 控制寄存器的工作时钟，才能产生 PIO 控制寄存器中断。

8.3 PIO 接口的基本功能

PIO 控制寄存器最多可管理 32 个完全可编程 I/O 引脚，与 I/O 引脚相关的控制逻辑如图 8-4 所示。

各 I/O 引脚的控制逻辑相同。因此，在图 8-4 中仅仅展示了一个 I/O 引脚的控制逻辑，即仅表示了 32 个 I/O 引脚中的一个 I/O 引脚。每个 I/O 引脚都包含一个内嵌的上拉电阻器，可通过上拉电阻器使能寄存器（PIO_PUER）和上拉电阻器禁用寄存器（PIO_PUDR）使能和禁用上拉电阻器。一旦设置这两个寄存器，将会置位或复位上拉状态寄存器（PIO_PUSR）中对应的位。若 PIO_PUSR 某一位的值为 1，则表示禁用对应 I/O 引脚的上拉电阻器。否则，表示使能对应 I/O 引脚的上拉电阻器。无论如何配置 I/O 引脚，都不会对上拉电阻器的控制造成影响。当微处理器复位时，使能所有 I/O 引脚的上拉电阻器，即 PIO_PUSR 的复位值为 0。

若一个 I/O 引脚用作外部设备，则可以通过 PIO 使能寄存器（PIO_PER）和 PIO 禁用寄存器（PIO_PDR）来选择复用功能。查询 I/O 引脚的复用功能，可以通过 PIO 状态寄存器（PIO_PSR）实现。若 PIO_PSR 某一位的值为 0，则表示对应 I/O 引脚的复用功能由外部设备 AB 选择寄存器（PIO_ABSR）来决定。否则，表示对应 I/O 引脚用作通用 I/O 引脚，并由 PIO 控制寄存器来控制。

当微处理器复位后，大多数 I/O 引脚是由 PIO 控制寄存器控制的，即 PIO_PSR 对应位的复位值为 1。但是，在某些情况下，I/O 引脚复位后必须由外部设备控制。例如，存储器芯片的片选引脚在复位后，必须为低电平状态，为从外部存储器启动提供条件。因此，PIO_PSR 的复位值应当根据设备复用情况，在电子产品设计阶段进行定义。

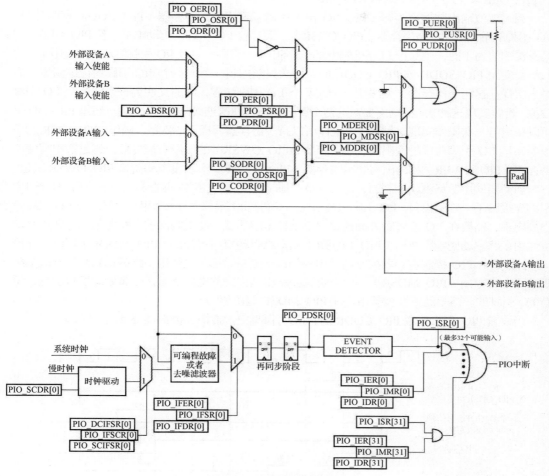

图 8-4 I/O 引脚控制逻辑

I/O 引脚最多可以复用两个外部设备功能，可以通过外部设备 AB 选择寄存器（PIO_ABSR）来选择外部设备 A 或者外部设备 B。若 PIO_ABSR 某一位的值为 0，则表示对应 I/O 引脚用作外部设备 A。否则，表示对应 I/O 引脚用作外部设备 B。I/O 引脚用作外部设备 A 或者外部设备 B，只能影响 I/O 引脚的输出线路。这是因为外部设备的输入线路总是与输入引脚相连。当微处理器复位后，PIO_ABSR 初值为 0，即所有 I/O 引脚都选择外部设备 A。因为 PIO 控制寄存器复位时，I/O 引脚默认用作通用 I/O 引脚，所以外部设备 A 通常不能工作。当设置 PIO_ABSR 时，可管理引脚的外部设备功能，这与 I/O 引脚的配置无关。但是，一旦将某个 I/O 引脚配置为某个外部设备，除了设置 PIO_PDR 外，还需要设置 PIO_ABSR。

8.3.1 输出控制

当 I/O 引脚使用外部设备时，即 PIO_PSR 对应位的值为 0，I/O 引脚的驱动由外部设备控制。PIO_ABSR 的值用来选择外部设备 A 或外部设备 B 来驱动引脚。

当 I/O 引脚由 PIO 控制寄存器控制时，通过设置 PIO_OER 和 PIO_ODR 来控制引脚是否驱动。通过 PIO_OSR，可以查看设置结果。当某一位的值为 0 时，相应的 I/O 引脚只用作输入引脚；为 1 时，相应的 I/O 引脚由 PIO 控制寄存器驱动。无论如何配置 I/O 引脚，都可以通过设置 PIO_OER 和 PIO_ODR 影响 PIO_OSR。

通过置位输出数据寄存器（PIO_SODR）和清零输出数据寄存器（PIO_CODR）可以影响 I/O 引脚的输出数据状态寄存器（PIO_ODSR），即对应 I/O 引脚的驱动电平。若 PIO_ODSR 的某一位的值为 1 时，则对应 I/O 引脚驱动输出高电平。否则，对应 I/O 引脚驱动输出低电平。

当使用 PIO_SODR 或 PIO_CODR 时，每次只能控制一个或多个 PIO 引脚置位或清零。通过一次操作这两个寄存器，无法使一个或多个 I/O 引脚清零，同时又使另一个或多个 I/O 引脚置位。若要实现这种功能，则需要对这两个寄存器进行两次连续的操作。但是，通过 PIO_ODSR 可以只进行一次操作实现这种功能，这样可以减少寄存器写操作的次数。操作 PIO_ODSR 的前提条件是 I/O 引脚对应的输出写状态寄存器（PIO_OWSR）的位没有被屏蔽。通过输出写使能寄存器（PIO_OWER）和输出写禁用寄存器（PIO_OWDR）可以设置和清除 PIO_OWSR 的位。

当需要使用多路驱动控制时，每个 I/O 引脚都能够被设置为开漏模式，进而可以使能 I/O 引脚连接若干个外部设备。I/O 引脚只能被每一个外部设备驱动为低电平。为了保证 I/O 引脚输出高电平，需要在 I/O 引脚的外面连接一个上拉电阻器或者使能内部的上拉电阻器。多路驱动特性由多路驱动使能寄存器（PIO_MDER）和多路驱动禁用寄存器（PIO_MDDR）控制，无论 I/O 引脚是由 PIO 控制寄存器控制还是由外部设备控制，都可以使用多路驱动功能。读取多路驱动状态寄存器（PIO_MDSR），可以查询多路驱动引脚的电平状态。当微处理器复位后，所有 I/O 引脚的多路驱动特性被禁用，即 PIO_MDSR 复位值为 0。

当设置 PIO_SODR 或 PIO_CODR 时，I/O 引脚输出的时序图如图 8-5 所示。

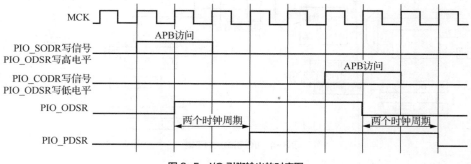

图 8-5　I/O 引脚输出的时序图

8.3.2　输入控制

引脚数据状态寄存器（PIO_PDSR）的值由 I/O 引脚上的电平决定。无论 I/O 引脚的功能是作为输入引脚、由 PIO 控制寄存器驱动的输出引脚，还是由外部设备驱动的输出引脚，I/O 引脚上的电平都由 PIO_PDSR 给出。如果要读取 I/O 引脚上的电平，就必须事先使能 PIO 控制寄存器的工作时钟。否则，读取到的电平值是 I/O 引脚以前的电平。

输入抗干扰滤波和去抖动滤波是 I/O 引脚具有的两种可选功能。每个 I/O 引脚可以独立使用这两种功能；分别操作 I/O 引脚时，它们彼此之间互不影响。输入抗干扰滤波器能够过滤掉持续时间少于 1/2 个主时钟周期（MSK）的干扰信号。去抖动滤波器能够过滤掉持续时间少于 1/2 个低速时钟周期的脉冲信号。输入抗干扰滤波器和去抖动滤波器的工作参数分别是由 PIO_SCIFSR 和 PIO_DIFSR 设置的。选择输入抗干扰滤波和去抖动滤波的功能是由 PIO_IFDGSR 设置的。若 PIO_IFDGSR 某一位的值为 0，则表示使能对应 I/O 引脚的输入抗干扰滤波功能。否则，表示使能对应 I/O 引脚的去抖动滤波功能。去抖动滤波器的低速时钟周期是由时钟分频器寄存器 PIO_SCDR 的 DIV 位设置的，即 Tdiv_slclk=((DIV+1)×2)×Tslow_clock。

当使能输入抗干扰滤波器或去抖动滤波器时，持续时间少于 1/2 个时钟周期的干预信号或脉冲将被自动丢弃，而持续时间大于或等于一个时钟周期的脉冲将被接收。但是，是否接收持续时间介于 1/2 个时钟周期和 1 个时钟周期之间的干预信号或脉冲，则是不确定的，接收与否取决于它们发生的精确时序。因此，1 个待接收的脉冲必须超过 1 个时钟周期，一个确定被过滤掉的干扰信号不能超过 1/2 个时钟周期。

当 I/O 引脚检测到一个边沿或电平时，PIO 控制寄存器可以产生一个中断。使能和禁用 I/O 引脚的中断功能，分别由中断使能寄存器（PIO_IER）和中断禁用寄存器（PIO_IDR）控制。设置 PIO_IER 或 PIO_IDR，将会影响中断屏蔽寄存器（PIO_IMR），致使 I/O 引脚的中断功能被使能或禁用。因此，通过设置 PIO_IMR，也可以使能和禁用 I/O 引脚的中断。因为检测 I/O 引脚上的输入信号跳变至少需要进行两次连续采样，所以必须先使能 PIO 控制寄存器的工作时钟，这样才能保证采样时间。

无论 I/O 引脚配置为输入引脚，还是由 PIO 控制寄存器驱动的输出引脚，抑或一个由外部设备驱动的输出引脚，都可以使用输入跳变中断。输入跳变中断的检测类型既可以是输入边沿中断，也可以是输入电平中断。输入跳变中断的检测类型也就是中断源的类型，包括以下几项。

- 上升沿检测。
- 下降沿检测。
- 低电平检测。
- 高电平检测。

设置中断类型使能寄存器（PIO_AIMER）和中断类型禁用寄存器（PIO_AIMDR），允许或禁止选择输入跳变中断的检测类型。通过读取中断类型屏蔽寄存器（PIO_AIMMR），可以查看当前选择的结果。

输入跳变中断的检测类型主要分为输入边沿中断和输入电平中断，分别由边沿选择寄存器（PIO_ESR）和电平选择寄存器（PIO_LSR）来控制。PIO_ESR 用来检测输入边沿中断类型，即选择下降沿和上升沿中断。PIO_LSR 用来检测输入电平中断类型，即选择低电平和高电平中断。当前选择的边沿类型和电平类型可以通过读取屏蔽中断类型寄存器（PIO_ELSR）来查看。

边沿类型和电平类型分别由下降沿/低电平选择寄存器（PIO_FELLSR）和上升沿/高电平选择寄存器（PIO_REHLSR）来控制。当前选择的中断类型可以通过读取中断类型状态寄存器（PIO_FRLHSR）来查看。

一旦检测到 I/O 引脚上出现边沿或者电平中断，中断状态寄存器（PIO_ISR）的对应位就会被置位。如果此时中断屏蔽寄存器（PIO_IMR）中的对应位也被置位，PIO 控制寄存器的中断线路将发出一个中断信号。PIO 控制寄存器的 32 个中断信号通道通过"线或"连接在一起，最终向 NVIC 产生一个中断信号。

当软件读取 PIO_ISR 后，所有中断标志都将被清除。也就是说，当读取 PIO_ISR 后，软件必须处理所有已挂起的中断。如果中断类型是电平触发，那么只要中断源还没有被清除，中断标志就会一直存在。

8.4 PIO 接口的寄存器描述

PIO 接口的每个 I/O 引脚都与 PIO 控制寄存器密切相关。PIO 控制寄存器的具体功能如表 8-1 所示。

表 8-1　PIO 控制寄存器的具体功能

偏移量	寄存器	名称	访问类型	复位值
0x0000	使能寄存器	PIO_PER	只写	
0x0004	禁用寄存器	PIO_PDR	只写	
0x0008	状态寄存器	PIO_PSR	只读	
0x000C	保留			
0x0010	输出使能寄存器	PIO_OER	只写	
0x0014	输出禁用寄存器	PIO_ODR	只写	
0x0018	输出状态寄存器	PIO_OSR	只读	0x0000 0000
0x001C~0x002C	保留			
0x0030	置位输出数据寄存器	PIO_SODR	只写	
0x0034	清零输出数据寄存器	PIO_CODR	只写	
0x0038	输出数据状态寄存器	PIO_ODSR	只读或读/写	
0x003C	引脚数据状态寄存器	PIO_PDSR	只读	
0x0040	中断使能寄存器	PIO_IER	只写	
0x0044	中断禁用寄存器	PIO_IDR	只写	
0x0048	中断屏蔽寄存器	PIO_IMR	只读	0x0000 0000
0x004C	中断状态寄存器	PIO_ISR	只读	0x0000 0000
0x0050	多路驱动使能寄存器	PIO_MDER	只写	
0x0054	多路驱动禁用寄存器	PIO_MDDR	只写	
0x0058	多路驱动状态寄存器	PIO_MDSR	只读	0x0000 0000
0x005C	保留			
0x0060	上拉电阻器禁用寄存器	PIO_PUDR	只写	
0x0064	上拉电阻器使能寄存器	PIO_PUER	只写	
0x0068	上拉电阻器状态寄存器	PIO_PUSR	只读	0x0000 0000
0x006C	保留			
0x0078	外部设备 AB 选择寄存器	PIO_ABSR	只读	0x0000 0000
0x007C	保留			
0x0080	输入抗干扰滤波寄存器	PIO_SCIFSR	只写	
0x0084	输入去抖动滤波寄存器	PIO_DIFSR	只写	
0x0088	输入滤波选择寄存器	PIO_IFDGSR	只读	0x0000 0000
0x008C	时钟分频器寄存器	PIO_SCDR	只读	0x0000 0000
0x0090~0x009C	保留			
0x00A0	输出写使能寄存器	PIO_OWER	只写	
0x00A4	输出写禁用寄存器	PIO_OWDR	只写	
0x00A8	输出写状态寄存器	PIO_OWSR	只读	0x0000 0000
0x00AC	保留			
0x00B0	中断类型使能寄存器	PIO_AIMER	只写	
0x00B4	中断类型禁用寄存器	PIO_AIMDR	只写	
0x00B8	中断类型屏蔽寄存器	PIO_AIMMR	只读	0x0000 0000
0x00BC	保留			
0x00C0	边沿选择寄存器	PIO_ESR	只写	
0x00C4	电平选择寄存器	PIO_LSR	只写	

偏移量	寄存器	名称	访问类型	复位值
0x00C8	边沿/电平状态寄存器	PIO_ELSR	只读	0x0000 0000
0x00CC	保留			
0x00D0	下降沿/低电平选择寄存器	PIO_FELLSR	只写	
0x00D4	上升沿/高电平选择寄存器	PIO_REHLSR	只写	
0x00D8	中断类型状态寄存器	PIO_FRLHSR	只读	0x0000 0000

PIO 控制寄存器都是 32 位，每一位对应一个引脚，用于控制相应引脚的对应功能。SAM3X8E 中的大多数 PIO 接口都含有 32 个引脚，也有部分 PIO 接口少于 32 个引脚。如果某个 I/O 引脚未定义，则设置 PIO 控制寄存器中的对应位无效。PIO 控制寄存器的结构描述如图 8-6 所示。

31	30	29	28	27	26	25	24
P31	P30	P29	P28	P27	P26	P25	P24

23	22	21	20	19	18	17	16
P23	P22	P21	P20	P19	P18	P17	P16

15	14	13	12	11	10	9	8
P15	P14	P13	P12	P11	P10	P9	P8

7	6	5	4	3	2	1	0
P7	P6	P5	P4	P3	P2	P1	P0

图 8-6　PIO 控制寄存器的结构描述

（1）PIO_PUER（上拉电阻器使能寄存器）

PIO_PUER 寄存器是一个只能"写"的寄存器，每一位对应一个引脚，对应位写 1 时，使能使用 I/O 引脚上的上拉电阻器。

（2）PIO_PUDR（上拉电阻器禁用寄存器）

PIO_PUDR 寄存器也是一个只能"写"的寄存器，每一位对应一个引脚，对应位写 1 时，禁用使用 I/O 引脚上的上拉电阻器。

（3）PIO_PUSR（上拉电阻器状态寄存器）

PIO_PUSR 寄存器是一个只能"读"的寄存器，每一位对应一个引脚，读取对应位的值为 0 时，表示 I/O 引脚上的上拉电阻器被使能使用；读取对应位的值为 1 时，I/O 引脚上的上拉电阻器被禁用使用。

（4）PIO_PER（使能寄存器）

PIO_PER 寄存器是一个只能"写"的寄存器，对应位写 1 时，只使能 PIO 控制寄存器对相应引脚的控制，禁止外部设备对引脚的控制。

（5）PIO_PDR（禁用寄存器）

PIO_PDR 寄存器是一个只能"写"的寄存器，对应位写 1 时，使能外部设备对相应引脚的控制，禁止 PIO 控制寄存器对引脚的控制。

（6）PIO_PSR（状态寄存器）

PIO_PSR 寄存器是一个只能"读"的寄存器，读取对应位的值为 0 时，PIO 不控制相应的引脚，外部设备处于有效状态；为 1 时，PIO 可控制相应的引脚，外部设备处于无效状态。

（7）PIO_ABSR（外部设备 AB 选择寄存器）

PIO_ABSR 寄存器的对应位为 0 时，I/O 引脚分配给外部设备 A；为 1 时，I/O 引脚分配给外部设备 B。

（8）PIO_OER（输出使能寄存器）

PIO_OER 寄存器是一个只使能"写"的寄存器，寄存器对应位写 1 时，使能使用 I/O 引脚的输出功能。

（9）PIO_ODR（输出禁用寄存器）

PIO_ODR 寄存器是一个只能"写"的寄存器，寄存器对应位写 1 时，禁止使用相应 I/O 引脚的输出功能。

（10）PIO_OSR（输出状态寄存器）

PIO_OSR 寄存器是一个只能"读"的寄存器，读取对应位的值为 0 时，I/O 引脚仅用于输入；读取对应位的值为 1 时，使能使用 I/O 引脚的输出功能。

（11）PIO_SODR（置位输出数据寄存器）

PIO_SODR 寄存器是一个只能"写"的寄存器，用于将输出数据置位。寄存器对应位写 1 时，置位输出到 I/O 引脚上的数据。

（12）PIO_CODR（清零输出数据寄存器）

PIO_CODR 寄存器是一个只能"写"的寄存器，用于将输出数据清零。寄存器对应位写 1 时，清除输出到 I/O 引脚上的数据。

（13）PIO_ODSR（输出数据状态寄存器）

PIO_ODSR 寄存器的访问方式为只"读"或"读/写"，用于读取和设置输出数据的状态。寄存器对应位为 0 时，输出到 I/O 引脚上的数据为 0；对应位为 1 时，输出到 I/O 引脚上的数据为 1。PIO_ODSR 寄存器的"写"功能由 PIO_OWER 寄存器来控制。

（14）PIO_OWER（输出写使能寄存器）

PIO_OWER 寄存器是一个只能"写"的寄存器，用于使能 PIO_ODSR 寄存器对应位的"写"功能，置位 PIO_OWER 寄存器的对应位时，使能使用 PIO_ODSR 寄存器相应 I/O 引脚的"写"功能。

（15）PIO_OWDR（输出写禁止寄存器）

PIO_OWDR 寄存器是一个只能"写"的寄存器，用于禁止 I/O 引脚写功能。设置 PIO_OWDR 寄存器对应位为 1 时，相应 I/O 引脚禁止写 PIO_ODSR 寄存器。

（16）PIO_OWSR（输出写状态寄存器）

PIO_OWSR 寄存器是一个只能"读"的寄存器，用于输出引脚的写状态。读取 PIO_OWSR 寄存器对应位的值为 0 时，设置 PIO_ODSR 寄存器不会影响 I/O 引脚；读取 PIO_OWSR 寄存器对应位的值为 1 时，设置 PIO_ODSR 寄存器会影响 I/O 引脚。

（17）PIO_MDER（PIO 多路驱动使能寄存器）

PIO_MDER 寄存器是一个只能"写"的寄存器，用于控制引脚的多路驱动功能。写 PIO_MDER 寄存器对应位的值为 1 时，使能 I/O 引脚上的多路驱动。

（18）PIO_MDDR（多路驱动禁用寄存器）

PIO_MDDR 寄存器是一个只能"写"的寄存器，用于禁止引脚的多路驱动功能。写 PIO_MDDR 寄存器对应位的值为 1 时，禁止 I/O 引脚上的多路驱动。

（19）PIO_MDSR（多路驱动状态寄存器）

PIO_MDSR 寄存器是一个只能"读"的寄存器，读取 PIO_MDSR 寄存器对应位的值为 0 时，I/O 引脚上的多路驱动被禁用使用，引脚可以被驱动为高电平或低电平；读取 PIO_MDSR 寄存器对应位的值为 1 时，I/O 引脚上的多路驱动被使能使用，引脚只能被驱动为低电平。

（20）PIO_PDSR（引脚数据状态寄存器）

PIO_PDSR 寄存器是一个只能"读"的寄存器，读取 PIO_PDSR 寄存器可以获取输出数据状态。对应位读取值为 0 时，I/O 引脚上的数据为 0；对应位读取值为 1 时，I/O 引脚上的数据为 1。

（21）PIO_SCIFSR（输入抗干扰滤波寄存器）

PIO_SCIFSR 寄存器是一个只能"写"的寄存器，用于系统时钟抗干扰滤波的选择。对应位为 0 时无效；对应位写 1 时，抗干扰滤波器能够过滤持续时间小于 Tmck/2 的干扰脉冲。

（22）PIO_DIFSR（输入去抖动滤波寄存器）

PIO_DIFSR 寄存器是一个只能"写"的寄存器，用于去抖动滤波的选择。对应位的值为 0 时无效；对应位写 1 时，去抖动滤波器能够过滤持续时间小于 Tdiv_slclk/2 的脉冲。

（23）PIO_IFDGSR（输入滤波选择寄存器）

PIO_IFDGSR 寄存器是一个只能"读"的寄存器，用于读取抗干扰或去抖动滤波器选择的状态。读取对应位的值为 0 时，干扰滤波器能够过滤持续时间小于 Tmck/2 的干扰脉冲；读取对应位的值为 1 时，去抖动滤波器能够过滤持续时间小于 Tdiv_slclk/2 的脉冲。

（24）PIO_SCDR（时钟分频寄存器）

PIO_SCDR 寄存器是一个 32 位寄存器，只使用了最低 14 位，用于设置分频数，寄存器结构如图 8-7 所示。

31	30	29	28	27	26	25	24
–	–	–	–	–	–	–	–

23	22	21	20	19	18	17	16
–	–	–	–	–	–	–	–

15	14	13	12	11	10	9	8
–	–	DIV13	DIV12	DIV11	DIV10	DIV9	DIV8

7	6	5	4	3	2	1	0
DIV7	DIV6	DIV5	DIV4	DIV3	DIV2	DIV1	DIV0

图 8-7　PIO_SCDR 寄存器结构

寄存器中的 DIV 域表示要消除的杂波的频率。去抖动滤波器的分频低速时钟周期 $Tdiv\_slclk=2\times(DIV+1)\times Tslow\_clock$。

（25）PIO_IER（中断使能寄存器）

PIO_IER 寄存器是一个只能"写"的寄存器，用于使能中断。对应位的值为 0 时无效；对应位写 1 时，使能 I/O 引脚上的输入跳变中断，可以边沿触发中断或电平触发中断。

（26）PIO_IDR（中断禁用寄存器）

PIO_IDR 寄存器是一个只能"写"的寄存器，用于禁止输入跳变中断。对应位的值为 0 时无效；对应位写 1 时，禁止 I/O 引脚上的输入跳变中断。

（27）PIO_IMR（PIO 控制器中断屏蔽寄存器）

PIO_IER 寄存器是一个只能"读"的寄存器，用于输入跳变中断的屏蔽。读取对应位的值为 0 时，I/O 引脚上的输入跳变中断被禁止；读取对应位的值为 1 时，I/O 引脚上的输入跳变中断使能。

（28）PIO_ISR（中断状态寄存器）

PIO_ISR 寄存器是一个只能"读"的寄存器，用于读取输入跳变中断状态。读取对应位的值为 0 时，表示自从上次读取 PIO_ISR 后或复位后，还没有检测到 I/O 引脚中断；读取对应位的值为 1 时，表示检测到 I/O 引脚有中断发生。有中断发生时，PIO_ISR 寄存器对应位置 1，如果 PIO_IMR 寄存器中的对应位也置位（中断使能），则发生 PIO 控制寄存器中断。软件读取 PIO_ISR 后，所有中断自动清除。

（29）PIO_AIMER（中断类型使能寄存器）

PIO_AIMER 寄存器是一个只能"写"的寄存器，用于使能其他中断类型。对应位写 0 时无效；对应位写 1 时，使能 PIO_ELSR 和 PIO_FRLHSR 寄存器设置中断源工作模式，这些模式包括上升沿/下降沿检测、低电平/高电平检测。

（30）PIO_AIMDR（中断类型禁用寄存器）

PIO_AIMDR 寄存器是一个只能"写"的寄存器，用于禁用中断类型。对应位写 0 时无效；对应位写 1 时，设置中断类型为默认的上升沿和下降沿双边沿中断类型。

（31）PIO_AIMMR（中断类型屏蔽寄存器）

PIO_AIMMR 寄存器是一个只能"读"的寄存器。读取对应位的值为 0 时，设置中断类型为默认的上升沿和下降沿双边沿中断类型；读取对应位的值为 1 时，中断类型设置为 PIO_ELSR 和 PIO_FRLHSR 寄存器设置的中断源工作模式。

（32）PIO_ESR（边沿选择寄存器）

PIO_ESR 寄存器是一个只能"写"的寄存器。写对应位为 0 时无效；写对应位为 1 时，中断源为边沿检测中断。

（33）PIO_LSR（电平选择寄存器）

PIO_LSR 寄存器是一个只能"写"的寄存器。写对应位为 0 时无效；写对应位为 1 时，中断源为电平检测中断。

（34）PIO_ELSR（边沿/电平状态寄存器）

PIO_ELSR 寄存器是一个只能"读"的寄存器，用于边沿/电平中断源的选择。读取对应位的值为 0 时，中断源为边沿检测中断；读取对应位的值为 1 时，中断源为电平检测中断。

（35）PIO_FELLSR（下降沿/低电平选择寄存器）

PIO_FELLSR 寄存器是一个只能"写"的寄存器，用于下降沿/低电平中断的选择。写对应位为 0 时无效；写对应位为 1 时，根据 PIO_ELSR 中断源设置为下降沿或低电平中断检测事件。

（36）PIO_REHLSR（上升沿/高电平选择寄存器）

PIO_REHLSR 寄存器是一个只能"写"的寄存器，用于上升沿/高电平中断的选择。写对应位为 0 时无效；写对应位为 1 时，根据 PIO_ELSR 中断源设置为上升沿或高电平中断检测事件。

（37）PIO_FRLHSR（中断类型状态寄存器）

PIO_FRLHSR 寄存器是一个只能"读"的寄存器，用于读取边沿/电平中断源的选择。读取对应位为 0 时，如果 PIO_ELSR=0，则中断源为下降沿检测，如果 PIO_ELSR=1，则中断源为低电平检测；读取对应位为 1 时，如果 PIO_ELSR=0，则中断源为上升沿检测，如果 PIO_ELSR=1，则中断源为高电平检测。

8.5　PIO 接口的输入/输出操作

8.5.1　PIO 接口的数据结构

在 sam3x8e.h 文件中定义了所有 PIO 接口的数据结构及其工作地址。下面以 PIO 接口 A（PIOA）为介绍对象，描述 PIO 接口的数据结构。数据结构如下：

```
#define PIOA        ((Pio    *)0x400E0E00U)
```

PIOA 的数据结构是 Pio，它的基地址是 0x400E0E00U。Pio 的数据结构在 component_pio.h 文件中定义，它的内容如下：

```
typedef struct {
    __O  uint32_t PIO_PER;
```

```c
    __O  uint32_t PIO_PDR;
    __I  uint32_t PIO_PSR;
    __I  uint32_t Reserved1[1];
    __O  uint32_t PIO_OER;
    __O  uint32_t PIO_ODR;
    __I  uint32_t PIO_OSR;
    __I  uint32_t Reserved2[1];
    __O  uint32_t PIO_IFER;
    __O  uint32_t PIO_IFDR;
    __I  uint32_t PIO_IFSR;
    __I  uint32_t Reserved3[1];
    __O  uint32_t PIO_SODR;
    __O  uint32_t PIO_CODR;
    __IO uint32_t PIO_ODSR;
    __I  uint32_t PIO_PDSR;
    __O  uint32_t PIO_IER;
    __O  uint32_t PIO_IDR;
    __I  uint32_t PIO_IMR;
    __I  uint32_t PIO_ISR;
    __O  uint32_t PIO_MDER;
    __O  uint32_t PIO_MDDR;
    __I  uint32_t PIO_MDSR;
    __I  uint32_t Reserved4[1];
    __O  uint32_t PIO_PUDR;
    __O  uint32_t PIO_PUER;
    __I  uint32_t PIO_PUSR;
    __I  uint32_t Reserved5[1];
    __IO uint32_t PIO_ABSR;
    __I  uint32_t Reserved6[3];
    __O  uint32_t PIO_SCIFSR;
    __O  uint32_t PIO_DIFSR;
    __I  uint32_t PIO_IFDGSR;
    __IO uint32_t PIO_SCDR;
    __I  uint32_t Reserved7[4];
    __O  uint32_t PIO_OWER;
    __O  uint32_t PIO_OWDR;
    __I  uint32_t PIO_OWSR;
    __I  uint32_t Reserved8[1];
    __O  uint32_t PIO_AIMER;
    __O  uint32_t PIO_AIMDR;
    __I  uint32_t PIO_AIMMR;
    __I  uint32_t Reserved9[1];
    __O  uint32_t PIO_ESR;
    __O  uint32_t PIO_LSR;
    __I  uint32_t PIO_ELSR;
    __I  uint32_t Reserved10[1];
    __O  uint32_t PIO_FELLSR;
    __O  uint32_t PIO_REHLSR;
    __I  uint32_t PIO_FRLHSR;
    __I  uint32_t Reserved11[1];
    __I  uint32_t PIO_LOCKSR;
    __IO uint32_t PIO_WPMR;
    __I  uint32_t PIO_WPSR;
} Pio;
```

8.5.2　PIO 接口的操作步骤

PIO 接口的操作步骤通常如下。

（1）设置 PIO 接口的方向和上拉电阻器等。

（2）设置 PIO 接口的时钟源，并使能工作时钟。

（3）执行 PIO 接口的输出控制和输入控制。

8.5.3　编程实验：键控灯

1. 实验目的

本实验要设计一种键控灯，通过查询按键状态的方式实现控制 LED 灯亮灭。在本实验开始前，先将 Arduino Due 开发板上的 Programming Port USB 接口与 USB 数据线相连，USB 数据线的另外一端与计算机相连。然后在 Arduino Due 开发板上的 JTAG 接口位置处，将 ULINK 2 仿真器的排线插入插槽，ULINK 2 仿真器另外一端的 USB 数据线与计算机相连。

2. 软件程序

本实验的软件程序如代码清单 8-1 所示。通过开发板上的 RESET 键复位微处理器，然后通过 KEY0 键控制 LED L 灯的亮灭。

代码清单 8-1　键控灯的程序代码

```
#include "sam3x8e.h"

//定义一个反映按键状态的全局变量
volatile char keystate = 0;
void SystemInit()
{
 //   Instance  |  ID  |  I/O Line  |  Arduino
 //--------------|--------|--------------|----------------
 //   KEY0  |  11  |  PA20  |  43
 //   LED L  |  12  |  PB27  |  13

 //1. 设置 LED L 对应的 I/O 引脚 PB27

 //禁止 PIOB 的写保护功能
 PIOB->PIO_WPMR = 0x50494F00;

 //设置 I/O 引脚 PB27 的功能为 I/O
 PIOB->PIO_PER = PIOB->PIO_PSR | 0x08000000;

 //设置 I/O 引脚 PB27 为输出 I/O 引脚
 PIOB->PIO_OER = 0x08000000;

 //使能 I/O 引脚 PB27 的上拉电阻器
 PIOB->PIO_PUER = 0x08000000;

 //设置 I/O 引脚 PB27 输出高电平
 PIOB->PIO_SODR = 0x08000000;

 //2. 设置 NVIC

 //禁用 PIOA 中断
```

```
    NVIC->ICER[0] = (0x1 << 11);

    //清除 PIOA 中断请求标志
    NVIC->ICPR[0] = (0x1 << 11);

    //使能 PIOA 中断
    NVIC->ISER[0] = (0x1 << 11);

    //设置 PIOA 中断优先级
    NVIC->IP[11] = 0x3;

    //3. 设置 KEY0 对应的 I/O 引脚 PA20
    //禁用 PMC 寄存器的写保护功能
    PMC->PMC_WPMR = 0x504D4300;

    //使能 PIOA 的外部设备时钟
    PMC->PMC_PCER0 = 0x00000800;

    //禁用 PIOA 的写保护功能
    PIOA->PIO_WPMR = 0x50494F00;

    //设置 I/O 引脚 PA20 的功能为 I/O
    PIOA->PIO_PER = PIOB->PIO_PSR | 0x00100000;

    //设置 I/O 引脚 PA20 为输入端口
    PIOA->PIO_ODR = 0x00100000;

    //禁用 I/O 引脚 PA20 的输入滤波功能
    PIOA->PIO_IFDR = 0x00100000;

    //设置中断触发模式: Both Edge
    PIOA->PIO_AIMDR = 0x00100000;

    //使能 I/O 引脚 PA20 的中断功能
    PIOA->PIO_IER = 0x00100000;
}

//按键中断处理服务函数
void PIOA_IRQHandler(void)
{

//读取中断标志后, 自动清除中断标志
if(PIOA->PIO_ISR & 0x00100000)
keystate= !keystate;
}

int main(void)
{
 while(1)
  {
    if(keystate)                        //按键后输入高电平
        PIOB->PIO_SODR = 0x08000000;    //输出高电平到 LED
  else                                  //按键后输入低电平
```

```
            PIOB->PIO_CODR = 0x08000000;//输出低电平到 LED
    }
}
```

思考与练习

1. CPU 与外部设备之间的数据传送控制方式有哪几种?
2. SAM3X8E PIO 接口中的 I/O 引脚具有哪些特征?
3. SAM3X8E PIO 接口中输出控制的主要特点是什么?
4. SAM3X8E PIO 接口中输入控制是如何去抖动的?

09 chapter

异常处理

正常程序执行过程中发生的意外事件，或者说由内部或外部产生的引起微处理器立即处理的紧急事件叫作异常，如复位、系统故障、外部设备中断等。当程序在正常执行时，每执行一条指令，PC 的值就会自动加一次指令的长度，并指向下一条指令，整个过程按顺序进行。而当异常发生时，系统执行完当前指令后，会跳转到相应的异常处理程序进行异常处理。处理完异常后，程序会返回原来的位置继续执行。此过程如图 9-1 所示。

异常改变了程序正常执行的顺序，是程序执行过程中的一种非正常状态。在进入异常处理程序时，要保存源程序的执行现场。在从异常处理程序退出时，要恢复源程序的执行现场。

Cortex-M3 微处理器支持多种类型的异常处理，微处

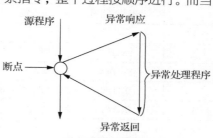

图 9-1　异常处理过程

理器和 NVIC 一起对所有异常按优先级进行排序处理，所有异常操作都在处理模式下进行。Cortex-M3 的异常处理具有以下特征。

（1）异常优先级可进行动态设置。可以使用最少 3 位（8 级优先级）、最多 8 位（256 级优先级）设置优先级。

（2）可配置 0~239 个外部中断源。

（3）处理模式和线程模式具有各自独立的堆栈。

（4）进入/退出异常时自动进行状态的保存和恢复，不需要使用多余的指令。

（5）可自动读取异常向量表中的向量地址，并与状态保存操作同时进行。

（6）新增了末尾连锁（Tail-Chaining）机制来处理背对背中断。

（7）Cortex-M3 和 NVIC 之间使用紧耦合接口，会对晚到的高优先级异常进行及时处理。

9.1　异常类型

Cortex-M3 在内核中构建了一个异常响应系统，支持大量的系统异常和外部中断。每个异常都有一个唯一的异常号，0~15 号异常对应系统异常，其中有 6 个为保留项（异常 0、异常 7~10、异常 13），现在可使用的系统异常共有 10 个。异常编号大于或等于 16 对应外部中断，最多可支持 240 个外部中断。具体使用 240 个外部中断中的哪些，则由芯片生产商决定，大多数基于 Cortex-M3 的微处理器支持 16~32 个中断。

Cortex-M3 所支持的异常类型如表 9-1 所示。

表 9-1　Cortex-M3 所支持的异常类型

异常号	异常类型	优先级	含义
0			无异常运行
1	复位	-3（最高）	上电和热复位时调用。在执行第 1 条指令时，优先级将降为最低
2	NMI	-2	不会被复位之外的任何异常中止或抢占
3	硬错误	-1	当错误由于优先级或可配置的错误处理程序被禁止而无法激活时，这些错误都会成为硬错误
4	存储器管理错误	可设置	MPU 访问冲突或不匹配； MPU 不存在或不可用； 试图在非执行区进行取指操作
5	总线错误	可设置	从总线系统收到的错误信息，其中包括指令预取中止、数据预取中止、中断处理时堆栈操作错误等
6	用法错误	可设置	由于程序错误而产生的异常，如执行未定义的指令、试图进行非法的状态转换等
7~10			保留
11	SVCall	可设置	执行系统服务调用指令 SVC 时引发的 SVCall 异常
12	调试监控器	可设置	调试监控器引发的异常，如断点、数据观察点、外部调试请求等
13			保留
14	PendSV	可设置	可挂起系统设备请求引发的异常
15	SysTick	可设置	系统滴答定时器（SysTick 定时器）引发的异常
16	IRQ #0	可设置	外部中断 0
17	IRQ #1	可设置	外部中断 1
……	……	……	……
255	IRQ #239	可设置	外部中断 239

表 8-1 中的"异常号"除了表示给异常定义的编号外，还表示异常的向量存储地址与向量表入口地址的字偏移量。在"优先级"列中，数字越小代表优先级越高，复位异常的优先级最高。

如果一个已经发生的异常不能被立即响应，就称为异常"挂起"。除了少数异常（如复位异常）不能被挂起外，其他异常都可以被挂起。当某个异常被挂起时，使用状态寄存器保存其异常请求，即使异常源释放了请求信号，曾经的异常请求也不会丢失。

1. 复位

当微处理器的复位引脚有效时，产生复位异常，无论当前执行什么程序，都会跳转到复位异常处理程序位置执行。复位异常主要发生在以下情况。

（1）系统上电时。

（2）系统复位时。

（3）软复位，通过指令跳转到复位向量地址处。

2. NMI

NMI 一旦提出请求，CPU 必须无条件响应，即不会被复位之外的任何异常中止或抢占。

3. 存储器管理错误

存储器管理错误异常的发生很多情况下与 MPU 有关，例如违反了 MPU 设置的保护规则。除此之外，对存储器的错误使用也会引发存储器管理错误异常。导致存储器管理错误异常的原因有以下几点。

（1）违反 MPU 设置的规则。

（2）访问了没有存储器相对应的空地址。

（3）写数据到只读存储区。

（4）用户级下的指令访问了特权级下才能访问的存储单元。

当存储器管理错误异常发生，并处于使能状态，而且没有更高优先级的异常正在被服务时，执行存储器管理错误异常处理程序。如果存储器管理错误异常发生时，还有更高优先级的异常同时发生，则微处理器会先处理高优先级的异常，而将存储器管理错误异常挂起，待高优先级异常处理结束后，再处理存储器管理错误异常。

存储器管理错误异常发生后如果不能被处理，就会上升为硬错误异常，最终将执行硬错误异常的处理程序。存储器管理错误异常不被处理的原因有以下两种。

（1）为执行同级或更高优先级异常处理程序引发的存储器管理错误异常。

（2）存储器管理错误异常被禁止。

NVIC 中内置一个存储器管理错误状态寄存器 MFSR，其中给出了发生异常的原因，如表 9-2 所示。

表 9-2　存储器管理错误状态寄存器 MFSR

位	位名称	含义
[7]	MMARVALID	1：允许读取存储器管理地址寄存器获得发生异常的相关地址
[6:5]	保留	
[4]	MSTKERR	1：入栈时发生错误
[3]	MUNSTKERR	1：出栈时发生错误
[2]	保留	
[1]	DACCVIOL	1：数据访问时发生错误
[0]	IACCVIOL	1：取指访问时发生错误

MFSR 寄存器是一个 8 位寄存器，可以字或字节为单位进行读取。当以字为单位进行读取时，只有最低位字节有效。MFSR 和后面要介绍的其他错误状态寄存器都是通过向对应位写 1 的方式来清零的。

存储器管理地址寄存器 MMAR 记录触发存储器管理错误时访问的具体地址，如表 9-3 所示。

表 9-3　存储器管理地址寄存器 MMAR

位	位名称	含义
[31:0]	MMAR	触发存储器管理错误的相关地址

4．总线错误

总线错误是指从总线系统收到的错误信息，其中包括指令预取中止、数据预取中止、中断处理时堆栈操作错误，即取指、数据读写、取中断向量、进入/退出中断时寄存器堆栈操作（入栈/出栈）检测到的内存访问错误。

当微处理器在 AHB 总线上传送数据时发出了错误信号，就会产生总线错误异常。总线错误异常发生的原因有以下几点。

（1）设备没有做好传送数据的准备。

（2）设备不能接收所传送的数据。

（3）传送数据的大小与目标设备的要求不匹配。

如果在压栈过程中发生总线错误，称为"入栈错误"；如果在出栈过程中发生总线错误，称为"出栈错误"；如果在取指的过程中发生了总线错误，通常称为"指令预取中止"；如果在数据读写过程中发生了总线错误，称为"数据预取中止"，数据预取中止的发生还可以分为精确总线错误和不精确总线错误。

精确总线错误的出现是由最后一个执行的指令所引发的，这个出现错误的指令地址被自动压入堆栈中保存。例如，存储器读取过程中发生的总线错误总是精确的。

当不精确总线错误发生时，导致此错误的指令早已执行结束，无法知道具体是由哪条指令产生的错误。例如，写缓冲区的过程中发生的总线错误就是不精确的。

当上述总线错误发生时，且处于使能状态，同时没有更高优先级的异常发生，总线错误异常处理程序被执行。如果在检测到总线错误异常的同时还检测到更高优先级的异常，则总线错误异常被挂起。

总线错误异常和存储器管理错误异常一样，如果异常发生后不能被处理，就会上升为硬错误异常，最终将执行硬错误异常的处理程序。总线错误异常不能被处理的原因有以下两种。

（1）为执行同级或更高优先级异常处理程序引发的总线错误异常。

（2）总线错误异常被禁止。

NVIC 提供了一个总线错误状态寄存器 BFSR，通过该寄存器，可以查找出总线错误的原因，如表 9-4 所示。

表 9-4　总线错误状态寄存器 BFSR

位	位名称	含义
[7]	BFARVALID	1：允许读取总线错误地址寄存器获得发生异常的相关地址
[6:5]	保留	
[4]	STKERR	1：入栈时发生错误

位	位名称	含义
[3]	UNSTKERR	1：出栈时发生错误
[2]	IMPRECISERR	1：不精确的数据访问时发生错误
[1]	PRECISERR	1：精确的数据访问时发生错误
[0]	IBUSERR	1：取指时发生错误

总线错误状态寄存器是一个 8 位寄存器，可以以字为单位或字节为单位进行读取。当以字为单位进行读取时，只有最低位字节有效。

总线错误地址寄存器 BFAR 记录访问哪部分存储器时引发此总线错误，如表 9-5 所示。

表 9-5 总线错误地址寄存器 BFAR

位	位名称	含义
[31:0]	BFAR	触发总线错误的相关地址

5. 用法错误

触发用法错误异常的原因有以下几点。

（1）执行未定义指令。未定义指令就是微处理器不认识的指令，执行这样的指令时会触发用法错误异常。在用法错误异常处理程序中，可以实现当前未定义指令想完成的功能，即建立一个软件模拟器。使用这个方法可以扩展 Cortex-M3 的指令集。

（2）执行协处理器指令。Cortex-M3 并不支持协处理器指令，同理，通过用法错误异常处理程序可以模拟协处理器的功能，方便程序移植到支持协处理器的系统。

（3）进入 ARM 状态。Cortex-M3 不支持 ARM 状态，试图切换到 ARM 状态时会产生用法错误异常，利用此异常可以判断某个微处理器是否支持 ARM 状态。

（4）错误的异常返回。例如，在 LR 中存放了错误的异常返回地址、非法的异常返回指令、非法的上下文等。

（5）执行批量数据 Load/Store 指令时，地址没对齐。

（6）执行除数为 0 的除法。

当上述用法错误发生时，且处于使能状态，同时没有更高优先级的异常发生，用法错误异常处理程序被执行。如果在检测到用法错误异常的同时还检测到更高优先级的异常，则用法错误异常被挂起。

用法错误异常和总线错误异常、存储器管理错误异常一样，如果异常发生后不能被处理，就会上升为硬错误异常，最终将执行硬错误异常的处理程序。用法错误异常不能被处理的原因有以下两种。

（1）为执行同级或更高优先级异常处理程序引发的用法错误异常。

（2）用法错误异常被禁止。

在用法错误异常处理程序中，会将导致用法错误异常的指令的地址压入堆栈。NVIC 中有一个用法错误状态寄存器 UFSR，通过该寄存器，可以查找导致用法错误的原因，如表 9-6 所示。

表 9-6 用法错误状态寄存器 UFSR

位	位名称	含义
[9]	DIVBYZERO	1：执行除数为 0 的除法时发生错误
[8]	UNALIGNED	1：未对齐访问导致的错误

位	位名称	含义
[7:4]	保留	
[3]	NOCP	1：执行协处理器指令
[2]	INVPC	1：错误的异常返回
[1]	INVSTATE	1：试图切换到 ARM 状态
[0]	UNDEFINSTR	1：执行未定义的指令

UFSR 寄存器占用两个字节空间，可以字为单位或半字为单位进行读取。

6. 硬错误

硬错误异常发生的原因主要有以下几点。

（1）存储器管理错误、总线错误和用法错误无法处理，上升为硬错误。

（2）在异常发生时，读取异常向量表产生的总线错误上升为硬错误。

（3）部分调试事件可以引发硬错误异常，如 SVC 指令不能立即响应。

NVIC 提供了一个硬错误状态寄存器 HFSR，通过该寄存器，可以查找导致硬错误的原因，如表 9-7 所示。

表 9-7　硬错误状态寄存器 HFSR

位	位名称	含义
[31]	DEBUGEVT	1：因调试事件产生硬错误
[30]	FORCED	1：存储器管理错误/总线错误/用法错误上升的硬错误
[29:2]	保留	
[1]	VECTBL	1：读取异常向量时发生硬错误
[0]	保留	

如果硬错误异常不是由取异常向量和调试事件引发的，那么，硬错误异常处理程序还需要获取其他错误状态寄存器的值来判断是由什么引发的异常。

7. SVCall

SVCall 就是 SVC 调用（系统调用），用于安装有操作系统的软件开发，作用是产生系统函数的调用请求。例如，操作系统不允许用户程序直接访问外部设备，而要借助 SVC 调用的系统服务函数间接地访问外部设备。因此，当用户程序要访问外部设备时，只需要执行 SVCall 指令引发一个 SVCall 异常，在 SVCall 异常处理程序中调用相应的系统函数完成访问外部设备的功能即可。

通过 SVCall 异常调用系统函数给用户程序带来了很大方便，主要有以下几点。

（1）简化了用户程序的编写，很多功能可以通过调用系统函数完成。

（2）操作系统中的系统函数经过多次测试，比较健壮，从而使整个程序更加可靠。

（3）使用户程序无须在特权级下执行就可以完成特权功能。

（4）使用户程序与硬件无关。开发用户程序时，只需要知道如何进行系统调用完成相应的硬件操作，无须了解硬件的具体细节，简化了开发的难度，也有利于用户程序的移植。

SVCall 异常通过调用 SVC 指令触发，SVC 指令与早期 ARM 微处理器中的 SWI（Software Interrupt，软件中断）指令的功能相同。指令语法格式如下：

```
SVC     #imm_8                  ;16 位 Thumb-2 指令
```

#imm_8 是一个 8 位立即数，代表系统调用类型，即系统调用编号。在 SVCall 异常处理程序中使用此编号可获取具体的调用要求，从而调用相应的服务函数。例如：

```
SVC     #0x4                    ;调用 4 号系统函数
```

8. 调试监控器

由 Cortex-M3 微处理器调试监控器引发的异常，包括断点、数据观察点、外部调试请求等。

9. PendSV

PendSV 是可挂起的系统调用，和 SVCall 一起完成系统函数的调用。PendSV 与 SVCall 的主要区别是：SVCall 不能被挂起，必须得到立即响应，如果不能立即响应，就会上升为硬错误异常；而 PendSV 可以像普通中断一样被挂起，直到其他高优先级的异常处理完成后，才清除挂起并执行 PendSV 异常处理程序。

PendSV 异常的典型应用是多任务操作时的上下文切换。PendSV 异常会自动延迟上下文切换的请求，直到其他高优先级的异常处理完成。

10. SysTick

Cortex-M3 微处理器的 NVIC 中内嵌了一个 SysTick 定时器，可以产生操作系统工作所需的时钟信号，是操作系统工作的时基。SysTick 定时器能产生周期性的中断，Cortex-M3 把这个中断定义为 SysTick 异常。

SysTick 定时器的工作需要使用 4 个寄存器来控制。

（1）SysTick 控制与状态寄存器，如表 9-8 所示。

（2）SysTick 数据寄存器，如表 9-9 所示。

（3）SysTick 计数寄存器，如表 9-10 所示。

（4）SysTick 校准值寄存器，如表 9-11 所示。

表 9-8　SysTick 控制与状态寄存器

位	位名称	含义
[31:17]	保留	
[16]	COUNTFLAG	只读。从上次读取定时器开始，如果计数到 0，则置 1，读此位时清零
[15:3]	保留	
[2]	CLKSOURCE	1：内部时钟源；0：外部时钟源
[1]	TICKINT	1：向下计数到 0 触发 SysTick 异常； 0：向下计数到 0 不触发 SysTick 异常。 可以通过读 COUNTFLAG 位判断是否计数到 0
[0]	ENABLE	1：使能计数器； 0：禁用计数器

SysTick 定时器的时钟源可以使用内部时钟源（FCLK），也可以使用外部时钟源（STCLK），两者由 SysTick 控制与状态寄存器的[2]位 CLKSOURCE 来设置。其中外部时钟源由芯片厂商决定，不同厂商的产品之间时钟频率可能大不相同。

SysTick 控制与状态寄存器的[2]位 CLKSOURCE=1 时，内部计数器进行连续计数，当计数到 0 时，将 COUNTFLAG 位置 1，再根据 TICKINT 位的值选择是否触发 SysTick 异常，并再次装载计数值，重新开始下一次计数。CLKSOURCE=0 时禁止计数器连续计数。

表 9-9　SysTick 数据寄存器

位	位名称	含义
[31:24]	保留	
[23:0]	RELOAD	当计数器倒计数到 0 时，被重新装载的计数值

当计数器倒计数到 0 时，将 SysTick 数据寄存器的 RELOAD 值重新装载到计数器，是周期性计数的基准值。

表 9-10　SysTick 计数寄存器

位	位名称	含义
[31:24]	保留	
[23:0]	CURRENT	读取时返回当前计数器的计数值

SysTick 计数寄存器可以读取计数器当前的计数值。它有"写清除"的功能，向该寄存器写入任何值都可将其清零，因此修改时要特别小心。并且，将该寄存器清零还会使 SysTick 控制与状态寄存器的 COUNTFLAG 位清零。

表 9-11　SysTick 校准值寄存器

位	位名称	含义
[31]	NOREF	1：外部时钟源不可用； 0：外部时钟源可用
[30]	SKEW	1：校验值不是精确的 10ms； 0：校验值是精确的 10ms
[29:24]	保留	
[23:0]	TENMS	10ms 定时重装值，芯片厂商通过输入信号设置该值。 该值如为 0，无法使用校验功能

SysTick 校准值寄存器可以将 SysTick 定时器调节成任意所需的时钟频率。TENMS 值由芯片厂商通过输入信号设置，直接把 TENMS 值写入 SysTick 数据寄存器就能实现每 10ms 倒计数到 0 一次，并产生一次 SysTick 异常。如果需要其他 SysTick 异常周期，可以根据 TENMS 值进行比例计算。

如果 TENMS 值为 0，就无法使用校验功能，无法使用的原因可能是参考时钟是系统的一个未知输入或参考时钟可以动态调节。

9.2　异常优先级

微处理器运行时，如果多个异常同时发生，就必须按照先后次序逐一进行异常处理。在 Cortex-M3 中，通过给每个异常赋予相应的优先级来决定处理次序。优先级越小，优先等级越高，处理顺序越靠前。

9.2.1　优先级的定义

复位（-3）、NMI（-2）和硬错误（-1）这 3 个系统异常具有固定不变的优先级，它们的优先级号是负数，高于其他异常。剩下所有异常的优先级号不能为负数，并且可以通过软件编程的方式进行设置（通过 8 位优先级配置寄存器进行设置）。可编程的优先级设置范围为 0~255，共 256 级，0 为最高可编程优先级，255 为最低可编程优先级。但是，大多数芯片厂商都会精简设计，使实际实现的优先级级数小于 256，如 8 级、16 级、32 级等。

为了能有效地对大量异常进行优先级的管理和控制，NVIC 提供了优先级配置寄存器。在优先级配置寄存器中为每个异常提供 8 位（1 字节），可以使用全部 8 位或最少 3 位来设置异常优先级，无论使用多少位都是以最高有效位对齐，例如只使用 3 位来设置优先级，如表 9-12 所示。

表 9-12 使用 3 位设置优先级

用于设置优先级			未使用				
bit7	bit6	bit5	bit4	bit3	bit2	bit1	bit0
0	0	0					
0	0	1					
0	1	0					
0	1	1					
1	0	0					
1	0	1					
1	1	0					
1	1	1					

在表 9-12 中，[4:0]位没有被使用，写这些位值被忽略，读这些位值始终为 0。[7:5]位用于设置优先级，一共可设置 2^3=8 个优先级。这 8 个优先级分别是：0x00、0x20、0x40、0x60、0x80、0xA0、0xC0 和 0xE0。

如果使用最高 4 位（[7:4]）来设置优先级，则一共可设置 2^4=16 个优先级。最多可使用全部 8 位，共设置 2^8=256 个优先级。

9.2.2 优先级分组

为了易于控制、方便管理，Cortex-M3 还进一步把优先级分为高低两组，分别称为主优先级和次优先级。NVIC 的应用程序中断及复位控制寄存器 AIRCR 的第[10:8]位用于设置主、次优先级的分组方法，如表 9-13 所示。

表 9-13 主次优先级分组方法

AIRCR [10:8]值	主优先级	次优先级	主优先级数量	次优先级数量
000	[7:1]	[0]	128	2
001	[7:2]	[1:0]	64	4
010	[7:3]	[2:0]	32	8
011	[7:4]	[3:0]	16	16
100	[7:5]	[4:0]	8	32
101	[7:6]	[5:0]	4	64
110	[7]	[6:0]	2	128
111	无	[7:0]（所有位）	0	256

主优先级的作用是抢占行为。当系统正在响应异常 A 时，更高主优先级的异常 B 被触发，

则主优先级高的异常 B 可以抢占异常 A。也就是说，异常 A 处理程序嵌套调用了异常 B 的处理程序，异常 B 先完成处理。

次优先级的作用是处理内务。当主优先级相同的异常同时被触发时，则最先响应次优先级最高的异常。

从表 9-12 可以看出，主优先级最多使用 7 个位，次优先级至少要有 1 位。因此，最多有 128 个主优先级。有一种极端情况，就是所有 8 位都代表次优先级，此时没有主优先级，因此，所有优先级可编程的异常都不会发出抢占行为，即它们的异常处理程序不能嵌套调用。

例 9-1：使用 3 位来设置优先级，AIRCR 寄存器[10:8]=0b101=0d5，则优先级划分如表 9-14 所示。

表 9-14　bit5 位置分组的优先级划分

bit7	bit6	bit5	bit4	bit3	bit2	bit1	bit0
主优先级		次优先级		未使用			

通过表 9-14 得知，一共划分了 4 个主优先级，每个主优先级中有两个次优先级。

9.3　异常向量表

异常向量指的是异常处理程序的入口地址。异常向量表是使用一张表来定义每个异常与其处理程序的对应关系。本质上异常向量表就是一个 32 位数组，每个数组位置（数组下标）对应一种异常，指定下标位置的数组元素值就是该异常的处理程序入口地址。也就是每个异常对应向量表的 4 字节空间，里面存放异常向量地址。上电后的异常向量表如表 9-15 所示。

表 9-15　异常向量表

异常号	异常类型	地址偏移量
0	MSP 初始值	0x00
1	复位	0x04
2	NMI	0x08
3	硬错误	0x0C
4	存储器管理错误	0x10
5	总线错误	0x14
6	用法错误	0x18
7～10		0x1C～0x28
11	SVCall	0x2C
12	调试监控器	0x30
13		0x34
14	PendSV	0x38
15	SysTick	0x3C
16	IRQ #0	0x40
17	IRQ #1	0x44

异常号	异常类型	地址偏移量
……	……	0x48～0x3F8
255	IRQ #239	0x3FC

表 9-15 中的地址偏移量指的是每个异常向量存放地址与向量表首地址的偏移量。举例说明，如果发生 PendSV 异常（14 号异常），则 NVIC 会计算出地址偏移量是 14×4=0x38，然后从 0x38 地址空间取出 PendSV 异常处理程序入口地址并跳转到这个地址执行异常处理程序。

0 号异常是保留的异常号，对应的向量表位置存放的是复位后主堆栈指针寄存器（MSP）的初始值。

默认情况下，异常向量表位于存储空间的 0 地址处，用于启动时的异常分配。此时，向量表中必须包含 4 个向量值。

（1）主堆栈指针的初始值。

（2）复位向量。

（3）NMI 向量。

（4）硬错误向量。

系统启动后，可以使用 NVIC 中的向量表偏移量寄存器 VTOR 来重新设置异常向量表在存储空间中的位置。VTOR 寄存器如表 9-16 所示。

表 9-16　向量表偏移量寄存器 VTOR

位	位名称	含义
[31:30]	保留	
[29]	TBLBASE	1：异常向量表位于 RAM 区。0：异常向量表位于 Code 区
[28:7]	TBLOFF	异常向量表起始地址
[6:0]	保留	

使用 VTOR 可以启动内存中的新向量表，从而实现向量可动态调整的功能。

9.4　异常处理过程

9.4.1　异常响应过程

当发生异常时，除了复位异常会立即中止所有工作外，微处理器尽量先完成当前指令，然后脱离当前的指令处理序列去处理异常。Cortex-M3 微处理器对异常的响应过程主要分为 3 个步骤。

（1）入栈。

（2）取向量。

（3）更新寄存器。

1. 入栈

响应异常时，首先要做的就是自动保存原有程序的执行现场，即依次把 PC、xPSR、LR、R12 和 R3～R0 由硬件自动压入堆栈中。如果被中止的程序使用的是 PSP，则这些寄存器自动压入进程堆栈；如果被中止的程序使用的是 MSP，则这些寄存器自动压入主堆栈。入栈的顺序和堆栈的变化如图 9-2 所示。

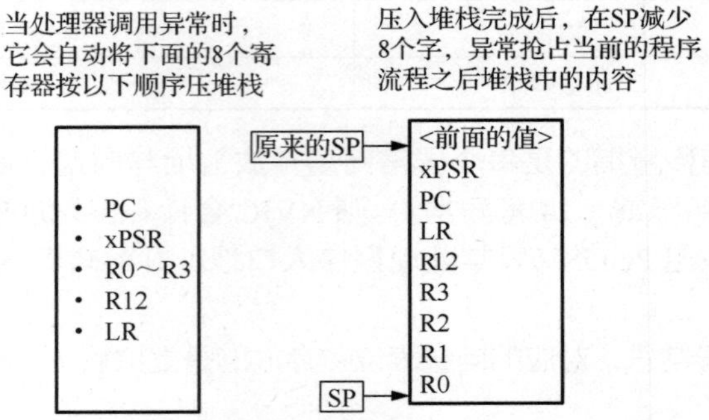

当处理器调用异常时，它会自动将下面的 8 个寄存器按以下顺序压堆栈

压入堆栈完成后，在 SP 减少 8 个字，异常抢占当前的程序流程之后堆栈中的内容

原来的 SP

| <前面的值> |
| xPSR |
| PC |
| LR |
| R12 |
| R3 |
| R2 |
| R1 |
| R0 |

- PC
- xPSR
- R0~R3
- R12
- LR

SP

图 9-2　异常响应入栈顺序

从图 9-2 可以看出，把寄存器压入堆栈的时间顺序与空间顺序并不是相对应的，微处理器会保证把正确的寄存器压入正确的地址上。先保存 xPSR 和 PC 的值，就可以开始进行异常处理程序的取指工作，同时也可以更新 xPSR 中 IPSR 位的值。

2．取向量

当系统数据总线对工作寄存器进行入栈时，指令总线正在进行取向量的工作。也就是从异常向量表中找到正确的异常向量，然后到异常向量对应的处理程序入口地址处预取指。可以看出，入栈使用数据总线，取向量使用指令总线，各自都有专门的总线互不冲突，入栈和取向量这两项工作可以同时进行。

3．更新寄存器

在入栈和取向量操作完成之后，执行异常处理程序第 1 条指令之前，还需要更新一系列的寄存器。

（1）SP：工作寄存器入栈后，更新 PSP 或 MSP。无论异常发生前使用什么堆栈，进入异常后始终使用 MSP。

（2）IPSR：更新 IPSR 的值为新响应的异常编号。

（3）PC：取向量完成后，更新 PC 为异常处理程序的入口地址。

（4）LR：更新 LR 的值为 EXC_RETURN。

EXC_RETURN 值用于记录异常返回的信息，如表 9-17 所示，在进入异常时由微处理器计算并赋给 LR，在异常返回时使用此值。

表 9-17　EXC_RETURN 值

位	含义
[31:4]	全为 1
[3]	1：异常返回后进入线程模式。 0：异常返回后进入处理模式
[2]	1：从进程堆栈做出栈操作，返回后使用进程堆栈。 0：从主堆栈做出栈操作，返回后使用主堆栈
[1]	保留位，此位必须为 0
[0]	1：返回 Thumb 状态。 0：返回 ARM 状态。 Cortex-M3 中此位必须为 1

高 28 位（[31:4]）是 EXC_RETURN 的标志，必须全部为 1，只有[3:0]的值有特殊含义。其中，[1]是保留位，固定为 0，并且 Cortex-M3 只能执行 Thumb-2 指令，处于 Thumb 状态即最低位[0]必须为 1。因此，只有 3 个合法的 EXC_RETURN 值，如表 9-18 所示。

表 9-18　合法的 EXC_RETURN 值

EXC_RETURN 值	最低 4 位值	含义
0xFFFFFFF1	0b0001	返回处理模式，使用 MSP（必须）
0xFFFFFFF9	0b1001	返回线程模式，使用 MSP
0xFFFFFFFD	0b1101	返回线程模式，使用 PSP

由于处理模式下必须使用 MSP，因此[3:0]≠0101。

除了上述寄存器，NVIC 中也会更新若干个相关寄存器。例如，新响应异常的挂起位会被清除，同时其激活位会被置 1。

9.4.2　异常处理返回过程

异常处理程序的最后一条指令必须是"异常返回"指令，执行异常返回指令可以恢复先前的微处理器状态，使被中断的程序得以继续执行。有些微处理器专门设计了只用于异常返回的指令，如 8051 的 RETI 指令，但 Cortex-M3 中并没有类似的专属指令，是使用常规指令来完成的。常用的异常返回指令有以下几条。

（1）BX 指令。

（2）将 PC 作为目的寄存器的 LDR 指令。

（3）出栈寄存器列表包括 PC 的 POP 指令。

（4）加载寄存器列表包括 PC 的 LDM 指令。

无论使用哪种指令进行异常的返回，只要异常处理程序把 EXC_RETURN 值写入 PC，就会启动异常返回序列。异常返回序列被启动后，将执行以下的返回操作。

（1）出栈。异常响应时入栈保存的寄存器出栈。出栈的顺序和入栈时的顺序相对应，堆栈指针的值也恢复到原来的值。

（2）更新 NVIC。对 NVIC 中相关的寄存器进行更新，如清除激活状态位。

9.4.3　特殊情况的处理

1．嵌套中断

每个中断都有自己的优先级，建立中断优先级的目的是实现中断的嵌套调用。Cortex-M3 内核以及 NVIC 内建了相应机制来支持中断嵌套，具体内容如下。

（1）Cortex-M3 内核和 NVIC 会根据优先级的设置来控制抢占行为和嵌套异常调用。因此，当某个异常正在响应时，只有高优先级的异常可以抢占它，其他优先级不高于它的异常或它自己都不能抢占。

（2）异常响应和返回都可以自动完成入栈和出栈工作，不必担心在异常发生嵌套时会使寄存器的数据损毁，从而可以放心地执行异常处理程序。

对于嵌套机制来说，只有高优先级的异常可以抢占低优先级异常的处理权，同级或低优先级的异常如果同时发生，会被挂起。对于同一个异常，只有上次异常处理程序执行结束后，才能继续响应新的请求。例如，在 SVCall 异常处理程序中不能执行 SVC 指令。

在嵌套中断发生前，需要计算主堆栈容量的最小安全值。因此所有异常处理程序执行过程中都使用主堆栈，每多一级嵌套至少要增加 8 个字的堆栈空间，随着嵌套级数的增加，主堆栈的压力增大。如果主堆栈的容量所剩无几，中断嵌套又突然增加，则主堆栈就有发生溢出的危险。主堆栈溢出是非常严重的错误，会使数据遭到破坏，异常无法返回，最终导致程序崩溃。

2．末尾连锁

末尾连锁是 Cortex-M3 用于加快异常处理的一种机制。它可以在两个连续发生的异常之间省去多余的入栈出栈操作，实现两个连续异常的背对背处理。

例如，有一个新的异常 B 比即将返回的异常 A 拥有更高的优先级，则 A 返回时的出栈操作、B 响应时的入栈操作被省略，直接执行 B 的处理程序，提高了异常处理效率。常规异常处理与末尾连锁异常处理对比如图 9-3 所示。

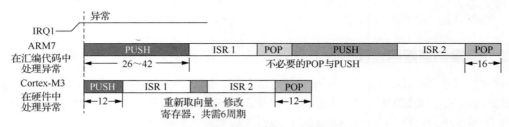

图 9-3　常规异常处理与末尾连锁异常处理对比

从图 9-3 可以看出，在常规异常处理过程中，同样的寄存器出栈后马上重新入栈，前后共执行了两次入栈、出栈操作。而采用末尾连锁机制的异常处理省去了中间的步骤，前后只执行了一次入栈和出栈操作。

3．晚到的高优先级异常

这是 Cortex-M3 用于加快异常抢占速度的一种机制。当微处理器对先前到达的高优先级异常刚开始响应，只进行了第一步（寄存器的入栈操作），此时如果有一个更高优先级的异常被触发，则微处理器会执行晚到的高优先级异常的处理程序。已经完成的入栈操作对于两个异常来说是完全相同的，不需要重新进行，如图 9-4 所示。

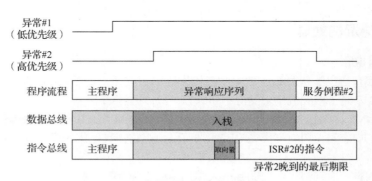

图 9-4　晚到的高优先级异常示例

从图 9-4 可以看出，在低优先级异常响应的早期，如果检测到了高优先级异常的发生，只要不是很晚，就能以"晚到"的方式来处理，不会因为晚到而受影响。如果高优先级的异常来得太晚，低优先级的异常已经开始执行处理程序，则按普通高优先级异常的抢占处理，低优先级 IRQ 嵌套调用高优先级 IRQ，此时需要更多的微处理器时间和更大的堆栈空间。

9.5　NVIC

　　NVIC 是 Cortex-M3 必不可少的一部分。NVIC 与 Cortex-M3 共同完成对异常的管理和响应。NVIC 内部除了包含控制寄存器和异常处理的控制逻辑外，还包含 MPU、SysTick 定时器和调试控制相关的寄存器，这些寄存器与存储器统一编址，以存储器映射的方式进行访问。

　　NVIC 支持 1～240 个外部中断请求（IRQ），具体的外部中断数目由芯片厂商在设计芯片时决定。芯片厂商在设计芯片时还要给出 NMI 的具体功能定义。NVIC 的访问地址从 0xE000E000 开始，除了软件中断外，所有中断控制寄存器、中断状态寄存器都必须在特权级下访问。但是，如果使能配置控制寄存器，可以在用户级下挂起中断，其他用户级的访问会导致总线故障。如无特殊声明，所有 NVIC 寄存器都可选择以字节、半字字节和单字字节为单位访问。

　　无论微处理器存储字节的顺序是什么，所有 NVIC 寄存器和系统调试寄存器都采用小端字节排列顺序，即低位字节存储在低地址。

　　为了使外部中断能高效完成任务，NVIC 为每个外部中断提供了以下寄存器。

　　（1）中断使能和中断禁用寄存器。

　　（2）中断挂起和中断挂起清除寄存器。

　　（3）优先级寄存器。

　　（4）活动状态寄存器。

　　除了上述寄存器，还有很多寄存器也是异常处理必不可少的配置寄存器，例如以下寄存器。

　　（1）软件触发中断寄存器。

　　（2）优先级分组寄存器。

　　（3）中断控制类型寄存器。

　　（4）系统微处理器控制与状态寄存器。

　　（5）配置控制寄存器。

　　此外，前文介绍的一些寄存器也对中断处理有重大影响，如 Cortex-M3 特殊功能寄存器、向量表偏移量寄存器等。

1.　中断的使能和禁用

　　Cortex-M3 提供了相应的寄存器分别对每个外部中断的使能和禁用进行控制，它们分别是：

　　（1）8 个中断使能寄存器 SETENA0～SETENA7；

　　（2）8 个中断禁用寄存器 CLRENA0～CLRENA7。

　　SETENA 和 CLRENA 寄存器的一个位对应一个中断。想要使能一个中断，需要往 SETENA 寄存器的对应位写 1；想要禁用一个中断，需要往 CLRENA 寄存器的对应位写 1。如果往这些寄存器中写 0，则视为无效。通过这种方式，可以实现对每个中断进行单独地设置，只需把想要使能或禁用的中断的位写 1，其他位可以全部写 0（写 0 无效），不必担心写 0 会破坏其对应的中断设置。

　　SETENA 寄存器组中的 8 个寄存器如表 9-19 所示。

表 9-19　SETENA 寄存器组

寄存器名	地址	类型	初始值	含义
SETENA0	0xE000E100	读写（R/W）	0x0000 0000	IRQ0～IRQ31 中断使能寄存器
SETENA1	0xE000E104	读写（R/W）	0x0000 0000	IRQ32～IRQ63 中断使能寄存器
SETENA2	0xE000E108	读写（R/W）	0x0000 0000	IRQ64～IRQ95 中断使能寄存器

寄存器名	地址	类型	初始值	含义
SETENA3	0xE000E10C	读写（R/W）	0x0000 0000	IRQ96～IRQ127 中断使能寄存器
SETENA4	0xE000E110	读写（R/W）	0x0000 0000	IRQ128～IRQ159 中断使能寄存器
SETENA5	0xE000E114	读写（R/W）	0x0000 0000	IRQ160～IRQ191 中断使能寄存器
SETENA6	0xE000E118	读写（R/W）	0x0000 0000	IRQ192～IRQ223 中断使能寄存器
SETENA7	0xE000E11C	读写（R/W）	0x0000 0000	IRQ224～IRQ239 中断使能寄存器

SETENA7 只使用了低 16 位，用来设置 IRQ224～IRQ239 的中断使能。以 SETENA0 为例介绍每个寄存器的各个位，如表 9-20 所示。

表 9-20　中断使能寄存器 SETENA0

位	位名称	含义
[31]	使能 IRQ31	1：使能中断 IRQ31。 0：没有使能中断 IRQ31
……	……	……
[0]	使能 IRQ0	1：使能中断 IRQ0。 0：没有使能中断 IRQ0

SETENA 寄存器的功能有两个。第 1 个功能是使能中断，第 2 个功能是查看当前已使能的中断有哪些。

CLRENA 寄存器组中的 8 个寄存器如表 9-21 所示。

表 9-21　CLRENA 寄存器组

寄存器名	地址	类型	初始值	含义
CLRENA0	0xE000E180	读写（R/W）	0x0000 0000	IRQ0～IRQ31 中断禁用寄存器
CLRENA1	0xE000E184	读写（R/W）	0x0000 0000	IRQ32～IRQ63 中断禁用寄存器
CLRENA2	0xE000E188	读写（R/W）	0x0000 0000	IRQ64～IRQ95 中断禁用寄存器
CLRENA3	0xE000E18C	读写（R/W）	0x0000 0000	IRQ96～IRQ127 中断禁用寄存器
CLRENA4	0xE000E190	读写（R/W）	0x0000 0000	IRQ128～IRQ159 中断禁用寄存器
CLRENA5	0xE000E194	读写（R/W）	0x0000 0000	IRQ160～IRQ191 中断禁用寄存器
CLRENA6	0xE000E198	读写（R/W）	0x0000 0000	IRQ192～IRQ223 中断禁用寄存器
CLRENA7	0xE000E19C	读写（R/W）	0x0000 0000	IRQ224～IRQ239 中断禁用寄存器

CLRENA 寄存器组的使用与 SETENA 寄存器组类似，CLRENA0 介绍如表 9-22 所示。

表 9-22　中断禁用寄存器 CLRENA0

位	位名称	含义
[31]	禁用 IRQ31	置 1：禁用中断 IRQ31。写 0：无效
……	……	……
[0]	禁用 IRQ0	置 1：禁用中断 IRQ0。写 0：无效

在特定的基于 Cortex-M3 的芯片中，只有该芯片定义的中断，其对应位才有意义。例如，一个芯片支持 64 个 IRQ，则只有 SETENA0、CLRENA0、SETENA1 和 CLRENA1 有效。

当已挂起中断的使能位置位时，根据优先级判断是否将其激活。相反，使能位清零时，虽然其中断信号有效并且已被挂起，但不管优先级如何，该中断都不能被激活。

2. 中断的挂起和清除

如果某一中断发生时，微处理器正在处理同级或高优先级的异常，或者此中断被屏蔽，则其不能立即得到响应，在这种情况下，此中断会自动被挂起。简单地说，中断挂起就是中断被触发，但是还没有响应。中断的挂起状态可以通过中断挂起寄存器来读取，也可以通过手动写入来强制挂起某个中断。当微处理器响应被挂起的中断时，需要使用中断挂起清除寄存器，把对应位置 1，从而清除此中断的挂起状态。

中断挂起寄存器组、中断挂起清除寄存器组与 SETENA 寄存器组、CLRENA 寄存器组类似，各有 8 个寄存器，每一个寄存器的一个位对应一个中断，如表 9-23 和表 9-24 所示。

表 9-23　中断挂起寄存器组

寄存器名	地址	类型	初始值	含义
SETPEND0	0xE000E200	读写（R/W）	0x0000 0000	IRQ0～IRQ31 中断挂起寄存器
SETPEND1	0xE000E204	读写（R/W）	0x0000 0000	IRQ32～IRQ63 中断挂起寄存器
SETPEND2	0xE000E208	读写（R/W）	0x0000 0000	IRQ64～IRQ95 中断挂起寄存器
SETPEND3	0xE000E20C	读写（R/W）	0x0000 0000	IRQ96～IRQ127 中断挂起寄存器
SETPEND4	0xE000E210	读写（R/W）	0x0000 0000	IRQ128～IRQ159 中断挂起寄存器
SETPEND5	0xE000E214	读写（R/W）	0x0000 0000	IRQ160～IRQ191 中断挂起寄存器
SETPEND6	0xE000E218	读写（R/W）	0x0000 0000	IRQ192～IRQ223 中断挂起寄存器
SETPEND7	0xE000E21C	读写（R/W）	0x0000 0000	IRQ224～IRQ239 中断挂起寄存器

读取中断挂起寄存器 SETPEND，可以查看当前哪些中断被挂起，也可向寄存器中写 1，来强制挂起中断。但向此寄存器中写 0 无意义。

表 9-24　中断挂起清除寄存器组

寄存器名	地址	类型	初始值	含义
CLRPEND0	0xE000E280	读写（R/W）	0x0000 0000	IRQ0～IRQ31 中断挂起清除寄存器
CLRPEND1	0xE000E284	读写（R/W）	0x0000 0000	IRQ32～IRQ63 中断挂起清除寄存器
CLRPEND2	0xE000E288	读写（R/W）	0x0000 0000	IRQ64～IRQ95 中断挂起清除寄存器
CLRPEND3	0xE000E28C	读写（R/W）	0x0000 0000	IRQ96～IRQ127 中断挂起清除寄存器
CLRPEND4	0xE000E290	读写（R/W）	0x0000 0000	IRQ128～IRQ159 中断挂起清除寄存器
CLRPEND5	0xE000E294	读写（R/W）	0x0000 0000	IRQ160～IRQ191 中断挂起清除寄存器
CLRPEND6	0xE000E298	读写（R/W）	0x0000 0000	IRQ192～IRQ223 中断挂起清除寄存器
CLRPEND7	0xE000E29C	读写（R/W）	0x0000 0000	IRQ224～IRQ239 中断挂起清除寄存器

向中断挂起清除寄存器 CLRPEND 写 1，可以将中断挂起寄存器对应位清零，如果中断已经被激活，再向 CLRPEND 对应位写 1 无意义，向 CLRPEND 对应位写 0 也无意义。

3. 中断的激活

中断的激活指的是中断的处理程序被执行，中断得到了响应。在激活状态寄存器组中，每个外部中断都有一个激活状态位，微处理器在执行 IRQ 的第 1 条指令后，把激活状态位置 1，直到 IRQ 执行结束时才把激活状态位通过硬件清零。由于 Cortex-M3 微处理器支持中断嵌套，允许高优先级的异常抢占低优先级异常的处理权，即使低优先级的 IRQ 被抢占，其激活状态位仍为 1。

激活状态寄存器组与中断使能寄存器组类似，如表 9-25 所示。

表 9-25　激活状态寄存器组

寄存器名	地址	类型	初始值	含义
ACTIVE0	0xE000E300	只读（R/O）	0x0000 0000	IRQ0～IRQ31 激活状态寄存器
ACTIVE1	0xE000E304	只读（R/O）	0x0000 0000	IRQ32～IRQ63 激活状态寄存器
ACTIVE2	0xE000E308	只读（R/O）	0x0000 0000	IRQ64～IRQ95 激活状态寄存器
ACTIVE3	0xE000E30C	只读（R/O）	0x0000 0000	IRQ96～IRQ127 激活状态寄存器
ACTIVE4	0xE000E310	只读（R/O）	0x0000 0000	IRQ128～IRQ159 激活状态寄存器
ACTIVE5	0xE000E314	只读（R/O）	0x0000 0000	IRQ160～IRQ191 激活状态寄存器
ACTIVE6	0xE000E318	只读（R/O）	0x0000 0000	IRQ192～IRQ223 激活状态寄存器
ACTIVE7	0xE000E31C	只读（R/O）	0x0000 0000	IRQ224～IRQ239 激活状态寄存器

激活状态寄存器是只读寄存器。进入 IRQ 时会自动置 1，从 IRQ 返回时会自动清零。

4．系统异常的配置管理

存储器管理错误异常、总线错误异常和用法错误异常都属于系统异常，它们的配置是使用系统微处理器控制与状态寄存器 SHCSR 来完成的，如表 9-26 所示。

表 9-26　系统微处理器控制与状态寄存器

位	位名称	含义
[31:19]	保留	
[18]	USGFAULTENA	1：使能用法错误异常。0：禁用用法错误异常
[17]	BUSFAULTENA	1：使能总线错误异常。0：禁用总线错误异常
[16]	MEMFAULTENA	1：使能存储器管理错误异常 0：禁用存储器管理错误异常
[15]	SVCALLPENDED	1：要开始执行 SVCall 处理程序时，被一个更高优先级异常抢占，从而 SVCall 异常被挂起
[14]	BUSFAULTPENDED	1：要开始执行总线错误处理程序时，被一个更高优先级异常抢占，从而总线错误异常被挂起
[13]	MEMFAULTPENDED	1：要开始执行存储器管理错误处理程序时，被一个更高优先级异常抢占，从而存储器管理错误异常被挂起
[12]	USGFAULTPENDED	1：要开始执行用法错误处理程序时，被一个更高优先级异常抢占，从而用法错误异常挂起
[11]	SYSTICKACT	1：SysTick 异常被激活
[10]	PENDSVACT	1：PendSV 异常被激活
[9]	保留	
[8]	MONITORACT	1：调试监控器异常被激活
[7]	SVCALLACT	1：SVCall 异常被激活
[6:4]	保留	
[3]	USGFAULTACT	1：用法错误异常被激活
[2]	保留	
[1]	BUSFAULTACT	1：总线错误异常被激活
[0]	MEMFAULTACT	1：存储器管理错误异常被激活

表 9-26 中的异常激活状态位是可写（W）的，对这些异常激活状态位的修改要特别注意，因为对这些位进行设置或清零会改变微处理器对异常活动的记录，却不会相应地修改堆栈中的数据，会造成数据混乱。还有，如果将异常激活状态位清零，微处理器会判断异常处理已经结束，但异常处理程序仍然会执行异常处理程序中的返回指令，此时微处理器认为是错误的返回，从而产生一个错误异常，通常是在一些特殊场合下由操作系统来修改此类问题。

部分系统异常还会用到中断控制及状态寄存器 ICSR，如表 9-27 所示，这个寄存器的主要功能如下。

（1）设置 NMI 的挂起。

（2）设置和清除 SVCall、SysTick 的挂起。

（3）查看是否有异常被挂起。

（4）查看优先级最高的被挂起异常的异常号。

（5）查看当前被激活的异常的异常号。

表 9-27　中断控制及状态寄存器

位	位名称	含义
[31]	NMIPENDSET	NMI 挂起设置位，1：设置挂起 NMI
[30:29]	保留	
[28]	PENDSVSET	PendSV 挂起设置位，1：设置挂起 PendSV。 读取此位可得到 PendSV 是否挂起的状态
[27]	PENDSVCLR	只写。PendSV 清除挂起位，1：清除挂起 PendSV
[26]	PENDSTSET	SysTick 挂起设置位，1：设置挂起 SysTick。 读取此位可得到 SysTick 是否挂起的状态
[25]	PENDSTCLR	只写。SysTick 清除挂起位，1：清除挂起 SysTick
[24]	保留	
[23]	ISRPREEMPT	只读。 1：已挂起中断将在下一个时钟周期有效。 用户单步执行调试
[22]	ISRPENDING	只读。中断挂起标志位，NMI 除外。 1：有外部中断被挂起。0：无外部中断被挂起
[21:12]	VECTPENDING	只读。已挂起最高优先级异常的异常号
[11]	RETTOBASE	只读。 1：异常返回后回到基本级，并且没有其他异常被挂起。 0：线程模式下有不止一级的异常处于激活状态，或者无异常被激活时执行了异常处理程序
[10]	保留	
[9:0]	VECTACTIVE	只读。当前被激活的异常的异常号

注：地址为 0xE000ED04，访问方式为 R/W 或 R，初始值为 0x0。

将 NMIPENDSET 位置 1 可以挂起 NMI，由于 NMI 是除了复位外最高优先级的异常，因此挂起后会立即被激活。

如果多个异常共用同一个处理程序，通过 VECTACTIVE 位的读取可以获得当前被激活的异常的异常号，包括 NMI。把 VECTACTIVE 位的值减去 16，就得到了被激活的外部中断的编号，使用此编号可以操作外部中断相关的寄存器。

5. 中断优先级的设置

中断优先级的作用及分组在 9.2 节已经介绍，一个中断具体是哪一级优先级由中断优先级寄存器 PRI 设置。每一个中断有一个中断优先级寄存器与之对应，每个中断优先级寄存器占用 8 位空间，可以全部或部分使用这 8 位空间，但至少要使用 3 位，采用最高位对齐方式。中断优先级寄存器组如表 9-28 所示。

表 9-28　中断优先级寄存器组

寄存器名	地址	类型	初始值	含义
PRI_0	0xE000E400	读写（R/W）	0x0000 0000	IRQ0 优先级寄存器
PRI_1	0xE000E401	读写（R/W）	0x0000 0000	IRQ1 优先级寄存器
……	……	……	……	……
PRI_239	0xE000E4EF	读写（R/W）	0x0000 0000	IRQ239 优先级寄存器

4 个相邻的中断优先级寄存器组成一个 32 位寄存器，如图 9-5 所示，可以按字节、半字或字来访问。

	31　　　　　24	23　　　　　16	15　　　　　8	7　　　　　0
E000E400	PRI_3	PRI_2	PRI_1	PRI_0
E000E404	PRI_7	PRI_6	PRI_5	PRI_4
E000E408	PRI_11	PRI_10	PRI_9	PRI_8
E000E40C	PRI_15	PRI_14	PRI_13	PRI_12
E000E410	PRI_19	PRI_18	PRI_17	PRI_16
E000E414	PRI_23	PRI_22	PRI_21	PRI_20
E000E418	PRI_27	PRI_26	PRI_25	PRI_24
E000E41C	PRI_31	PRI_30	PRI_29	PRI_28

图 9-5　中断优先级寄存器 0~31 的位分配

系统异常中除了复位、NMI 和硬错误异常的优先级是固定不变的，其他 7 个系统异常的优先级也是可设置的，可以使用系统异常优先级寄存器组来完成设置。系统异常优先级寄存器组如表 9-29 所示。

表 9-29　系统异常优先级寄存器组

寄存器名	地址	类型	初始值	含义
PRI_4	0xE000ED18	读写（R/W）	0x0000 0000	存储器管理错误优先级寄存器
PRI_5	0xE000ED19	读写（R/W）	0x0000 0000	总线错误优先级寄存器
PRI_6	0xE000ED1A	读写（R/W）	0x0000 0000	用法错误优先级寄存器
保留	0xE000ED1B	读写（R/W）		
保留	0xE000ED1C	读写（R/W）		
保留	0xE000ED1D	读写（R/W）		
保留	0xE000ED1E	读写（R/W）		

寄存器名	地址	类型	初始值	含义
PRI_11	0xE000ED1F	读写（R/W）	0x0000 0000	SVCall 优先级寄存器
PRI_12	0xE000ED20	读写（R/W）	0x0000 0000	调试监控器优先级寄存器
保留	0xE000ED21	读写（R/W）		
PRI_14	0xE000ED22	读写（R/W）	0x0000 0000	PendSV 优先级寄存器
PRI_15	0xE000ED23	读写（R/W）	0x0000 0000	SysTick 优先级寄存器

与中断优先级寄存器一样，每个系统异常优先级寄存器占用 8 位空间，4 个相邻的系统异常优先级寄存器组成一个 32 位寄存器，可以按字节、半字或字来访问。

除了可以使用上述寄存器对异常处理优先级进行设置，还可以使用应用中断与复位控制寄存器 AIRCR 对优先级进行分组。应用中断与复位控制寄存器如表 9-30 所示，它的功能如下。

（1）设置数据的字节顺序。

（2）清除所有有效状态信息，以便进行调试或从硬错误中恢复。

（3）执行系统复位。

（4）设置优先级分组位置。

表 9-30　应用中断与复位控制寄存器

位	位名称	含义
[31:16]	VECTKEY	注册码。对该寄存器进行写操作时要求向此位中写入 0x05FA，否则写操作被忽略。读取此位值为 0xFA05
[15]	ENDIANESS	数据字节顺序位（只读）。复位时由 BIGEND 引脚电平设置 1：大端。0：小端
[14:11]	保留	
[10:8]	PRIGROUP	优先级分组
[7:3]	保留	
[2]	SYSRESETREQ	请求芯片控制逻辑产生一次复位
[1]	VECTCLRACTIVE	清除有效向量位。 1：清除异常的活动状态信息。0：不清除
[0]	VECTRESET	系统复位位。 1：复位系统（调试逻辑除外）。0：不复位系统

6. 软件中断

软件中断是由编程人员手动编写程序产生的普通中断。特别简单的软件中断触发方法是编程使中断挂起寄存器 SETPEND 的对应位置 1。还有一种更简便的软件中断触发方法是通过使用软件触发中断寄存器 STIR 来完成。STIR 寄存器如表 9-31 所示。

表 9-31　STIR 寄存器

位	位名称	含义
[31:9]	保留	
[8:0]	INTID	中断号域

STIR 寄存器是一个不能读只能写的寄存器。使用 STIR 寄存器触发软件中断非常简单，即直接把想要触发的中断的编号写入寄存器的 INTID 域。例如，想要触发外部中断 6，则在 INTID 域写入 6，然后中断挂起寄存器 SETPEND0 的[6]位自动置 1，IRQ6 触发成功。

STIR 寄存器只能用于触发外部中断，系统异常无法用此方法触发。并且，默认情况下不允许在用户级手动修改 NVIC 中的任何寄存器。想要使用 STIR 寄存器触发外部中断必须先使配置控制寄存器的[1]（USERSETMPEND）位置 1。配置控制寄存器如表 9-32 所示，主要的功能如下。

（1）允许用户访问软件触发中断寄存器。
（2）捕获除数为 0 和访问未对齐用法错误异常。
（3）使 NMI、硬错误处理程序忽略数据总线故障。
（4）控制线程模式的进入。

表 9-32　配置控制寄存器

位	位名称	含义
[31:9]	保留	
[8]	BFHFNMIGN	1：NMI 和硬错误处理程序中忽略数据总线故障
[7:5]	保留	
[4]	DIV_0_TRP	1：除数为 0 时触发用法错误异常
[3]	UNALIGN_TRP	1：访问未对齐时触发用法错误异常
[2]	保留	
[1]	USERSETMPEND	1：允许用户级代码设置 STIR 寄存器来触发外部中断
[0]	NONEBASETHRDENA	1：允许异常处理程序修改异常返回值，使其在线程模式下运行

9.6　异常处理的基本操作

9.6.1　异常处理的数据结构

与 PIO 接口等外部设备不同，异常处理的数据结构是由 ARM 公司统一制定的。因为 SAM3X8E 采用了 Cortex-M3 内核，所以它内部的 NVIC 的数据结构是在 CMSIS 目录下面的 core_cm3.h 文件中定义的。NVIC 的数据结构及其工作地址如下：

```
#define SCS_BASE          (0xE000E000UL)
#define NVIC_BASE         (SCS_BASE + 0x0100UL)
#define NVIC         ((NVIC_Type    *)NVIC_BASE)
```

NVIC 的数据结构是 NVIC_Type，它的基地址是 0xE000E100UL。NVIC_Type 的数据结构也在 core_cm3.h 文件中定义，它的内容如下：

```
typedef struct
{
  __IOM uint32_t ISER[8U];
      uint32_t RESERVED0[24U];
  __IOM uint32_t ICER[8U];
      uint32_t RSERVED1[24U];
  __IOM uint32_t ISPR[8U];
      uint32_t RESERVED2[24U];
  __IOM uint32_t ICPR[8U];
      uint32_t RESERVED3[24U];
```

嵌入式微处理器程序设计——从 Arduino 到 ARM

```
      __IOM uint32_t IABR[8U];
          uint32_t RESERVED4[56U];
    __IOM uint8_t  IP[240U];
          uint32_t RESERVED5[644U];
    __OM  uint32_t STIR;
}NVIC_Type;
```

9.6.2　异常处理的操作步骤

NVIC 负责微处理器的异常处理，主要用来设置外部设备的全局中断的配置参数。操作 NVIC 的主要流程如下。

① 设置 NVIC 中 ICER 对应的位，禁用指定外部设备的中断功能。

② 设置 NVIC 中 ICPR 对应的位，禁用指定外部设备的中断请求标志。

③ 设置 NVIC 中 IP 对应的位，设置指定外部设备的中断优先级。

④ 设置 NVIC 中 ISER 对应的位，使能指定外部设备的全局中断。

9.6.3　编程实验：定时闪烁灯

1. 实验目的

本实验设计一种定时闪烁灯，每秒自动控制 LED 灯的闪烁 1 次。在本实验开始之前，先将 Arduino Due 开发板上 Programming Port USB 接口与 USB 数据线相连，USB 数据线的另外一端与计算机相连。

2. 软件程序

本实验的软件程序如代码清单 9-1 所示。通过开发板上的 RESET 按键，复位微处理器，观察 LED L 灯，它在 1s 周期内闪烁 1 次。

代码清单 9-1　定时闪烁灯程序代码

```
#include "sam3x8e.h"
//定义一个全局变量
volatile char counts = 0;

//定时中断服务程序
void TC0_IRQHandler()
{
counts++;
if(counts % 2)
PIOB->PIO_ODSR = 0x08000000;  //输出高电平
else
PIOB->PIO_ODSR = 0x00000000;  //输出低电平

//清除中断标志位
TC0->TC_CHANNEL[0].TC_SR;
}

void SystemInit()
{
// Instance| ID | I/O Line | Arduino
//----------------|---------|------------------|-----------------
//   KEY0| 11 |   PA20   |    43
```

```
//1.设置 LED L 对应的接口 PB27
//禁用 PIOB 控制寄存器的写保护功能
PIOB->PIO_WPMR = 0x50494F00;
//设置 PB27 接口的功能为 I/O
PIOB->PIO_PER = PIOB->PIO_PSR | 0x08000000;
//设置 PB27 接口为输出接口
PIOB->PIO_OER = 0x08000000;
//使能 PB27 接口的上拉电阻器
PIOB->PIO_PUER = 0x08000000;
//设置 PIO_ODSR 寄存器为可读写模式
PIOB->PIO_OWER = 0x08000000;
//PB27 接口输出高电平
PIOB->PIO_ODSR = 0x08000000;

//2.设置定时/计数器 T0 的外部设备时钟
//系统上电复位后,主时钟 MCK 默认采用内部 4MHz RC Oscillator
//定时/计数器 T0 属于定时/计数器 TC0 的 0 通道,外部设备编号为 27
//禁用功耗管理控制寄存器 PMC 的写保护功能
PMC->PMC_WPMR = 0x504D4300;
//使能 T0 外部设备时钟
PMC->PMC_PCER0 = (0x1 << 27);

//3.设置定时/计数器 T0
//禁用定时/计数器单元 TC0 的写保护功能
TC0->TC_WPMR = (0x54494D << 8);
//使能定时/计数器 T0 的计数器时钟
TC0->TC_CHANNEL[0].TC_CCR = (0x1 << 1);
//禁用通道 T0 的所有类型中断
TC0->TC_CHANNEL[0].TC_IDR = 0xFFFFFFFF;
//清除通道 T0 的全部中断标志位
TC0->TC_CHANNEL[0].TC_SR;

//设置定时/计数器 T0 的模式寄存器
//TCCLKS: 3,时钟源为 TIMER_CLOCK4 = MCK/128
//CLKI: 0,计数器在时钟上升沿计数
//CPCSTOP: 0,当计数器匹配 RC 比较寄存器时,计数器不停止工作
//CPCDIS: 0,当计数器匹配 RC 比较寄存器时,计数器时钟不停止工作
//WAVSEL: 2,工作方式为 UP_RC
//WAVE: 1,波形模式
TC0->TC_CHANNEL[0].TC_CMR = (0x1 << 15) | (0x2 << 13) | (0x3);

//设置 RC 比较寄存器,定时 1s
//1s = TIMER_CLOCK4 × RC 匹配值= 128/4MHz×RC 匹配值
TC0->TC_CHANNEL[0].TC_RC = 0x7A11;

//使能定时/计数器 T0 的比较匹配中断
TC0->TC_CHANNEL[0].TC_IER = (0x1 << 4);
//除了比较匹配中断外,禁止其他中断
TC0->TC_CHANNEL[0].TC_IDR = ~ (0x1 << 4);
```

```
//清除 T0 的全局中断请求标志位
NVIC->ICPR[0] = (0x1 << 27);
//使能 T0 的全局中断
NVIC->ISER[0] = (0x1 << 27);

//使能定时/计数器 T0 的计数器时钟，同时复位计数器的值
TC0->TC_CHANNEL[0].TC_CCR = (0x1 << 2) | (0x1);
}


int main(void)
{
while(1);
}
```

思考与练习

1. 什么叫异常？Cortex-M3 有哪几种异常源？具有几级异常优先级？
2. Cortex-M3 的异常处理有哪些特征？
3. 简述 Cortex-M3 的异常分配情况。
4. 硬错误异常发生的原因有哪些？
5. 简述 Cortex-M3 微处理器对异常的响应过程。
6. Cortex-M3 的中断是如何嵌套的？

10 chapter

定时/计数器 TC

10.1 定时/计数器概述

SAM3X8E 定时/计数器（Timer Counter，TC）包括 3 个相同的 32 位定时/计数器（TC0、TC1 和 TC2），每个定时/计数器都包含 3 个独立的通道（0、1 和 2），即包含 3 个独立的定时/计数器。因此，SAM3X8E 芯片具有 9 个独立的定时/计数通道（T0～T8）。每个通道都能独立编程以实现多种功能，可实现的功能包括：频率测量、事件计数、间隔时间测量、脉冲产生、时间延迟和脉冲宽度调制。定时/计数器的内部结构如图 10-1 所示。

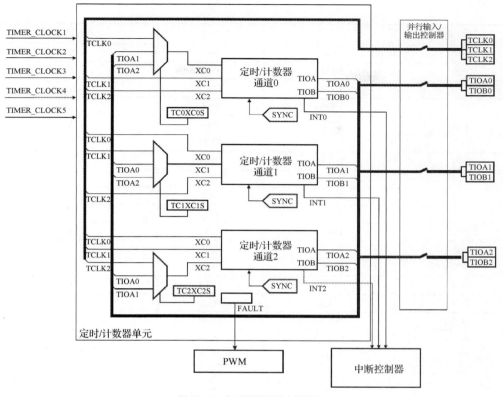

图 10-1　定时/计数器的内部结构

每个通道有 3 个外部时钟信号 XC0～XC2 和 5 个内部时钟信号 TIMER_CLOCK1～TIMER_ CLOCK5 及 2 个可由用户设置的多功能 I/O 信号 TIOAx 和 TIOBx，如表 10-1 所示。每个通道可以驱动一个可编程的内部中断信号，用于产生微处理器中断。定时/计数器有一条中断线与中断控制寄存器相连，当处理定时/计数器中断时，需要先编程设置中断控制寄存器，然后配置定时/计数器。这些信号的接口引脚都是与 PIO 接口复用的，在使用之前必须设置 PIO 控制寄存器，定义相应引脚的功能为外部设备。定时/计数器引脚设置如表 10-2 所示。

定时/计数器内嵌了一个连接在 3 个通道前面的积分解码器。积分解码器被使能后，可以对输入信号进行线性滤波，对积分信号进行解码。

表 10-1　定时/计数器引脚

引脚名称	描述	类型
TCLK0～TCLK2	外部时钟输入	输入
TIOA0～TIOA2	I/O 线 A	输入/输出
TIOB0～TIOB2	I/O 线 B	输入/输出

表 10-2　定时/计数器引脚设置

定时/计数器	信号	I/O 引脚	外部设备
TC0	TCLK0	PB26	B
TC0	TCLK1	PA4	A
TC0	TCLK2	PA7	A
TC0	TIOA0	PB25	B

计数器单元	信号	I/O 引脚	外部设备
TC0	TIOA1	PA2	A
TC0	TIOA2	PA5	A
TC0	TIOB0	PB27	B
TC0	TIOB1	PA3	A
TC0	TIOB2	PA6	A
TC1	TCLK3	PA22	B
TC1	TCLK4	PA23	B
TC1	TCLK5	PB16	A
TC1	TIOA3	PE9	A
TC1	TIOA4	PE11	A
TC1	TIOA5	PE13	A
TC1	TIOB3	PE10	A
TC1	TIOB4	PE12	A
TC1	TIOB5	PE14	A
TC2	TCLK6	PC27	B
TC2	TCLK7	PC30	B
TC2	TCLK8	PD9	B
TC2	TIOA6	PC25	B
TC2	TIOA7	PC28	B
TC2	TIOA8	PD7	B
TC2	TIOB6	PC26	B
TC2	TIOB7	PC29	B
TC2	TIOB8	PD8	B

定时/计数器有两个同时作用于 3 个通道的全局寄存器：通道控制寄存器 TC_CCRx 和通道模式寄存器 TC_CMRx。TC_CCRx 可以使能同一指令同时启动 3 个通道，TC_CMRx 可以为每个通道定义外部时钟输入，并且允许将它们连接起来。

10.2 定时/计数器的工作原理

10.2.1 定时/计数器工作模式

每个通道可以有两种不同的工作模式：捕获模式和波形模式。具体工作模式通过寄存器 TC_CMRx 中 WAVE 位来选择，不同模式下的通道信号如表 10-3 所示。捕获模式主要用于信号测量。波形模式主要用于定时功能、产生 PWM 波形等。波形模式具有 4 种不同的工作方式：UP、UPDOWN、UP_RC 和 UPDOWN_RC。通过寄存器 TC_CMRx 中 WAVESEL 位来选择。

表 10-3　不同模式下的通道信号

信号名称	描述
XC0、XC1、XC2	外部时钟输入
TIOA	捕获模式：定时/计数器输入。
	波形模式：定时/计数器输出

续表

信号名称	描述
TIOB	捕获模式：定时/计数器输入。 波形模式：定时/计数器输入/输出
INT	中断信号输出
SYNC	同步输入信号

10.2.2　时钟的选择和控制

每个通道的时钟输入可以通过配置块模式寄存器 TC_BMR（TC0XC0S、TC1XC1S 和 TC2XC2S 域）连接到外部输入 TCLK0～TCLK2 或连接到内部 I/O 信号 TIOA0～TIOA2 上，如图 10-2 所示。

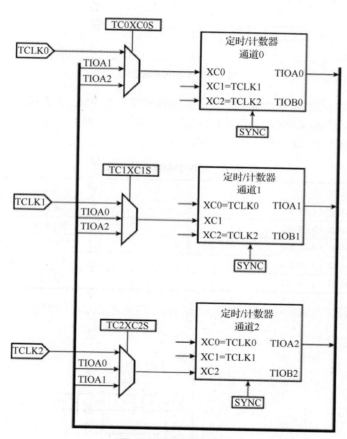

图 10-2　时钟连接选择

每个通道可以通过 TC_CMRx 寄存器的 TCCLKS 位来选择使用内部时钟信号（TIMER_CLOCK1～TIMER_CLOCK5）或外部时钟源（XC0～XC2）来驱动计数器，时钟选择结构如图 10-3 所示。所选时钟可以通过 TC_CMRx 寄存器的 CLKI 位实现反转，所以可以使用时钟的下降沿进行计数。

当选择外部时钟时，外部时钟周期必须比主控时钟周期长，外部时钟的频率不能超过主控时钟频率的 40%。

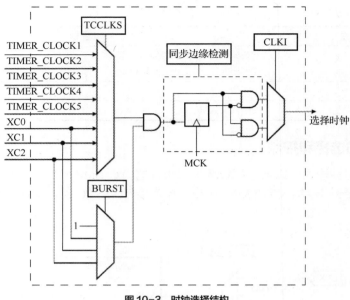

图 10-3　时钟选择结构

定时/计数器的内部时钟由 PMC 管理，因此必须先设置 PMC 以使能定时/计数器时钟。表 10-4 列出了定时/计数器时钟的分配，3 个定时/计数器都是一样的。当选择慢时钟 SLCK 作为主时钟时，TIMER_CLOCK5 的输入就是主控时钟。

表 10-4　定时/计数器时钟分配

名称	定义
TIMER_CLOCK1	MCK/2
TIMER_CLOCK2	MCK/8
TIMER_CLOCK3	MCK/32
TIMER_CLOCK4	MCK/128
TIMER_CLOCK5	SLCK

每个定时/计数器时钟有两种控制方式：允许/禁止控制方式或启动/停止控制方式，如图 10-4 所示。

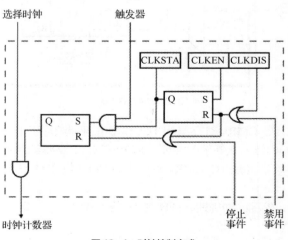

图 10-4　时钟控制方式

使用通道控制寄存器 TC_CCRx 的 CLKEN 位和 CLKDIS 位可以允许或禁止时钟。在捕获模式下，如果通道模式寄存器 TC_CMRx 的 LDBDIS 位被设置为 1，通过 RB 加载事件可以将时钟禁止；在波形模式下，如果 TC_CMRx 的 CPCDIS 位被设置为 1，通过 RC 比较事件可以将时钟禁止。当时钟被禁止时，启动/停止命令无效，只有 TC_CCRx 的 CLKEN 位可重新允许时钟使用。当时钟被使能后，自动将状态寄存器 TC_SRx 的 CLKSTA 域置位。

时钟也可以被启动或停止，使用触发器可以启动时钟。在捕获模式下，当加载 RB 时，通过 TC_CMRx 寄存器的 LDBSTOP 置 1 可以停止时钟；在波形模式下，当计数器值达到 RC 时，通过 TC_CMRx 寄存器的 CPCSTOP 置 1 也可以停止时钟。只有当时钟使能时，启动/停止命令才有效。

10.2.3 触发器

触发器具有复位计数器和启动计数器时钟的功能。SAM3X8E 定时/计数器一共有 4 种类型的触发器：软件触发器、SYNC、RC 比较触发器和外部触发器。其中，前 3 种类型的触发器在两种工作模式下具有相同的工作方式，外部触发器在两种工作模式下的工作方式略有不同。

- 软件触发器：每个通道具有一个软件触发器，通过置位 TC_CCR 寄存器的 SWTRG 位使其有效。
- SYNC：每个通道有一个同步信号 SYNC，将 TC 块控制寄存器 TC_BCR 的 SYNC 位写为 1，可以使所有通道的 SYNC 信号同时有效，此时，该信号与软件触发器效果一样。
- RC 比较触发器：每个通道都有 RC 比较寄存器，若 TC_CMR 的 CPCTRG 位被置位，则计数器计数值与 RC 比较寄存器值相同时将产生一次触发。
- 外部触发器：每个通道都允许配置为使用外部触发器。在捕获模式下，外部触发信号可以选择 TIOA 或 TIOB；在波形模式下，外部触发信号可以在 TIOB、XC0、XC1 或 XC2 信号中选择。通过设置 TC_CMR 寄存器的对应位可以允许外部事件，执行触发。若使用外部触发器，信号脉冲的持续时间必须比时钟周期长，以便其能被检测到。

10.2.4 捕获模式

通道模式寄存器 TC_CMR 的 WAVE 位可以使定时/计数器工作在捕获模式或是波形模式。当清除 WAVE 位时，定时/计数器即可进入捕获模式。捕获模式下，允许 TC 通道对脉冲时间、频率、周期、占空比、输入信号 TIOA 和输入信号 TIOB 的相位进行测量。捕获模式下的 TC 通道配置如图 10-5 所示。

寄存器 A（RA）和寄存器 B（RB）用作捕获寄存器，当程序设定的事件在 TIOA 上出现时，它们将被载入计数器。TC_CMR 寄存器中的 LDRA 位定义了加载 RA 寄存器时 TIOA 上信号的有效边沿；LDRB 位定义了加载 RB 寄存器时 TIOA 上信号的有效边沿。只有在最后一次触发之后 RA 一直未被加载，或在 RA 最后一次被加载之后 RB 已被加载时，RA 才会被加载。类似地，只有在最后一次触发之后 RB 一直未被加载，或在 RB 最后一次被加载之后 RA 已被加载时，RB 才会被加载。如果在最后一次加载到 RA 或 RB 的数值被读出前又发生了加载事件，状态寄存器 TC_SR 的溢出错误标志位 LOVRS 将被置位，在这种情况下，原来的值将会被覆盖。

在捕获模式下，除软件触发、SYNC 信号触发及 RC 比较触发外，还可以定义外部触发。通过设置 TC_CMR 寄存器的 ABETRG 位，可选择使用 TIOA 输入信号或 TIOB 输入信号作为外部触发。ETRGEDG 位定义产生外部触发的边沿选择（上升沿为 01、下降沿为 10、边沿为 11）。若 ETRGEDG 位值为 00，则禁止捕获模式下的外部触发。

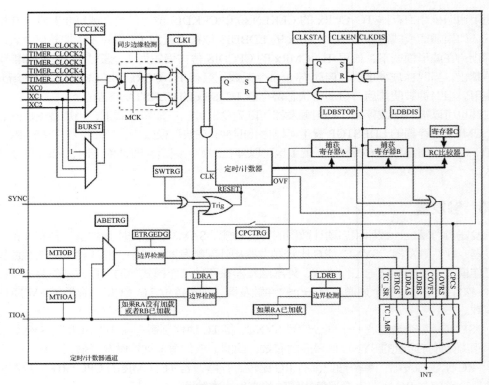

图 10-5　捕获模式下的 TC 通道配置

10.2.5　波形模式

　　置位通道模式寄存器 TC_CMR 的 WAVE 位可以进入波形模式。在波形模式下，TC 通道可产生一个或两个频率相同、占空比可独立编程的 PWM 信号，也可产生不同类型的单脉冲或重复脉冲。波形模式下的 TC 通道配置如图 10-6 所示。

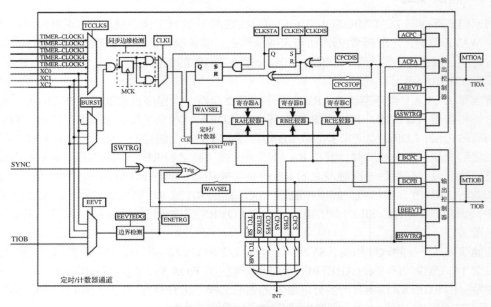

图 10-6　波形模式下的 TC 通道配置

在波形模式下，TIOA 被设置为输出信号；在没有把 TIOB 定义成外部事件时，TIOB 也被定义成输出信号。

根据 TC_CMR 寄存器中 WAVSEL 位值不同，计数器值寄存器 TC_CV 的行为有所不同，如表 10-5 所示。无论哪种情况，RA、RB 和 RC 都可作为比较寄存器使用。RA 用于控制 TIOA 输出，RB 用于控制 TIOB 输出，RC 用于控制 TIOA 或 TIOB 输出。

表 10-5　WAVSEL 波形选择

WAVSEL	效果
00	UP 模式，无 RC 比较自动触发
10	UP 模式，有 RC 比较自动触发
01	UP DOWN 模式，无 RC 比较自动触发
11	UP DOWN 模式，有 RC 比较自动触发

1. WAVSEL=00

当 WAVSEL=00 时，计数器值寄存器 TC_CV 的值由 0 开始递增直到 0xFFFF 为止，当到达极值 0xFFFF 时，TC_CV 寄存器值复位，TC_CV 寄存器重新开始递增，并且如此循环，具体过程如图 10-7 所示。

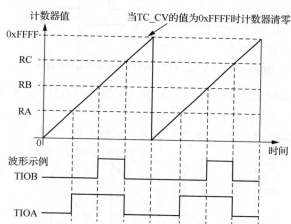

图 10-7　WAVSEL=00，并且无外部触发或软件触发

任意时刻出现的外部触发或软件触发可使 TC_CV 寄存器值复位，如图 10-8 所示。

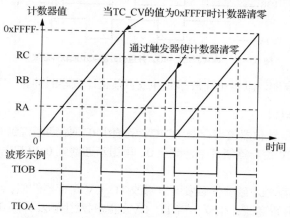

图 10-8　WAVSEL=00，并且有外部触发或软件触发

此时，不能编程配置 RC 比较寄存器用来产生触发。同时，RC 比较寄存器可以停止计数器时钟或者禁止计数器时钟。

2. WAVSEL=10

当 WAVSEL=10 时，计数器值寄存器 TC_CV 的值由 0 开始递增直到等于 RC 比较寄存器值为止，当到达极值 RC 时，TC_CV 寄存器自动复位，TC_CV 寄存器重新开始递增，并且如此循环，具体过程如图 10-9 所示。

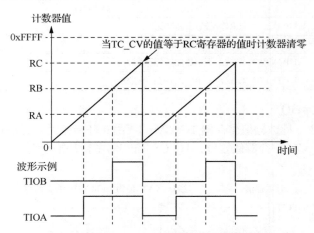

图 10-9   WAVSEL=10，并且无外部触发或软件触发

任意时刻出现的外部触发或软件触发可使 TC_CV 寄存器值复位，如图 10-10 所示。

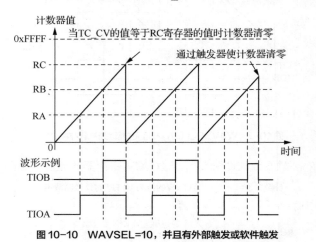

图 10-10   WAVSEL=10，并且有外部触发或软件触发

此时，RC 比较寄存器可以停止计数器时钟或者禁止计数器时钟。

3. WAVSEL=01

当 WAVSEL=01 时，计数器值寄存器 TC_CV 的值由 0 开始递增直到 0xFFFF 为止，当到达极值 0xFFFF 时，TC_CV 寄存器值开始递减至 0，再重新递增到 0xFFFF，并且如此循环，具体过程如图 10-11 所示。

任意时刻出现的外部触发或软件触发可以修改 TC_CV 寄存器的值，若 TC_CV 正在递增时出现触发，TC_CV 将开始递减；相反，若 TC_CV 递减时发生触发，则 TC_CV 开始递增，具体如图 10-12 所示。

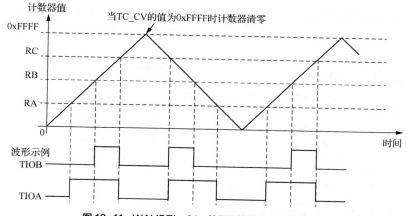

图 10-11 WAVSEL=01，并且无外部触发或软件触发

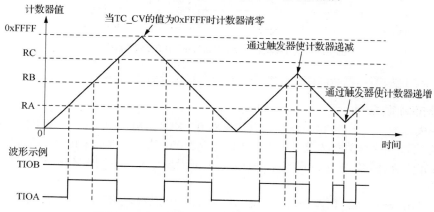

图 10-12 WAVSEL=01，并且有外部触发或软件触发

此时，不能通过编程配置 RC 比较寄存器来产生触发。同时，RC 比较寄存器可以停止计数器时钟或者禁止计数器时钟。

4. WAVSEL=11

当 WAVSEL=11 时，计数器值寄存器 TC_CV 的值由 0 开始递增直到等于 RC 比较寄存器的值，当到达极值 RC 时，TC_CV 寄存器值开始递减至 0，然后重新递增到 RC，并且如此循环，具体过程如图 10-13 所示。

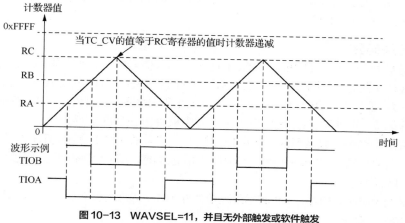

图 10-13 WAVSEL=11，并且无外部触发或软件触发

任意时刻出现的外部触发或软件触发可修改 TC_CV 寄存器值,若 TC_CV 在递增时发生触发,TC_CV 开始递减;若 TC_CV 递减时发生触发,则 TC_CV 开始递增,如图 10-14 所示。

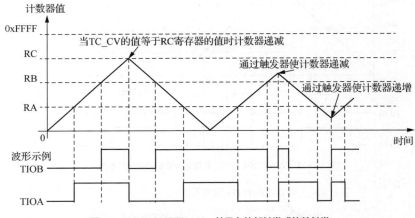

图 10-14　WAVSEL=11,并且有外部触发或软件触发

此时,RC 比较寄存器可以停止计数器时钟或者禁止计数器时钟。

5. 外部触发条件

在波形模式下,一个外部触发信号可以在 XC0、XC1、XC2 或 TIOB 信号中选择。选中的外部事件可以用来作为触发器。TC_CMR 寄存器的 EEVT 位用来选择外部触发器,位 EEVTEDG 定义外部触发的边沿形式(上升沿、下降沿或边沿),若 EEVTEDG 清零,则没有定义外部事件。

当 TC_CMR 寄存器的 EEVT=00 时,TIOB 为外部事件信号(不再作为输出),比较寄存器 B 不被用来产生波形或中断。在这种情况下,TC 通道只能在 TIOA 上产生波形。通过设置 TC_CMR 寄存器的 ENETRG 位,可将外部事件作为触发器。与捕获模式相同,SYNC 信号或软件触发信号同样可以作为触发器。RC 比较寄存器是否也可以作为触发器则要根据 WAVSEL 位进行设置。

6. 输出控制寄存器

输出控制寄存器用于控制 TIOA 和 TIOB 上输出电平的变化。只有当 TIOB 定义为输出而不是外部事件时,才能使用 TIOB 控制寄存器。

软件触发器、外部事件和 RC 比较可以控制 TIOA 和 TIOB 上输出电平的变化。RA 比较控制 TIOA,RB 比较控制 TIOB。

7. 积分解码器

积分解码器由 TIOA0、TIOB0、TIOA1 这 3 个输入信号驱动,积分解码器的输出信号驱动通道 0 和通道 1 的定时/计数器。在进行速度测量时,通道 2 可用于提供一个基准时间。当将 TC_BMR 寄存器中的 QDEN 位清零时,可以禁用积分解码器。TIOA0 和 TIOB0 由两个专门的积分信号驱动,这两个积分信号由一个片外电机轴上的角度传感器提供。如果角度传感器还可以提供索引信号,该索引信号可以作为第 3 个信号从 TIOB1 输入积分解码器,此信号对于解码积分信号 PHA、解码积分信号 PHB 不是必需的。积分解码器和定时/计数器之间的连接如图 10-15 所示。

TC_CMR 寄存器中的 TCCLKS 域必须配置为 0x101(选择时钟 XC0),一旦积分解码器被使能,TC0XC0S 域就无效了。

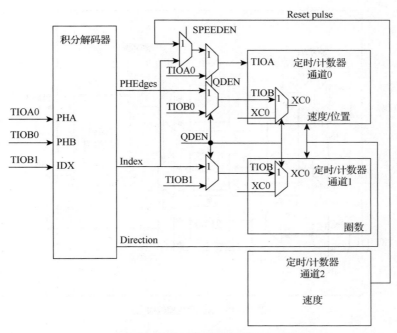

图 10-15　积分解码器与定时/计数器连接

　　无论是速度/位置还是圈数，都是可以被测量的。通道 0 通过累计输入信号 PHA、输入信号 PHB 的边沿数来得到电机的精准位置；而通道 1 则累计传感器给出的索引信号脉冲数，即转动的圈数。综合两个数值可以得到一个高精度的运动系统的位置。

　　从角度传感器出来的信号在进入下一步处理前可以被滤波。可以对输入信号的极性、相位和其他一些因素均进行配置。使用 TC_RC 寄存器在通道 0（速度/位置）或通道 1（圈数）上可以使用"比较"功能，并且使 TC_SR 中的 CPCS 位产生中断。

　　（1）输入预处理

　　输入预处理是指根据数字滤波器的配置对角度传感器的一些参数进行设置，如极性、相位等。定时/计数器中每个输入信号都能被取反，并且 PHA 和 PHB 还能交换。通过 TC_BMR 寄存器的 MAXFILT 位可以配置脉冲保持有效的最短持续时间，当滤波器有效时，持续时间不足 $(MAXFILT+1) \times t$MCK 的脉冲不能进入下一级的处理中。通过设置 TC_BMR 寄存器的 FILTER 域，可以禁用滤波器。输入预处理结构如图 10-16 所示。

　　输入滤波器可以有效地滤除在高频电磁干扰的环境下产生的伪脉冲或角度传感器的光盘或磁盘上的微小污染物所产生的伪脉冲。

　　（2）方向状态检测

　　滤波之后需要分析积分信号来判断转动的方向，任何时刻读取 TC_QISR 寄存器都可以直接得到方向状态。方向状态位的极性由 TC_BMR 寄存器的配置决定，INVA、INVB、INVIDX、SWAP 位能修改 DIR 标志的极性。

　　转动方向的任何改变都可在 TC_QISR 寄存器中反映出来，并可触发中断。判断转动方向改变的条件是：在某一相位信号的两个连续边沿之间，另一相位信号有着相同的电平值并且该相位信号上出现相同的边沿。如果只是在某一相位信号的两个连续边沿之间，另一相位信号有着相同的电平值，则无法证明转动方向的改变，因为传感器的磁盘或光盘上的微小污染物可能会遮住传感器上的一个或多个反射栅。转动方向改变/未改变的波形表示如图 10-17 所示。

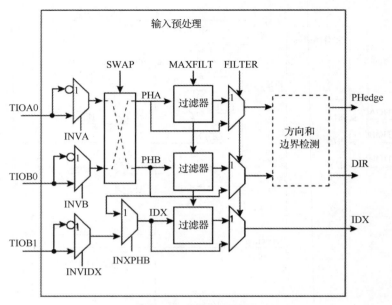

图 10-16　输入预处理结构

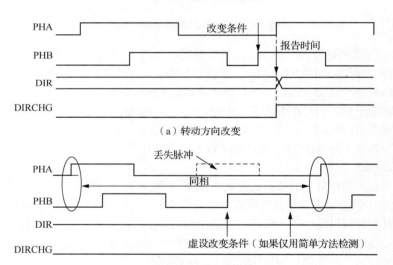

（a）转动方向改变

（b）转动方向未改变

图 10-17　转动方向波形

检测两个积分信号的边沿可以驱动定时/计数器逻辑。当 TC_BMR 的 QDTRANS 位置位时，转动方向的检测功能被禁止，此时不能使用 DIR 标志。

10.3　定时/计数器的寄存器描述

每个通道都可以通过软件配置寄存器来满足不同系统和设计的需要。SAM3X8E 芯片中定时/计数器的相关寄存器如表 10-6 所示。

表 10-6　定时/计数器相关寄存器

偏移	寄存器	名称	访问方式	复位值
0x00 + channel × 0x40 + 0x00	通道控制寄存器	TC_CCR	只写	
0x00 + channel × 0x40 + 0x04	通道模式寄存器	TC_CMR	读/写	0x0000 0000
0x00 + channel × 0x40 + 0x08	保留			
0x00 + channel × 0x40 + 0x0C	保留			
0x00 + channel × 0x40 + 0x10	计数器值	TC_CV	只读	0x0000 0000
0x00 + channel × 0x40 + 0x14	寄存器 A	TC_RA	读/写	0x0000 0000
0x00 + channel × 0x40 + 0x18	寄存器 B	TC_RB	读/写	0x0000 0000
0x00 + channel × 0x40 + 0x1C	寄存器 C	TC_RC	读/写	0x0000 0000
0x00 + channel × 0x40 + 0x20	状态寄存器	TC_SR	只读	0x0000 0000
0x00 + channel × 0x40 + 0x24	中断使能寄存器	TC_IER	只写	
0x00 + channel × 0x40 + 0x28	中断禁用寄存器	TC_IDR	只写	
0x00 + channel × 0x40 + 0x2C	中断屏蔽寄存器	TC_IMR	只读	0x0000 0000
0xC0	块控制寄存器	TC_BCR	只写	
0xC4	块模式寄存器	TC_BMR	读/写	0x0000 0000
0xC8	QDEC 中断使能寄存器	TC_QIER	只写	
0xCC	QDEC 中断禁用寄存器	TC_QIDR	只写	
0xD0	QDEC 中断屏蔽寄存器	TC_QIMR	只读	0x0000 0000
0xD4	QDEC 中断状态寄存器	TC_QISR	只读	0x0000 0000
0xD8	保留			
0xE4	保留			

10.4　定时/计数器的基本操作

10.4.1　定时/计数器的数据结构

在 sam3x8e.h 文件中，定义了所有定时/计数器的数据结构及其工作地址。下面以定时/计数器 0（TC0）为介绍对象，描述定时/计数器的数据结构。它的数据结构如下：

```
#define   TC0       ((Tc     *)0x40080000U)
```

TC0 的数据结构是 Tc，它的基地址是 0x40080000U。Tc 的数据结构在 component_tc.h 文件中定义，内容如下：

```
typedef  struct {
  __O uint32_t TC_CCR;
  __IO uint32_t TC_CMR;
  __IO uint32_t TC_SMMR;
  __I  uint32_t Reserved1[1];
  __I  uint32_t TC_CV;
  __IO uint32_t TC_RA;
  __IO uint32_t TC_RB;
  __IO uint32_t TC_RC;
  __I  uint32_t TC_SR;
  __O  uint32_t TC_IER;
```

```
    __O  uint32_t  TC_IDR;
    __I  uint32_t  TC_IMR;
    __I  uint32_t  Reserved2[4];
} TcChannel;

typedef struct {
TcChannel TC_CHANNEL[TCCHANNEL_NUMBER];
    __O  uint32_t  TC_BCR;
    __IO uint32_t  TC_BMR;
    __O  uint32_t  TC_QIER;
    __O  uint32_t  TC_QIDR;
    __I  uint32_t  TC_QIMR;
    __I  uint32_t  TC_QISR;
    __IO uint32_t  TC_FMR;
    __I  uint32_t  Reserved1[2];
    __IO uint32_t  TC_WPMR;
} Tc;
```

10.4.2　定时/计数器的操作步骤

如果需要使用定时功能，则需要对定时/计数器的相应功能寄存器进行配置，通常配置的流程如下。

（1）设置定时/计数器 T0 的外部设备时钟。

（2）禁用定时/计数器的中断功能。

（3）设置定时/计数器的模式寄存器，选择定时/计数器工作的时钟源、计数模式和波形模式。

（4）设置定时/计数器的 RC 比较寄存器，指定定时周期。

（5）使能定时/计数器的比较匹配中断功能，并使能 NVIC 的全局中断功能。

（6）实现定时中断服务程序。

10.4.3　编程实验：呼吸灯

1．实验目的

本实验设计一种呼吸灯，通过编写一个简单的定时中断程序，实现控制一盏 LED 灯周期性闪烁。在本实验开始之前，先将 Arduino Due 开发板上 Programming Port USB 接口与 USB 数据线相连，USB 数据线的另外一端与计算机相连。然后在 Arduino Due 开发板上"JTAG"接口位置处，将 ULINK 2 仿真器的排线插入插槽，将 ULINK 2 仿真器另外一端的 USB 数据线与计算机相连。

2．软件程序

本实验的软件程序如代码清单 10-1 所示。通过开发板上的 RESET 按键复位微处理器。然后观察 LED L 灯，可看到它在 1s 的周期内闪烁 1 次。

代码清单 10-1　呼吸灯程序代码

```
#include "sam3x8e.h"
//定义一个全局变量
volatile char counts = 0;

//定时中断服务程序
void TC0_IRQHandler()
```

196 嵌入式微处理器程序设计——从 Arduino 到 ARM

```
{
counts++;
if(counts % 2)
PIOB->PIO_ODSR = 0x08000000;   //输出高电平
else
PIOB->PIO_ODSR = 0x00000000;   //输出低电平

//清除中断标志位
TC0->TC_CHANNEL[0].TC_SR;
}

void SystemInit()
{
// Instance | ID | I/O Line | Arduino
//---------------|---------|-----------------|-----------------
//   KEY0   | 11 |  PA20   |  43

//1. 设置 LED L 对应的接口 PB27
//禁用 PIOB 控制寄存器的写保护功能
PIOB->PIO_WPMR = 0x50494F00;
//设置 PB27 接口的功能为 I/O
PIOB->PIO_PER = PIOB->PIO_PSR | 0x08000000;
//设置 PB27 接口为输出接口
PIOB->PIO_OER = 0x08000000;
//使能 PB27 接口的上拉电阻器
PIOB->PIO_PUER = 0x08000000;
//设置 PIO_ODSR 寄存器为可读写模式
PIOB->PIO_OWER = 0x08000000;
//PB27 接口输出高电平
PIOB->PIO_ODSR = 0x08000000;

//2. 设置定时/计数器 T0 的外部设备时钟
//系统上电复位后，主时钟 MCK 默认采用内部 4MHz RC 振荡器
//定时/计数器 T0 属于定时/计数器单元 TC0 的 0 通道，外部设备编号为 27
//禁用功耗管理控制寄存器 PMC 的写保护功能
PMC->PMC_WPMR = 0x504D4300;
//使能 T0 外部设备时钟
PMC->PMC_PCER0 = (0x1 << 27);

//3. 设置定时/计数器 T0
//禁用定时/计数器单元 TC0 的写保护功能
TC0->TC_WPMR = (0x54494D << 8);
//使能定时/计数器 T0 的计数器时钟
TC0->TC_CHANNEL[0].TC_CCR = (0x1 << 1);
//禁用通道 T0 的所有类型中断
TC0->TC_CHANNEL[0].TC_IDR = 0xFFFFFFFF;
//清除通道 T0 的全部中断标志位
TC0->TC_CHANNEL[0].TC_SR;

//设置定时/计数器 T0 的模式寄存器
//TCCLKS: 3, 时钟源为 TIMER_CLOCK4 = MCK/128
```

```
//CLKI: 0, 计数器在时钟上升沿计数
//CPCSTOP: 0, 当计数器匹配 RC 比较寄存器时, 计数器不停止工作
//CPCDIS: 0, 当计数器匹配 RC 比较寄存器时, 计数器时钟不停止工作
//WAVSEL: 2, 工作方式为 UP_RC
//WAVE: 1, 波形模式
TC0->TC_CHANNEL[0].TC_CMR = (0x1 << 15) | (0x2 << 13) | (0x3);

//设置 RC 比较寄存器, 定时 1s
//1s = TIMER_CLOCK4 × RC 匹配值= 128/4MHz×RC 匹配值
TC0->TC_CHANNEL[0].TC_RC = 0x7A11;

//使能定时/计数器 T0 的比较匹配中断
TC0->TC_CHANNEL[0].TC_IER = (0x1 << 4);
//除了比较匹配中断外, 禁止其他中断
TC0->TC_CHANNEL[0].TC_IDR = ~ (0x1 << 4);

//清除 T0 的全局中断请求标志位
NVIC->ICPR[0] = (0x1 << 27);
//使能 T0 的全局中断
NVIC->ISER[0] = (0x1 << 27);

//使能定时/计数器 T0 的计数器时钟, 同时复位计数器的值
TC0->TC_CHANNEL[0].TC_CCR = (0x1 << 2) | (0x1);
}

int main(void)
{
while(1);
}
```

思考与练习

1. 定时/计数器每个通道可以有几种工作模式? 如何选择工作模式?
2. 触发器具有什么功能? SAM3X8E 定时/计数器有哪些触发器?
3. 定时/计数器同时作用于 3 个通道的全局寄存器有哪些?
4. 定时/计数器用于定时时, 其定时时间与哪些因素有关?

11

chapter

UART

11.1 URAT 概述

计算机与外界的信息交换称为通信。基本的通信方式有以下两种。

- 并行通信（Parallel Communication）：所传送数据的各位同时进行发送或接收。特点是传输速度快，适用于短距离通信，但要求通信速率较高的应用场合。
- 串行通信（Serial Communication）：所传送数据的各位按顺序一位一位地进行发送或接收。特点是通信线路简单，利用简单的线缆即可实现通信，可节约成本，适用于远距离通信，但传输速度慢。

其中，串行通信是 CPU 与外界交换信息的一种非常基本的通信方式。串行通信可以分为两种类型：同步通信和异步通信。

1. 同步通信方式的特点

采用同步通信时，可将许多字符组成一个信息组（通常称为帧），这样，字符就可以一个接一个地传输，但是，在每一帧的开头要加上同步字符，在没有信息要传输时，要填上空字符，因为同步传输不允许有间隙。在同步传输过程中，一个字符可以对应 5～8 位。当然，对同一个传输过程，所有字符均对应同样的位数，比如 n 位。这样，在传输时，可按每 n 位划分为一个时间片，发送端在一个时间片中发送一个字符，接收端则在一个时间片中接收一个字符。

同步传输时，一帧中包含许多字符，每帧都将同步字符作为开始。在整个系统中，由一个统一的时钟来控制发送端同步字符的发送和空字符的发送，而且使用同一种代码。接收端能识别同步字符，当检测到有一串数位和同步字符匹配时，就认为发送端已开始传送一帧，并把此后的数位作为实际传输信息加以处理。

2. 异步通信的特点

靠起始位和停止位来实现字符的界定或同步的，通常被称为起止式异步通信。以起止式异步通信为例，图 11-1 显示的是起止式一帧数据的格式。

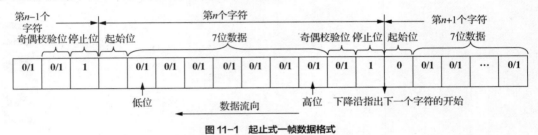

图 11-1 起止式一帧数据格式

起止式异步通信的特点是：传输一个字符时，总是以起始位开始，以停止位结束，字符之间没有固定的时间间隔要求。每一个字符的前面都有一位起始位（低电平，逻辑值为 0），字符本身由 5～7 位数据位组成，接着字符后面是一位奇偶校验位（也可以没有奇偶校验位），最后是一位、一位半或两位停止位，停止位后面是不定长的空闲位。停止位和空闲位都规定为高电平（逻辑值为 1），这样就可以保证起始位开始处一定有一个下降沿。

3. 同步通信和异步通信的比较

同步通信和异步通信的区别如下。

- 同步通信较复杂，双方时钟的允许误差较小。异步通信较简单，双方时钟允许存在一定的误差。
- 同步通信可用于点对多点，异步通信只适用于点对点。
- 同步通信效率高，异步通信效率低。

为了实现串行通信，绝大多数微处理器都配置了 UART 串行接口。

UART 用来完成串行数据的传输。当发送数据时，CPU 将并行数据写入 UART，UART 按照一定的格式在一根线上串行发出数据。接收数据时，UART 检测另一根线上的信号，收集串行数据并将其放在缓冲区后，CPU 即可通过读取 UART 缓冲区来获取这些数据。接收发送数据的同时，UART 还可以对数据进行奇偶校验、加入或删除启/停标志。除此之外，UART 还可以处理 CPU 和外部串行设备的同步管理问题等。

11.2 UART 的基本功能

SAM3X8E 内置了一种 UART，它使用两个引脚与外部设备进行通信。同时，它还可以与

PDC 通道直接相连，利用 DMA 完成任务的分组处理，减少处理器的处理时间。UART 具有以下特征。

- 实现了与 USART（Universal Synchronous/Asynchronous Receiver/Transmitter，通用同步/异步接收/发送设备）的兼容。
- 接收器和发送器各自独立，但共用一个可编程波特率发生器。
- 可以选择使用奇校验、偶校验、校验位始终为 1 或始终为 0 的校验。
- 可以进行奇偶校验错误、帧错误和溢出错误检查。
- 支持 3 种测试模式，分别是自动回声模式、本地回环模式和远端回环模式。
- 包括中断控制寄存器，可以产生 UART 中断。
- PDC 通道与接收器、发送器相连。

UART 的工作原理是将传输数据的每个字符一位接一位地传输。其中每位的含义如下。

- 起始位：先发出一个逻辑 0 的信号，表示传输字符的开始。
- 数据位：紧接在起始位之后。数据位共 8 位，构成一个字符，从最低位开始传送。
- 奇偶校验位：数据位加上这一位后，使得 1 的个数应为偶数（偶校验）或奇数（奇校验），以此来校验数据传送的正确性。
- 停止位：字符数据的结束标志，处于逻辑 1 状态。
- 空闲位：处于逻辑 1 状态，表示当前线路上没有数据传送。

UART 数据格式如图 11-2 所示。

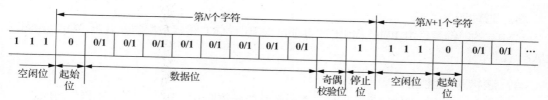

图 11-2　UART 数据格式

UART 主要由接收器和发送器组成，它们共用同一个波特率发生器，只支持异步工作模式，并且只对 8 位字符（包括奇偶校验位）进行处理。SAM3X8E 的 UART 功能结构如图 11-3 所示。

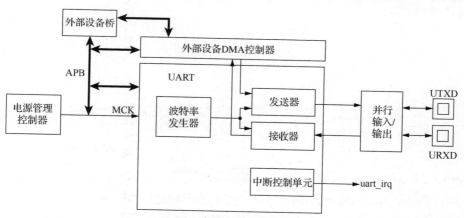

图 11-3　UART 功能结构

UART 包含波特率发生器、接收器、发送器和中断控制单元。UART 作为一种外部设备，它复用了 PIO 引脚，如表 11-1 所示。使用 UART 的串行通信功能，必须首先配置相应的 PIO 控制寄存器。

表 11-1　UART 引脚复用情况

单元	信号	PIO 引脚	外部设备
UART	URXD	PA8	A
UART	UTXD	PA9	A

1.　设定 UART 外部设备功能

每个接口既可以作为 GPIO 接口，也可以作为外部设备，通过寄存器 PIO_PSR 来设置。寄存器 PIO_PSR 是只读寄存器，通过寄存器 PIO_PER 和 PIO_PDR 进行设置。寄存器 PIO_PER 可设置某个接口作为 GPIO 接口使用，而寄存器 PIO_PDR 可设置某个接口作为外部设备使用。寄存器 PIO_ABSR 用来选择外部设备 A 或者外部设备 B 功能。PIO 作为外部设备使用时的功能结构如图 8-3 所示。

2.　引脚

UART 单元有两个数据引脚：URXD 和 UTXD。URXD 是输入引脚，用于从外部设备接收串行数据；UTXD 是输出引脚，用于发送串行数据到外部设备。这两个引脚与 GPIO 引脚 PA8、PA9 复用。因此，编程时必须首先设置相应的 PIO 控制寄存器使 I/O 引脚的功能为 URXD 和 UTXD。

中断引脚 uart_irp 与内核的 NVIC 中断源相连，可以产生 UART 中断。

3.　时钟源

UART 的时钟源是由 PMC 提供的，因此，使用 UART 传输数据前要设置 PMC 来提供 UART 工作时钟。

4.　波特率发生器

波特率是衡量数据传输速率的指标，表示每秒传送数据的字符数，单位为波特（Baud）。UART 的波特率发生器为接收器和发送器提供周期性的串行移位时钟，这个周期性的时钟叫作波特率时钟，它以 SAM3X8E 的功耗管理控制寄存器 PMC 的 MCK 为时钟源，波特率由一个专用分频寄存器 UART_BRGR 中的 CD（Clock Divisor，时钟除数）域来控制。波特率发生器的结构如图 11-4 所示。

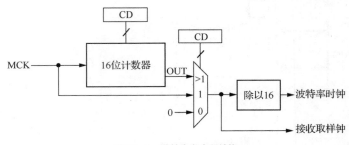

图 11-4　波特率发生器结构

如图 11-4 所示，波特率时钟的值使用式（11-1）计算得到。

$$\text{Baud Rate} = \frac{\text{MCK}}{16 \times \text{CD}} \tag{11-1}$$

MCK 为主时钟，CD 是时钟除数，值由 UART_BRGR 寄存器的[15:0]设置。如果将 CD 值设置为 0，则波特率时钟禁用，进而 UART 失效。波特率可以设定的最大值为 MCK/16，最小值为 MCK/(16×65536)。

5. 接收器

当设备刚复位时，UART 接收器首先处于失效状态，必须在使用前写控制寄存器 UART_CR 的 RXEN 位为 1 来使能它。使能后，接收器开始工作，先检测字符传输的起始位。

当编程设置 UART_CR 寄存器的 RXDIS 位为 1 时，可以使接收器失效。如果此时接收器正在检查起始位，则立即进入失效状态；如果此时接收器正在接收数据，则接收到停止位后进入失效状态。也可以通过设置 UART_CR 寄存器的 RSTRX 位为 1 强制使接收器进入复位状态，在这种情况下，接收器会立即停止当前的所有工作进入失效状态。如果数据正在被接收时 RSTRX 位被置位，则数据会丢失。

UART 只支持异步操作，并且只对接收器有影响。UART 接收器通过对 URXD 信号线进行采样来检测接收字符的起始位。URXD 信号线上连续超过 7 个采样周期被检测为低电平时，才表示检测到有效的字符起始位。由于采样频率是波特率的 16 倍，因此，超过 7/16 位周期的低电平视为有效的起始位开始长度，小于或等于 7/16 位周期的低电平视为无效被忽略。

当检测到有效的起始位后，接收器开始在每个位周期的理论中心点对 URXD 进行采样。假设每个数据位持续时间为 16 个采样周期（即 1 个位周期，包括起始位），则第 1 个数据的采样点是起始位后第 8 个采样周期的位置（1/2 位周期），也就是检测到起始位的下降沿后第 24 个采用周期位置（1.5 倍位周期）进行第 1 个数据位的采样。起始位的检测和第 1 个数据位的采样如图 11-5 所示。

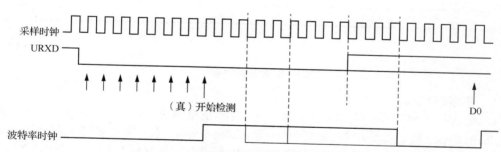

图 11-5　起始位的检测和第 1 个数据位的采样

类似地，每一个数据位都是在前一数据采样后的第 16 个采样周期位置进行采样，包括奇偶校验位和停止位，如图 11-6 所示。

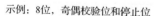

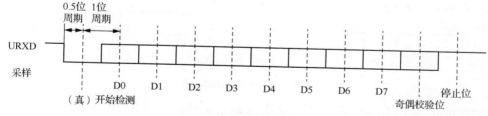

图 11-6　数据采样结果示意

当接收完一个字符的所有位后，它们被保存在接收保持寄存器 UART_RHR 中，并且将 UART_SR 寄存器的 RXRDY 位置位。当接收到的数据从 UART_RHR 寄存器中读出后，RXRDY 位自动清零，RXRDY 位清零示意如图 11-7 所示。

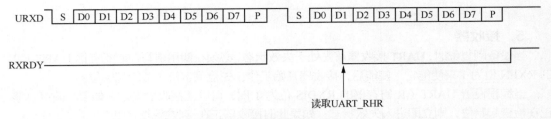

图 11-7　RXRDY 位清零示意

UART 接收器在接收数据的过程中可能会出现以下 3 种意外情况。

- 接收溢出错误。
- 奇偶校验错误。
- 接收帧错误。

（1）接收溢出错误

如果没有读取 UART_RHR 寄存器中已经接收的字符，即 RXRDY 位为 1 时，就开始进行下一个字符的接收，则会产生接收溢出错误，并将 UART_SR 寄存器的 OVER 状态位置位。可以通过编程置位控制寄存器 UART_CR 的 RSTSTA 位来使 OVER 位清零，接收溢出示意如图 11-8 所示。

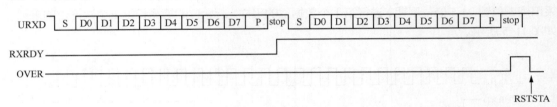

图 11-8　接收溢出示意

（2）奇偶校验错误

每当接收完一个字符后，接收器都会计算接收字符的奇偶校验位与 UART_MR 寄存器的 PAR（Parity Type，校验类型）域的要求是否一致。如果不一致，表示字符接收出现奇偶校验错误，将 UART_SR 寄存器的奇偶校验错误位 PARE 置位，同时，将 UART_SR 寄存器的 RXRDY 位也置位。与接收溢出状态位 OVER 一样，当把控制寄存器 UART_CR 的 RSTSTA 位写为 1 时，将奇偶校验错误位 PARE 清零。奇偶校验错误示意如图 11-9 所示。

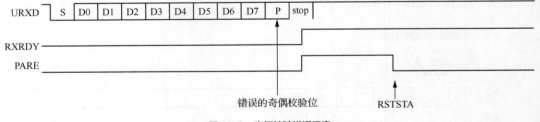

图 11-9　奇偶校验错误示意

如果 PARE 位没有清零前就开始新字符的接收，PARE 位仍然保持为 1。

（3）接收帧错误

接收器在检测到起始位后立即进行数据的接收，所有数据位和奇偶校验位都接收完后继续检测停止位，如果检测到的停止位为低电平，则表示接收帧错误，此时将 UART_SR 寄存器的帧错误位 FRAME 置 1，直到把控制寄存器 UART_CR 的 RSTSTA 位写为 1 时，帧错误位 FRAME 才会自动清零。接收帧错误示意如图 11-10 所示。

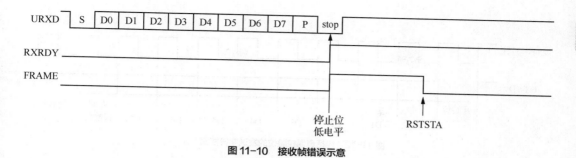

图 11-10　接收帧错误示意

6. 发送器

与接收器一样，当设备复位后，UART 发送器首先处于失效状态，必须在使用前写控制寄存器 UART_CR 的 TXEN 位为 1 来使能它。使能后，发送器开始工作，先检测发送保持寄存器中是否写入将要发送的字符。

当编程设置 UART_CR 寄存器的 TXDIS 位为 1 时，可以使发送器失效。如果此时发送器没有进行发送操作，则立即进入失效状态；如果此时移位寄存器正在处理所要发送的字符，或者字符已经写入发送保持寄存器，则将此字符发送完成后再进入失效状态。也可以通过设置 UART_CR 寄存器的 RSTTX 位为 1 强制使发送器进入复位状态，在这种情况下，发送器会立即停止当前的所有工作进入失效状态。

发送器被使能时，自动置位状态寄存器 UART_SR 的 TXRDY 位，并开始发送。发送器首先将字符写入发送保持寄存器 UART_THR，并将 TXRDY 位清零，然后字符从 UART_THR 传送到移位寄存器，并将 TXRDY 置 1。整个发送过程中 TXRDY 首先为高电平，直到将字符写入 UART_THR 时变为低电平，当把这个字符从 UART_THR 移入移位寄存器时，又上升为高电平。发送控制过程如图 11-11 所示。

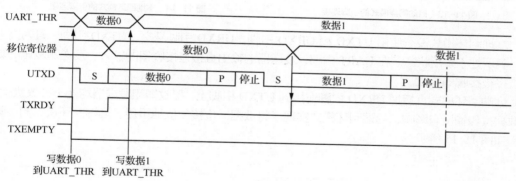

图 11-11　发送控制过程

当最后一个字符的停止位发送结束后，即 UART_THR 寄存器和移位寄存器都为空时，UART_SR 寄存器的 TXEMPTY 位置位。

发送会驱动 UTXD 引脚在波特率时钟频率下工作，UTXD 的工作还取决于模式寄存器所定义的传输模式，以及移位寄存器中数据的格式。

发送起始位是一个周期的低电平，接下来是 8 个数据位，从最低位到最高位依次发送，然后是一个可选的奇偶校验位，最后是高电平停止位。包含奇偶校验位的发送字符格式如图 11-12 所示。

是否包含奇偶校验位由模式寄存器 UART_MR 的 PAR 域来设置。如果包含奇偶校验位，可以设置成任意一种校验方式。

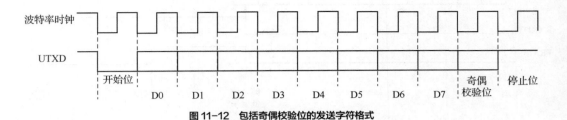

图 11-12　包括奇偶校验位的发送字符格式

7. 测试模式

UART 共支持 3 种测试模式，分别是自动回声模式、本地回环模式和远端回环模式。可以通过设置模式寄存器 UART_MR 的 CHMODE（Channel Mode，信道模式）域对 3 种测试模式进行选择。

自动回声模式的引脚连接如图 11-13 所示。

从图 11-13 可以看出，RXD 引脚接收到的每一个数据位直接从 UTXD 引脚发送出去。工作在自动回声模式时发送器正常工作，但是不会对 UTXD 引脚产生影响。

本地回环模式的引脚连接如图 11-14 所示。

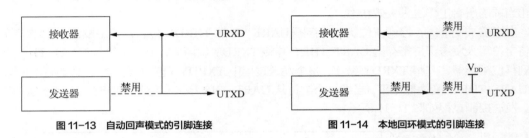

图 11-13　自动回声模式的引脚连接　　　　　图 11-14　本地回环模式的引脚连接

本地回环模式没有使用 UTXD 和 URXD 引脚，URXD 引脚悬空，UTXD 引脚一直为高电平，表示处于禁用状态。在 UART 内部，发送器的输出直接连接收器的输入，发送器发送的数据直接被接收器接收。

远端回环模式直接把 URXD 引脚连接到 UTXD 引脚上，接收器和发送器均处于失效状态，对数据位传输没有影响，远端回环模式实现了将数据一位接一位地重传。远端回环模式的引脚连接如图 11-15 所示。

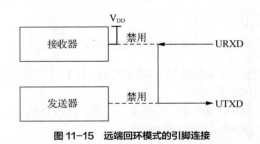

图 11-15　远端回环模式的引脚连接

11.3　UART 的寄存器描述

SAM3X8E 的 UART 相关寄存器说明如表 11-2 所示。

表 11-2　UART 寄存器说明

偏移量	寄存器	名称	访问方式	复位值
0x0000	控制寄存器	UART_CR	只写	
0x0004	模式寄存器	UART_MR	读/写	0x0000 0000
0x0008	中断使能寄存器	UART_IER	只写	
0x000C	中断禁用寄存器	UART_IDR	只写	
0x0010	中断屏蔽寄存器	UART_IMR	只读	0x0000 0000
0x0014	状态寄存器	UART_SR	只读	
0x0018	接收保持寄存器	UART_RHR	只读	0x0000 0000
0x001C	发送保持寄存器	UART_THR	只写	
0x0020	波特率发生器寄存器	UART_BRGR	读/写	0x0000 0000
0x0024～0x003C	保留			
0x0100～0x0124	PDC 域			

1. 控制寄存器 UART_CR

UART 控制寄存器 UART_CR 结构描述如图 11-16 所示。

31	30	29	28	27	26	25	24
–	–	–	–	–	–	–	–

23	22	21	20	19	18	17	16
–	–	–	–	–	–	–	–

15	14	13	12	11	10	9	8
–	–	–	–	–	–	–	RSTSTA

7	6	5	4	3	2	1	0
TXDIS	TXEN	RXDIS	RXEN	RSTTX	RSTRX	–	–

注：名称为 UART_CR，地址为 0x400E0800，访问方式为只写。

图 11-16　UART 控制寄存器 UART_CR 结构描述

- RSTRX 位用于设置 UART 接收器软件复位。将该位设置为 1，则复位 UART 接收器，如果此时正在接收字符，也将立即复位。
- RSTTX 位用于设置 UART 发送器软件复位。将该位设置为 1，则复位 UART 发送器，如果此时正在发送字符，也将立即复位。
- RXEN 位是接收器使能位。RXDIS 位为 0 时，设置此位为 1 来使能接收器。
- RXDIS 位是接收器失效位。将此位设置为 1 时，使接收器处于失效状态。如果此时接收器正在接收字符，并且 RSTRX 位为 0，则完成当前字符接收任务后接收器才失效。
- TXEN 位用于设置发送器使能。TXDIS 位为 0 时，设置此位为 1 来使能发送器。
- TXDIS 位是发送器失效位。将此位设置为 1 时，使发送器处于失效状态。如果此时发送器正在发送字符或者字符已经写入 UART_THR 寄存器，并且 RSTTX 位为 0，则完成当前字符发送任务后发送器才失效。
- RSTSTA 位是复位状态位。将此位置位可以使 UART_SR 寄存器的 3 个状态位 PARE、FRAME 和 OVER 复位。

2. 模式寄存器 UART_MR

模式寄存器 UART_MR 结构描述如图 11-17 所示。

31	30	29	28	27	26	25	24
–	–	–	–	–	–	–	–

23	22	21	20	19	18	17	16
–	–	–	–	–	–	–	–

15	14	13	12	11	10	9	8
CHMODE		–	–	PAR			–

7	6	5	4	3	2	1	0
–	–	–	–	–	–	–	–

注：名称为 UART_MR，地址为 0x400E0804，访问方式为读/写。

图 11-17　UART 模式寄存器 UART_MR 结构描述

　　模式寄存器 UART_MR 目前包含两个部分：PAR 和 CHMODE。PAR 位域用于设置奇偶校验类型，如表 11-3 所示。CHMODE 用于设置信道模式类型，如表 11-4 所示。

表 11-3　奇偶校验类型

值	名称	描述
0	EVEN	偶校验
1	ODD	奇校验
2	SPACE	空：奇偶校验位为 0
3	MARK	标志：奇偶校验位为 1
4	NO	无校验

表 11-4　信道模式类型

值	名称	描述
0	NORMAL	普通模式
1	AUTOMATIC	自动回声
2	LOCAL_LOOPBACK	本地回环
3	REMOTE_LOOPBACK	远端回环

3. 中断使能寄存器 UART_IER

　　中断使能寄存器 UART_IER 结构描述如图 11-18 所示。

31	30	29	28	27	26	25	24
–	–	–	–	–	–	–	–

23	22	21	20	19	18	17	16
–	–	–	–	–	–	–	–

15	14	13	12	11	10	9	8
–	–	–	RXBUFF	TXBUFE	–	TXEMPTY	–

7	6	5	4	3	2	1	0
PARE	FRAME	OVRE	ENDTX	ENDRX	–	TXRDY	RXRDY

注：名称为 UART_IER，地址为 0x400E0808，访问方式为只写。

图 11-18　UART 中断使能寄存器 UART_IER 结构描述

　　与 UART 相关的中断如表 11-5 所示。

表 11-5　与 UART 相关的中断

中断名称	描述
RXRDY	接收器准备好
TXRDY	发送器准备好
ENDRX	接收器传输结束
ENDTX	发送器传输结束

中断名称	描述
OVER	接收溢出错误
FRAME	接收帧错误
PARE	奇偶校验错误
TXEMPTY	发送器空
TXBUFE	发送缓冲区空
RXBUFF	接收缓冲区满

设置 UART_IER 寄存器的对应位为 1 表示使能相应中断。

4. 中断禁用寄存器 UART_IDR

中断禁用寄存器 UART_IDR 结构描述如图 11-19 所示。

31	30	29	28	27	26	25	24
–	–	–	–	–	–	–	–

23	22	21	20	19	18	17	16
–	–	–	–	–	–	–	–

15	14	13	12	11	10	9	8
–	–	–	RXBUFF	TXBUFE	–	TXEMPTY	–

7	6	5	4	3	2	1	0
PARE	FRAME	OVRE	ENDTX	ENDRX	–	TXRDY	RXRDY

注：名称为 UART_IDR，地址为 0x400E080C，访问方式为只写。

图 11-19　UART 中断禁用寄存器 UART_IDR 结构描述

设置 UART_IDR 寄存器的对应位为 1 表示禁用相应中断。

5. 中断屏蔽寄存器 UART_IMR

中断屏蔽寄存器 UART_IMR 结构描述如图 11-20 所示。

31	30	29	28	27	26	25	24
–	–	–	–	–	–	–	–

23	22	21	20	19	18	17	16
–	–	–	–	–	–	–	–

15	14	13	12	11	10	9	8
–	–	–	RXBUFF	TXBUFE	–	TXEMPTY	–

7	6	5	4	3	2	1	0
PARE	FRAME	OVRE	ENDTX	ENDRX	–	TXRDY	RXRDY

注：名称为 UART_IMR，地址为 0x400E0810，访问方式为只读。

图 11-20　UART 中断屏蔽寄存器 UART_IMR 结构描述

设置 UART_IMR 寄存器的对应位为 0 表示屏蔽相应中断。

6. 状态寄存器 UART_SR

状态寄存器 UART_SR 结构描述如图 11-21 所示。

31	30	29	28	27	26	25	24
–	–	–	–	–	–	–	–

23	22	21	20	19	18	17	16
–	–	–	–	–	–	–	–

15	14	13	12	11	10	9	8
–	–	–	RXBUFF	TXBUFE	–	TXEMPTY	–

7	6	5	4	3	2	1	0
PARE	FRAME	OVRE	ENDTX	ENDRX	–	TXRDY	RXRDY

注：名称为 UART_SR，地址为 0x400E0814，访问方式为只读。

图 11-21　UART 状态寄存器 UART_SR 结构描述

（1）RXRDY：接收器准备好

0：上次读取完 UART_RHR 寄存器后没有字符被接收。

1：至少有一个字符被接收并保存在 UART_RHR 寄存器中没有被读取。

（2）TXRDY：发送器准备好

0：一个字符已经被写入 UART_THR 寄存器，并且没有传入移位寄存器。或者表示发送器失效。

1：没有字符写入 UART_THR 寄存器，也没有传入移位寄存器。

（3）ENDRX：接收器传输结束

0：接收器外部设备数据控制信道发出的传输结束信号是无效的。

1：接收器外部设备数据控制信道发出的传输结束信号是有效的。

（4）ENDTX：发送器传输结束

0：发送器外部设备数据控制信道发出的传输结束信号是无效的。

1：发送器外部设备数据控制信道发出的传输结束信号是有效的。

（5）OVER：溢出错误

0：上次复位后没有发生溢出错误。

1：上次复位后至少发生一次溢出错误。

（6）FRAME：帧错误

0：上次复位后没有发生帧错误。

1：上次复位后至少发生一次帧错误。

（7）PARE：奇偶校验错误

0：上次复位后没有发生奇偶校验错误。

1：上次复位后至少发生一次奇偶校验错误。

（8）TXEMPTY：发送器空

0：UART_THR 寄存器中有字符或者字符已经被发送器处理，或者发送器失效。

1：UART_THR 寄存器中没有字符并且没有字符被发送器处理。

（9）TXBUFE：发送缓冲区空

0：发送器 PDC 通道发出的缓冲区空信号是无效的。

1：发送器 PDC 通道发出的缓冲区空信号是有效的。

（10）RXBUFF：接收缓冲区满

0：接收器 PDC 通道发出的缓冲区满信号是无效的。

1：接收器 PDC 通道发出的缓冲区满信号是有效的。

7. 接收保持寄存器 UART_RHR

接收保持寄存器 UART_RHR 结构描述如图 11-22 所示。

31	30	29	28	27	26	25	24
–	–	–	–	–	–	–	–

23	22	21	20	19	18	17	16
–	–	–	–	–	–	–	–

15	14	13	12	11	10	9	8
–	–	–	–	–	–	–	–

7	6	5	4	3	2	1	0
			RXCHR				

注：名称为 UART_RHR，地址为 0x400E0818，访问方式为只读。

图 11-22　UART 接收保持寄存器 UART_RHR 结构描述

UART 接收保持寄存器 UART_RHR 只使用了最低 8 位构成 RXCHR。当 RXRDY 位为 1 时，使用 RXCHR 存储最后接收的字符。

8. 发送保持寄存器 UART_THR

发送保持寄存器 UART_THR 结构描述如图 11-23 所示。

31	30	29	28	27	26	25	24
–	–	–	–	–	–	–	–

23	22	21	20	19	18	17	16
–	–	–	–	–	–	–	–

15	14	13	12	11	10	9	8
–	–	–	–	–	–	–	–

7	6	5	4	3	2	1	0
			TXCHR				

注：名称为 UART_THR，地址为 0x400E081C，访问方式为只写。

图 11-23　UART 发送保持寄存器 OART_THR 结构描述

UART 发送保持寄存器 UART_THR 只使用了最低 8 位构成 TXCHR。当 TXRDY 位为 0 时，使用 TXCHR 存储下一个要发送的字符。

9. 波特率发生器寄存器 UART_BRGR

波特率发生器寄存器 UART_BRGR 结构描述如图 11-24 所示。

31	30	29	28	27	26	25	24
–	–	–	–	–	–	–	–

23	22	21	20	19	18	17	16
–	–	–	–	–	–	–	–

15	14	13	12	11	10	9	8
			CD				

7	6	5	4	3	2	1	0
			CD				

注：名称为 UART_BRGR，地址为 0x400E0820，访问方式为读/写。

图 11-24　UART 波特率发生器寄存器 UART_BRGR 结构描述

UART 波特率发生器寄存器 UART_BRGR 的最低 15 位为 CD。如果 CD 位的值为 0，则波特率时钟失效。如果 CD 的值为 1～65535，则波特率=MCK/(CD×16)。

11.4 UART 通信的基本操作

11.4.1 UART 的数据结构

在 sam3x8e.h 文件中，它定义了 UART 对应的数据结构及其工作地址，文件内容如下：

```
#define UART        ((Uart   *)0x400E0800U)
```

UART 的数据结构是 Uart，它的基地址是 0x400E0800U。Uart 的数据结构在 component_uart.h 文件中定义，它的内容如下：

```
typedef struct {
    __O  uint32_t UART_CR;
    __IO uint32_t UART_MR;
    __O  uint32_t UART_IER;
    __O  uint32_t UART_IDR;
    __I  uint32_t UART_IMR;
    __I  uint32_t UART_SR;
    __I  uint32_t UART_RHR;
    __O  uint32_t UART_THR;
    __IO uint32_t UART_BRGR;
    __I  uint32_t Reserved1[55];
    __IO uint32_t UART_RPR;
    __IO uint32_t UART_RCR;
    __IO uint32_t UART_TPR;
    __IO uint32_t UART_TCR;
    __IO uint32_t UART_RNPR;
    __IO uint32_t UART_RNCR;
    __IO uint32_t UART_TNPR;
    __IO uint32_t UART_TNCR;
    __O  uint32_t UART_PTCR;
    __I  uint32_t UART_PTSR;
} Uart;
```

11.4.2 UART 的操作步骤

如果需要使能 UART 的通信功能，需要对相应的功能寄存器进行配置，通常配置的流程如下。

1. 设定 UART 外部设备功能

每个接口既可以作为通用 I/O 接口，也可以作为外部设备，它的角色通过寄存器 PIO_PSR 来选择。寄存器 PIO_PSR 是只读寄存器，通过寄存器 PIO_PER 和 PIO_PDR 来设置。寄存器 PIO_PER 可设置某个接口作为通用 I/O 接口使用，而寄存器 PIO_PDR 可设置某个接口作为外部设备使用。寄存器 PIO_ABSR 用来选择外部设备 A 或者外部设备 B 功能。PIO 作为外部设备使用时的功能结构如图 8-3 所示。

2. 波特率发生器

UART 的波特率发生器为传输提供了串行移位时钟，它以 SAM3X8E 的功耗管理控制寄存器 PMC 的 MCK 为时钟源。波特率由一个专用分频寄存器（UART_BRGR）中 CD 位来控制，计算公式如下：

3. 通信数据格式

UART 通信的数据格式由模式寄存器 UART_MR 设置，它支持一个或两个停止位，5 位、6 位、7 位或 8 位数据宽度和奇偶校验位。

4. 数据收发操作

数据收发操作是通过线性控制寄存器 UART_CR 来设置的。当接收到数据时，状态寄存器 UART_SR 中的接收标志位置位，接收数据保存在寄存器 UART_RHR 中。读取 UART_RHR 寄存器后，自动清除 UART_SR 中的接收标志位置位，并同时启动下一次数据接收环节。

当发送数据时，首先判断状态寄存器 UART_SR 中的发送标志位状态。如果标志位置位，则等待 UART 将上一个数据发送完成；如果标志位清零，则将发送数据复制到寄存器 UART_THR 中，同时使标志位置位，串行通信接口开始发送数据位。

11.4.3 编程实验：回音壁

1. 实验目的

本实验通过 ARM 寄存器编程方式，实现回音壁功能，即实现 Arduino Due 开发板与计算机之间的串行通信。计算机通过串行通信接口助手或 Arduino 1.6.12 自带的串行通信接口监控工具，向 Arduino Due 开发板发送一个字符。当 Arduino Due 开发板接收到该字符后，立即将该字符重新返回给计算机。

在本实验开始之前，先将 Arduino Due 开发板上 Programming Port USB 接口与 USB 数据线相连，USB 数据线的另外一端与计算机相连。然后在 Arduino Due 开发板上的 JTAG 接口位置处将 ULINK 2 仿真器的排线插入插槽，将 ULINK 2 仿真器另外一端的 USB 数据线与计算机相连。

2. 软件程序

本实验的软件程序如代码清单 11-1 所示。在编译和下载程序成功后，首先在串行通信接口调试软件中正确设置串行通信接口的接口号和波特率。然后通过串行通信接口调试软件向 Arduino Due 开发板发送一个字符，串行通信接口调试软件就会显示出已接收的字符。

代码清单 11-1　回音壁程序代码

```
#include "sam3x8e.h"
void SystemInit()
{
//   Instance  |  ID  | I/O Line | Arduino
// -----------------|---------|----------------------
//   URXD     |  11  | PA8    | 0
//   UTXD     |  12  | PA9    | 1
//1. 设置 URXD 对应的接口 PA8
//禁用 PIOA 控制寄存器的写保护功能
PIOA->PIO_WPMR = 0x50494F00;
//设置 PIOA 接口的 PA8 功能为外部设备
PIOA->PIO_PDR = PIOA->PIO_PSR | 0x00000100;
//设置 PIOA 接口的 PA8 功能为外部设备 A
PIOA->PIO_ABSR = 0x00000000;
//使能 PIOA 接口的 PA8 的上拉电阻器
PIOA->PIO_PUER = 0x00000100;  // Enable Pullup Res

//2. 设置 UTXD 对应的接口 PA9
```

213

```
//禁用 PIOA 控制寄存器的写保护功能
PIOA->PIO_WPMR = 0x50494F00;
//设置 PIOA 接口的 PA9 功能为外部设备
PIOA->PIO_PDR = PIOA->PIO_PSR | 0x00000200;
//设置 PIOA 接口的 PA9 功能为外部设备 A
PIOA->PIO_ABSR = 0x00000000;
//使能 PIOA 接口的 PA9 的上拉电阻器
PIOA->PIO_PUER = 0x00000200;

//3. 设置 UART 的时钟源频率为 12MHz
//禁用功耗管理控制寄存器 PMC 的写保护功能
PMC->PMC_WPMR = 0x504D4300;
//选择外部 12MHz 晶振作为 MCK
PMC->CKGR_MOR = 0x01370801;
//等待 Main Clock 时钟源切换稳定
while(!(PMC->PMC_SR & 0x1));
//Main Clock 分频后生成主时钟 MCK, MCK = MAINCLK/1
PMC->PMC_MCKR = 0x00000001;
//等待主时钟 MCK 切换稳定
while(!(PMC->PMC_SR & 0x8));

//使能 PIOA 的外部设备时钟频率为 12MHz
PMC->PMC_PCER0 = 0x00000800;
//设置串行通信的波特率为 9600Baud, CD = 12MCK/(16×9600)
UART->UART_BRGR = (12000000 / 9600) >> 4;
//设置串行通信的数据格式为普通模式, 无校验
UART->UART_MR = 0x80;
//使能 UART 的接收和发送功能
UART->UART_CR = 0x50;
}

//串行通信接口发送函数
void uart_txd(char value)
{
while( !(UART->UART_SR & 0x02));
UART->UART_THR = value;
}

//串行通信接口接收标志
char received_flag(void)
{
char flag = 0;
if(UART->UART_SR & 0x01)  //Receiver Ready
flag = 1;

return flag;
}

//串行通信接口接收函数
char uart_rxd(void)
{
char value = UART->UART_RHR;
```

```
//如果接收数据发生错误，复位串行通信接口
if(UART->UART_SR & 0x60)
UART->UART_CR = UART->UART_CR | 0x100;

return value;
}

int main(void)
{
while(1)
{
if(received_flag())
uart_txd(uart_rxd());
}
}
```

思考与练习

1. 简述同步通信方式的特点。
2. 简述异步通信方式的特点。
3. SAM3X8E 的 UART 单元有哪些特征？
4. UART 接收器在接收数据的过程中可能出现哪些意外情况？什么情况下会出现这些意外情况？

12 chapter

ADC

12.1 ADC 概述

　　真实世界的温度、光强、压力和速度等信号，经过传感器转变成电信号（一般为电压信号），即模拟量信号。这些连续变化的模拟量信号不能直接被微处理器处理。它们先通过放大器放大，再通过一定的处理变成离散的数字量后，才能被微处理器处理。实现模拟量到数字量转变的设备通常被称为模数转换器（Analog-to-Digital Converter，ADC）。

12.1.1　ADC 的工作原理

　　要实现从模拟量到数字量的转换，ADC 一般要经过采样、保持、量化和编码这 4 个步骤。转换过程需要一定的时间，模拟信号只有在这个转换时间内保持基本不变，才能保证转换精度。实现这种功能的电路是采样保持电路，它通常被称为采样保持器，或采样保持放大器。基本的采样保持电路由模拟开关、存储元件（保持电容）和缓冲放大器组成，它的结构如图 12-1 所示。

输入逻辑电平 V_c 控制采样保持电路工作在"采样"或"保持"状态。在"采样"状态下，开关 S 导通，输入模拟信号 V_i 向电容器 C_H 充电，电路的输出 V_o 会跟踪输入模拟信号 V_i 的变化。在"保持"状态下，电路的输出 V_o 保持在模拟开关断开瞬间的输入模拟信号值，直至进入下一次采样状态为止。采样保持电路把时间连续的信号转换为一连串时间不连续的脉冲信号，如图 12-2 所示。采样保持电路的正常工作频率可以根据香农采样定理来估算。

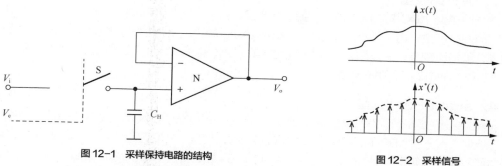

图 12-1　采样保持电路的结构　　　　图 12-2　采样信号

ADC 把模拟量变为数字量，用数字量近似表示模拟量，这个过程称为量化。也就是说，它使用最小单位的整数倍来表示采样信号的电压。这个最小单位就是量化单位，它被称为数字信号最低有效位（Least Significant Bit，LSB），即 ADC 最低二进制位所代表的物理量。量化过程就是一个数值分层过程，即四舍五入的过程，量化误差是 ±LSB。把量化的结果用二进制数字表示出来的过程称为编码。编码的输出就是模数转换的结果。表 12-1 显示了 0～8/8V 模拟信号的量化和编码。

表 12-1　0～8/8V 模拟信号的量化和编码

模拟电压 U	量化结构	二进制码
0～1/8V	0V	0 0 0
1/8V～2/8V	1/8V=Δ	0 0 1
2/8V～3/8V	2/8V=2Δ	0 1 0
3/8V～4/8V	3/8V=3Δ	0 1 1
4/8V～5/8V	4/8V=4Δ	1 0 0
5/8V～6/8V	5/8V=5Δ	1 0 1
6/8V～7/8V	6/8V=6Δ	1 1 0
7/8V～8/8V	7/8V=7Δ	1 1 1

12.1.2　ADC 的分类和特点

随着集成电路的飞速发展，ADC 的创新设计和制造技术层出不穷。为满足各种不同的应用需求，结构不同及性能各异的 ADC 应运而生。目前，ADC 主要有以下几种类型。

1. 积分型

积分型 ADC 将输入电压转换成时间（脉冲宽度信号）或频率（脉冲频率），然后由定时/计数器获得数字值。这种 ADC 的优点是用简单电路就能获得高分辨率，缺点是由于转换精度依赖积分时间，因此转换速率极低。早期的 ADC 大多采用积分型，典型的积分型 ADC 有 TLC7135。

2. 逐次逼近式

逐次逼近式 ADC 是由比较器、计数逻辑器和 DAC 构成的。从 MSB（Most Significant Bit，最高有效位）开始，它顺序地将内置 DAC 输出与待转换的模拟输入信号进行比较，以便向模拟输入信号逼进。当二者相等时，向 DAC 输入的数字信号就对应的是模拟输入信号的数字量。这种 ADC 一般转换速率较高、功耗低，但精度不高。典型的逐次逼近式 ADC 有 TLC0831、ADC0801 和 AD570 等。

3. 并行比较型

并行比较型 ADC 的内部结构使用了多个比较器，采用各量级同时并行比较，各位输出码也是同时并行产生。由于转换速率极高，它也被称为快速型。但是并行比较型 ADC 的电路规模很大，价格比较高，只适用于视频数字转换等要求转换速率特别高的领域。典型的并行比较型 ADC 有 AD9012 和 AD9020 等。

4. sigma-delta 型

sigma-delta（Σ-Δ）型 ADC 是由积分器、比较器、一位 DAC 和数字滤波器等组成的。它的工作原理近似于积分型 ADC 的，它将输入电压转换成时间信号（脉冲宽度），用数字滤波器处理后得到数字值。这种转换器的转换精度极高，可达到 16～24 位的转换精度。sigma-delta 型 ADC 的价格低廉，但是转换速率比较低。因此，它比较适用于对检测精度要求很高，但对速度要求不是太高的检验设备，比如主要用于音频的测量。典型的 sigma-delta 型 ADC 有 AD7705 和 AD7714 等。

5. 压频变换型

压频变换型（Voltage-Frequency，V/F）ADC 是通过间接转换方式来实现模数转换的。它首先将输入的电压信号转换成频率信号，然后用计数器将频率信号转换成数字量。从理论上讲这种 ADC 的分辨率几乎可以无限增加，只要采样的时间足够长，就能够满足输出频率分辨率要求的脉冲个数。这种转换器不仅具有良好的精度和线性，还具有成本低、电路简单，对环境适应能力强的特点。典型的 V/F 型 ADC 有 LM311 和 AD650 等。

12.1.3 ADC 的主要技术指标

1. 分辨率

当输出数字量改变一个相邻数位时，输入模拟电压需要变化的量就被称为分辨率（Resolution）。例如一个 5V 满刻度的 10 位 ADC，它能分辨输入电压变化最小值是 $5V \times \left(\dfrac{1}{2}\right)^{10} \approx 4.88mV$。在相同条件下，ADC 的量化位数越高，分辨率就越高。

2. 转换速率

转换速率（Conversion Rate）是完成一次从模拟量到数字量转换所需时间的倒数，即每秒转换的次数。大部分 ADC 也使用采样速率（Sample Rate）来表征 ADC 的转换速率，即两次采样之间的间隔。采样速率的常用单位是 ksps 和 msps。为了保证转换的正确性，采样速率必须小于或等于转换速率。习惯上，人们也将转换速率在数值上等同于采样速率。ADC 的分辨率和转换速率两者总是相互制约，即 ADC 的分辨率越高，需要的转换时间就越长，转换速率就越低。

3. 量化误差

量化误差（Quantizing Error）是由于 ADC 有限的分辨率而引起的误差，用数字量近似表示模拟量的最大偏差。量化误差通常是一个或半个最小数字量的模拟变化量，可表示为 1LSB、1/2LSB。

4．偏移误差

偏移误差（Offset Error）又称为零值误差。即当输入信号为零时，输出信号不为零的值。假定 ADC 没有非线性误差，则其转换特性曲线各阶梯中点的连线必定是直线，这条直线与横轴相交点所对应的输入电压值就是偏移误差。

5．满刻度误差

满刻度误差（Full Scale Error）又称为增益误差。即当 ADC 的满刻度输出时，实际输入信号的电压与对应的理想输入信号的电压值之差。

6．线性度

线性度（Linearity）描述了 ADC 实际的转换特性函数与理想直线的最大偏差。

7．精度

精度（Accuracy）分为绝对精度（Absolute Accuracy）和相对精度（Relative Accuracy）。绝对精度是指 ADC 的输出编码对应的实际模拟量与理论模拟量之差的最大值。对于 ADC 而言，可以在每一个阶梯的水平中点进行测量，它包括所有的误差。

除了上面的指标外，ADC 还有其他指标，比如单调性、无错码、总谐波失真和积分非线性等。在实际工作中，ADC 的选型首先看分辨率和转换速率，然后根据项目需求选择合适的位数、工作接口和信号输入方式等。

12.2　ADC 的结构

12.2.1　内部结构图

SAM3X8E 芯片内部集成了一个 ADC，它的内部结构如图 12-3 所示，ADC 引脚功能描述如表 12-2 所示。从图 12-3 中可以看出，ADC 共有 16 路模拟信号输入通道：AD0～AD15。其中，AD15 没有作为芯片引脚供外部信号使用，而是被直接连接到芯片内部的温度传感器上。模拟信号输入电压的范围为 0 到引脚 ADVREF 参考电压。ADC 可以将这些电压之间的模拟输入转换为基于线性转换的值。模拟数字转换结果保存在通道的通用寄存器和专用寄存器中。ADTRG 是外部触发信号，支持外部触发功能。ADC 的工作时钟来自系统主时钟 MCK，经过 ADC 内部时钟分频器，生成 ADC 的工作时钟。当使用 ADC 功能时，必须使能 ADC 的外部设备时钟。

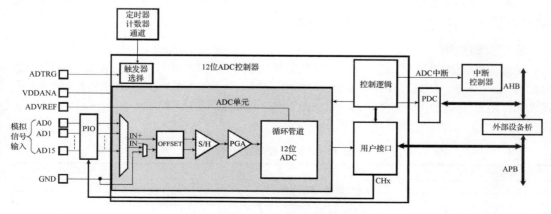

图 12-3　ADC 内部结构

表 12-2　ADC 引脚功能描述

引脚名称	描述
VDDANA	模拟信号供电电源
ADVREF	参考电压
AD0～AD15	模拟信号输入通道
ADTRG	外部触发信号

12.2.2　ADC 的主要特性

ADC 有以下主要特性。

- 最大分辨率为 12 位，支持 10 位或 12 位两种分辨率模式。
- 最大转换速率为 1MHz，即转换时间为 1μs。
- 支持较宽范围的供电电源。
- 支持单端信号或差分信号输入。
- 支持可编程增益，最大满量程输入范围 $0～V_{DD}$。
- 内部集成了一个多路复用器，支持多达 16 位的模拟输入。
- 支持单个通道的独立启用和禁用。
- 支持外部触发或软件触发。
- 支持 ADC 的时序配置。
- 支持两种睡眠模式和转换排序。
- 支持待机模式，可快速唤醒响应。
- 支持转换结果的自动窗口比较。
- 支持写保护寄存器。

12.2.3　基本信号描述

1．电源管理控制寄存器

启动与关闭 ADC 是由控制寄存器中的时钟信号来决定的。该时钟信号来自电源管理控制寄存器的时钟信号 MCK。当启动 ADC 工作时，应首先使能控制寄存器中的时钟信号 MCK。同理，当 ADC 不需要继续工作或重新启动工作时，应当关闭时钟信号 MCK。需要注意的是，配置控制寄存器，并不需要使能 ADC 中的时钟信号。

2．中断源

ADC 的外部设备 ID 为 37，它的中断信号连接在中断控制寄存器的一个内部中断源上。在使用模拟数字转换中断之前，需要先对 NVIC 进行设置。

3．引脚复用

虽然每个通道的接口都可以与 PIO 接口复用引脚，但它们之间互不影响。ADC 引脚复用信息如表 12-3 所示。因此，当使用模拟数字转换功能时，需要选择 PIO 控制寄存器中的外部设备功能。ADC 支持启用或者关闭每一路 ADC 通道，例如，当应用程序需要 4 个 ADC 通道时，只须将 4 个 I/O 引脚配置为 ADC 的输入。

表 12-3　ADC 引脚复用信息

标准单元名称	信号名称	I/O 引脚名称	外部设备名称
ADC	ADTRG	PA11	B
ADC	AD0	PA2	X1
ADC	AD1/WKUP1	PA3	X1

标准单元名称	信号名称	I/O 引脚名称	外部设备名称
ADC	AD2	PA4	X1
ADC	AD3	PA6	X1
ADC	AD4	PA22	X1
ADC	AD5	PA23	X1
ADC	AD6	PA24	X1
ADC	AD7	PA16	X1
ADC	AD8	PB12	X1
ADC	AD9	PB13	X1
ADC	AD10	PB17	X1
ADC	AD11	PB18	X1
ADC	AD12	PB19	X1
ADC	AD13	PB20	X1
ADC	AD14/WKUP13	PB21	X1

　　模拟输入可以与 I/O 引脚复用，它通过写入寄存器 ADC_CHER 来启用相应通道。默认情况下，芯片上电复位后，I/O 引脚被配置为带上拉电阻器的输入，而 ADC 输入则连接到 GND。

　　温度传感器默认连接到 ADC 的第 16 路通道（AD15）。若将 ADC ACR 寄存器中的 TSON 位置位，就会使能温度传感器。温度传感器的输出电压 VT 与绝对温度（PTAT）成正比。

　　ADTRG 引脚可以通过 I/O 引脚（PA11）与外部设备（B）复用引脚接口。

12.3　ADC 的基本功能

12.3.1　模数转换过程

　　ADC 是以其工作时钟的频率为基准来执行模数转换的。工作时钟的频率由模式寄存器 ADC_MR 的 PRESCAL 位决定。只有配置了 PRESCAL 之后，ADC 才会有时钟信号，进而才能正常工作。如果 PRESCAL 设置为 0，则 ADC 时钟频率为 MCK/2；如果 PRESCAL 设置为 255（0xFF），则 ADC 时钟频率为 MCK/512。

　　ADC 将一个模拟量转换为 12 位数字量。转换先后经历了两个阶段：传送时钟周期和跟踪时钟周期。传送时钟周期在模式寄存器 ADC_MR 的 TRANSFER 位中设置，跟踪时钟周期在模式寄存器 ADC_MR 的 TRACKTIM 位中设置。跟踪时钟周期在前一个通道的转换期间启动。如果跟踪时钟周期长于转换时钟周期，则跟踪时钟周期将扩展到上一次转换结束，如图 12-4 所示。

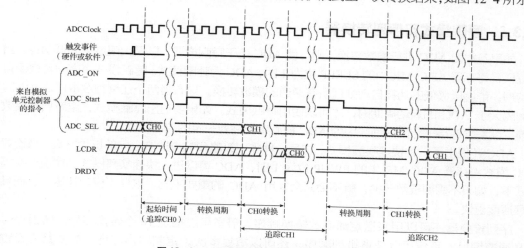

图 12-4　ADC 的传送时钟周期和跟踪时钟周期

12.3.2　分辨率设置

ADC 支持 10 位或 12 位分辨率。当芯片上电复位后，ADC 的分辨率默认为 12 位分辨率。通过设置 ADC 模式寄存器 ADC_MR 中的 LOWRES 位，可以将 ADC 的分辨率切换到 10 位。此外，当 PDC 通道连接到 ADC 时，12 位或 10 位分辨率都会将传输请求的大小设置为 16 位。

12.3.3　转换结果

当模数转换完成后，ADC 将默认的 12 位转换结果分别保存在当前通道数据寄存器 ADC_CDRx 和最后转换数据寄存器 ADC_LCDR 中。在 10 位分辨率模式下，转换结果保存在数据寄存器的低 10 位中，数据寄存器的最高 2 位为 0。通过设置 ADC_EMR 中的 TAG 位，ADC_LCDR 就会通过 CHNB 位提供与转换结果相关联的通道编号。

当模数转换完成后，状态寄存器 ADC_SR 中的 EOC 位和 DRDY 位都会被置位。在连接 PDC 通道的情况下，DRDY 的上升沿将触发数据传输请求。无论什么情况，EOC 和 DRDY 都可以用于触发中断。

读取当前通道数据寄存器 ADC_CDRx，将会清除 ADC_CDRx 寄存器中相应的 EOC 位。读取最后转换数据寄存器 ADC_LCDR，将会清除最后转换的通道相对应的 DRDY 位和 EOC 位。

当下一个转换结果到来之后，如果仍未读取 ADC_CDRx 寄存器中的数据，那么会设置溢出状态寄存器 ADC_OVER 中相应的溢出错误位 OVREx。同样地，当 DRDY 为高电平时，新的转换数据将会设置 ADC_SR 中的 GOVRE 位。读取 ADC_OVER 后，OVREx 位自动清零；读取 ADC_SR 后，GOVRE 位自动清零。

12.3.4　触发转换的类型

启动通道的模数转换可以通过软件或硬件触发来完成。软件触发通过配置控制寄存器 ADC_CR 中的 START 位为 1 来实现；硬件触发来自外部事件，比如定时器的输出 TIOA、PWM 事件线或 ADC 的外部触发输入。在模式寄存器 ADC_MR 中，通过 TRGSEL 位选择硬件触发类型。使能硬件触发就需要设置模式寄存器 ADC_MR 中的使能位 TRGEN。

定时器输出触发和 PWM 事件触发的类型由程序员决定，它们既可以作为硬件触发，也可以作为软件触发。

12.3.5　睡眠模式和序列转换器

如果不需要 ADC 进行模数转换，则可使 ADC 处于睡眠模式，以最大限度地降低功耗。当设置模式寄存器 ADC_MR 中的 SLEEP 位为 1 时，ADC 为睡眠模式。睡眠模式由序列转换器自动管理，能够以极低的功耗自动处理所有通道的模数转换。只有当两个连续触发事件之间的时间间隔大于 ADC 的启动周期时，才可以使用睡眠模式。如果要退出睡眠模式，重新启动模数转换，就需要等待一定的时间，因为 ADC 核心单元需要一定的启动时间。

ADC 还提供了一种快速唤醒模式，它是一种省电策略和响应速度之间的折中方案。当设置 ADC 模式寄存器 ADC_MR 中的 FWUP 位为 1 时，ADC 可以进入快速唤醒模式。在快速唤醒模式下，如果不需要模数转换，就不会完全禁用 ADC 的重要单元。这样不仅功耗更少，而且唤醒速度更快。

序列转换器还可以用来指定通道的转换顺序，最多可以指定 16 个转换序号。转换序号就是通道编号，不仅可以任意排列顺序，还可以重复多次。定制转换序列，需要首先设置

ADC 模式寄存器 ADC_MR 中的 USEQ 位为 1，然后设置序列通道寄存器 ADC_SEQR1 和
ADC_SEQR2。

12.4 ADC 的寄存器描述

SAM3X8E 中 ADC 的外部设备 ID 为 37，它通过操作功能寄存器来实现模数转换。ADC
的功能寄存器如表 12-4 所示，每个通道都可以通过软件配置寄存器来满足不同系统和设计的
需要。

表 12-4　ADC 的功能寄存器

偏移量	寄存器	名称	访问方式	复位值
0x00	控制寄存器	ADC_CR	只写	
0x04	模式寄存器	ADC_MR	读写	0x0000 0000
0x08	通道序列寄存器 1	ADC_SEQR1	读写	0x0000 0000
0x0C	通道序列寄存器 2	ADC_SEQR2	读写	0x0000 0000
0x10	通道使能寄存器	ADC_CHER	只写	
0x14	通道禁用寄存器	ADC_CHDR	只写	
0x18	通道状态寄存器	ADC_CHSR	只读	0x0000 0000
0x1C	保留			
0x20	最后转换数据寄存器	ADC_LCDR	只读	
0x24	中断使能寄存器	ADC_IER	只写	
0x28	中断禁用寄存器	ADC_IDR	只写	
0x2C	中断屏蔽寄存器	ADC_IMR	只读	0x0000 0000
0x30	中断状态寄存器	ADC_ISR	只读	0x0000 0000
0x34	保留			
0x38	保留			
0x3C	溢出状态寄存器	ADC_OVER	只读	0x0000 0000
0x40	扩展模式寄存器	ADC_EMR	读写	0x0000 0000
0x44	窗口比较寄存器	ADC_CWR	读写	0x0000 0000
0x48	通道增益寄存器	ADC_CGR	读写	0x0000 0000
0x4C	通道偏移寄存器	ADC_COR	读写	0x0000 0000
0x50	通道数据寄存器 0	ADC_CDR0	只读	0x0000 0000
0x54	通道数据寄存器 1	ADC_CDR1	只读	0x0000 0000
……	……	……	……	……
0x8C	通道数据寄存器 15	ADC_CDR15	只读	0x0000 0000
0x90	保留			
0x94	模拟控制寄存器	ADC_ACR	读写	0x0000 0000
0x98～0xAC	保留			
0xC4～0xE0	保留			
0xE4	写保护模式寄存器	ADC_WPMR	读写	0x0000 0000
0xE8	写保护状态寄存器	ADC_WPSR	只读	0x0000 0000
0xEC～0xF8	保留			
0xFC	保留			

1. 控制寄存器 ADC_CR

控制寄存器 ADC_CR 结构描述如图 12-5 所示。

31	30	29	28	27	26	25	24
–	–	–	–	–	–	–	–

23	22	21	20	19	18	17	16
–	–	–	–	–	–	–	–

15	14	13	12	11	10	9	8
–	–	–	–	–	–	–	–

7	6	5	4	3	2	1	0
–	–	–	–	–	–	START	SWRST

图 12-5　控制寄存器 ADC_CR 结构描述

SWRST 位用于设置 ADC 的软件复位功能。如果该位设置为 1，则复位 ADC，是模拟硬件复位。

START 位用于启动模数转换。如果该位设置为 1，则启动模数转换。

2. 模式寄存器 ADC_MR

模式寄存器 ADC_MR 的结构描述如图 12-6 所示。

31	30	29	28	27	26	25	24
USEQ	–	TRANSFER		TRACKTIM			

23	22	21	20	19	18	17	16
ANACH	–	SETTLING		STARTUP			

15	14	13	12	11	10	9	8
PRESCAL							

7	6	5	4	3	2	1	0
FREERUN	FWUP	SLEEP	LOWRES	TRGSEL			TRGEN

图 12-6　模式寄存器 ADC_MR 结构描述

只有清除写保护模式寄存器 ADC_WPMR 中的 WPEN 位，才能对模式寄存器 ADC_MR 进行写操作。

TRGEN 位用于使能或禁用硬件触发。如果该位设置为 0，则禁用硬件触发，只能使用软件触发；如果该位设置为 1，则使能硬件触发，硬件触发的类型由 TRGSEL 位设定。

TRGSEL 位用于设置硬件触发的类型，ADC 的触发类型参数如表 12-5 所示。

表 12-5　ADC 的触发类型参数

TRGSEL 的值	名称	描述
0	ADC_TRIG0	外部信号 ADCTRG
1	ADC_TRIG1	定时/计数器 0 的输出信号 TIOA
2	ADC_TRIG2	定时/计数器 1 的输出信号 TIOA
3	ADC_TRIG3	定时/计数器 2 的输出信号 TIOA
4	ADC_TRIG4	PWM 事件 0
5	ADC_TRIG5	PWM 事件 1
6	ADC_TRIG6	保留
7		保留

LOWRES 位用于设置 ADC 的分辨率。如果该位设置为 0，则 ADC 使用 12 位分辨率。如果该位设置为 1，则 ADC 使用 10 位分辨率。

SLEEP 位用于设置 ADC 的睡眠模式。如果该位设置为 0，则 ADC 不使用睡眠模式。此时，ADC 的重点单元和参考电压电路正常工作；如果该位设置为 1，则 ADC 使用睡眠模式。此时，ADC 的重点单元和参考电压电路被禁用。

FWUP 位用于设置 ADC 的快速唤醒模式。如果该位设置为 0，则 ADC 使用 SLEEP 位设定的普通睡眠模式；如果该位设置为 1，则 ADC 使用快速唤醒模式。在快速唤醒模式下，只有参考电压电路工作，而 ADC 核心单元被禁用。

FREERUN 位用于设置 ADC 的运行模式。如果该位设置为 0，则 ADC 使用普通工作模式；如果该位设置为 1，则 ADC 使用自由模式，不需要等待触发。

PRESCAL 位用于设置 MCK 时钟的分频系数，它决定了 ADC 工作时钟频率。ADCClock = MCK / ((PRESCAL+1) × 2)。

STARTUP 位用于设置 ADC 启动时间，ADC 的启动时间参数如表 12-6 所示。

表 12-6　ADC 的启动时间参数

值	名称	描述
0	SUT0	0 个 ADCClock 周期
1	SUT8	8 个 ADCClock 周期
2	SUT16	16 个 ADCClock 周期
3	SUT24	24 个 ADCClock 周期
4	SUT64	64 个 ADCClock 周期
5	SUT80	80 个 ADCClock 周期
6	SUT96	96 个 ADCClock 周期
7	SUT112	112 个 ADCClock 周期
8	SUT512	512 个 ADCClock 周期
9	SUT576	576 个 ADCClock 周期
10	SUT640	640 个 ADCClock 周期
11	SUT704	704 个 ADCClock 周期
12	SUT768	768 个 ADCClock 周期
13	SUT832	832 个 ADCClock 周期
14	SUT896	896 个 ADCClock 周期
15	SUT960	960 个 ADCClock 周期

SETTLING 位用于设置模拟建立时间，ADC 的采样时间参数如表 12-7 所示。

表 12-7　ADC 的采样时间参数

值	名称	描述
0	AST3	3 个 ADCClock 周期
1	AST5	5 个 ADCClock 周期
2	AST9	9 个 ADCClock 周期
3	AST17	17 个 ADCClock 周期

3. 通道序列寄存器 ADC_SEQR

通道序列寄存器 ADC_SEQR1 和 ADC_SEQR2 的结构描述如图 12-7 和图 12-8 所示。

31	30	29	28	27	26	25	24
USCH8				USCH7			
23	22	21	20	19	18	17	16
USCH6				USCH5			
15	14	13	12	11	10	9	8
USCH4				USCH3			
7	6	5	4	3	2	1	0
USCH2				USCH1			

图 12-7　通道序列寄存器 ADC_SEQR1 结构描述

31	30	29	28	27	26	25	24
USCH16				USCH15			
23	22	21	20	19	18	17	16
USCH14				USCH13			
15	14	13	12	11	10	9	8
USCH12				USCH11			
7	6	5	4	3	2	1	0
USCH10				USCH9			

图 12-8　通道序列寄存器 ADC_SEQR2 结构描述

通道序列寄存器 ADC_SEQR1 和 ADC_SEQR2 用于设置采样序号，最多可以设置 15 个采样序号。其中，每个序号可以指定通道 CH0～CH15。只有清除写保护模式寄存器 ADC_WPMR 中的 WPEN 位，才能对通道序列寄存器进行写操作。当且仅当模式寄存器 ADC_MR 中的 USEQ 位设置为 1 时，该寄存器才会被激活。只有当通道状态寄存器 ADC_CHSR 中对应的 CHx 位为 1 时，写入 USCHx 位才会有效，否则在 USCHx 中写入任何值都不会在转换序列中添加相应的通道。

4. 通道使能寄存器 ADC_CHER

通道使能寄存器 ADC_CHER 结构描述如图 12-9 所示。

31	30	29	28	27	26	25	24
–	–	–	–	–	–	–	–
23	22	21	20	19	18	17	16
–	–	–	–	–	–	–	–
15	14	13	12	11	10	9	8
CH15	CH14	CH13	CH12	CH11	CH10	CH9	CH8
7	6	5	4	3	2	1	0
CH7	CH6	CH5	CH4	CH3	CH2	CH1	CH0

图 12-9　通道使能寄存器 ADC_CHER 结构描述

当通道使能寄存器 ADC_CHER 中的 CHx 位为 1 时，对应通道 x 开始工作。只有清除写保护模式寄存器 ADC_WPMR 中的 WPEN 位，才能对该寄存器进行写操作。注意：如果 ADC_MR 寄存器中 USEQ 位为 1，则 CHx 对应于 ADC_SEQR1 和 ADC_SEQR2 中描述的序列的第 x 个通道。

5. 通道禁用寄存器 ADC_CHDR

通道禁用寄存器 ADC_CHDR 结构描述如图 12-10 所示。

31	30	29	28	27	26	25	24
–	–	–	–	–	–	–	–

23	22	21	20	19	18	17	16
–	–	–	–	–	–	–	–

15	14	13	12	11	10	9	8
CH15	CH14	CH13	CH12	CH11	CH10	CH9	CH8

7	6	5	4	3	2	1	0
CH7	CH6	CH5	CH4	CH3	CH2	CH1	CH0

图 12-10　通道禁用寄存器 ADC_CHDR 结构描述

当通道禁用寄存器 ADC_CHDR 中的 CHx 位为 1 时，对应通道 x 禁用。只有清除写保护模式寄存器 ADC_WPMR 中的 WPEN 位，才能对该寄存器进行写操作。注意：如果在转换期间禁用相应的通道，或者在禁用该通道后又重新启动模数转换，那么 ADC_SR 寄存器中的相关数据及其对应的 EOC 和 OVRE 标志是不可预测的。

6. 通道状态寄存器 ADC_CHSR

通道状态寄存器 ADC_CHSR 结构描述如图 12-11 所示。

31	30	29	28	27	26	25	24
–	–	–	–	–	–	–	–

23	22	21	20	19	18	17	16
–	–	–	–	–	–	–	–

15	14	13	12	11	10	9	8
CH15	CH14	CH13	CH12	CH11	CH10	CH9	CH8

7	6	5	4	3	2	1	0
CH7	CH6	CH5	CH4	CH3	CH2	CH1	CH0

图 12-11　通道状态寄存器 ADC_CHSR 结构描述

当通道状态寄存器 ADC_CHSR 中的 CHx 位为 1 时，对应通道 x 正常工作。否则，对应通道 x 被禁用。

7. 最后转换数据寄存器 ADC_LCDR

最后转换数据寄存器 ADC_LCDR 结构描述如图 12-12 所示。

31	30	29	28	27	26	25	24
–	–	–	–	–	–	–	–

23	22	21	20	19	18	17	16
–	–	–	–	–	–	–	–

15	14	13	12	11	10	9	8
CHNB				LDATA			

7	6	5	4	3	2	1	0
LDATA							

图 12-12　最后转换数据寄存器 ADC_LCDR 结构描述

LDATA 位存储了最后转换的数据。在模数转换结束时，模数转换的新数据被保存在该寄存器中，并保持到下一次转换完成。

CHNB 位表示最后转换的通道编号。只有当 ADC_EMR 寄存器中 TAG 位设置为 1 时，CHNB 位才会显示最后转换的通道编号。如果 TAG 位未设置，CHNB = 0。

8. 中断使能寄存器 ADC_IER

中断使能寄存器 ADC_IER 结构描述如图 12-13 所示。

31	30	29	28	27	26	25	24
–	–	–	RXBUFF	ENDRX	COMPE	GOVRE	DRDY

23	22	21	20	19	18	17	16
–	–	–	–	–	–	–	–

15	14	13	12	11	10	9	8
EOC15	EOC14	EOC13	EOC12	EOC11	EOC10	EOC9	EOC8

7	6	5	4	3	2	1	0
EOC7	EOC6	EOC5	EOC4	EOC3	EOC2	EOC1	EOC0

图 12-13　中断使能寄存器 ADC_IER 结构描述

当中断使能寄存器 ADC_IER 中的中断标识位为 1 时，使能相应的中断。否则，不使能相应的中断功能。

- EOCx：当模数转换结束时，决定是否产生中断事件。
- DRDY：当数据就绪时，决定是否产生中断事件。
- GOVRE：当常规溢出事件发生错误时，决定是否产生中断事件。
- COMPE：当事件比较匹配时，决定是否产生中断事件。
- ENDRX：当接收缓冲区即将填满时，决定是否产生中断事件。
- RXBUFF：当接收缓冲区填满时，决定是否产生中断事件。

9. 中断禁用寄存器 ADC_IDR

中断禁用寄存器 ADC_IDR 结构描述如图 12-14 所示。

31	30	29	28	27	26	25	24
–	–	–	RXBUFF	ENDRX	COMPE	GOVRE	DRDY

23	22	21	20	19	18	17	16
–	–	–	–	–	–	–	–

15	14	13	12	11	10	9	8
EOC15	EOC14	EOC13	EOC12	EOC11	EOC10	EOC9	EOC8

7	6	5	4	3	2	1	0
EOC7	EOC6	EOC5	EOC4	EOC3	EOC2	EOC1	EOC0

图 12-14　中断禁用寄存器 ADC_IDR 结构描述

当中断禁用寄存器 ADC_IDR 中的中断标识位为 1 时，禁用相应的中断。否则，不禁用相应的中断功能。

- EOCx：当模数转换结束时，决定是否禁用中断事件。
- DRDY：当数据就绪时，决定是否禁用中断事件。
- GOVRE：当常规溢出事件发生错误时，决定是否禁用中断事件。

- COMPE：当事件比较匹配时，决定是否禁用中断事件。
- ENDRX：当接收缓冲区即将填满时，决定是否禁用中断事件。
- RXBUFF：当接收缓冲区填满时，决定是否禁用中断事件。

10. 中断屏蔽寄存器 ADC_IMR

中断屏蔽寄存器 ADC_IMR 结构描述如图 12-15 所示。

31	30	29	28	27	26	25	24
–	–	–	RXBUFF	ENDRX	COMPE	GOVRE	DRDY

23	22	21	20	19	18	17	16
–	–	–					

15	14	13	12	11	10	9	8
EOC15	EOC14	EOC13	EOC12	EOC11	EOC10	EOC9	EOC8

7	6	5	4	3	2	1	0
EOC7	EOC6	EOC5	EOC4	EOC3	EOC2	EOC1	EOC0

图 12-15　中断屏蔽寄存器 ADC_IMR 结构描述

当中断屏蔽寄存器 ADC_IMR 中的中断标识位为 1 时，使能相应的中断功能；当中断屏蔽寄存器 ADC_IMR 中的中断标识位为 0 时，相应的中断功能被屏蔽，即禁用相应的中断功能。

- EOCx：当模数转换结束时，决定是否屏蔽中断事件。
- DRDY：当数据就绪时，决定是否屏蔽中断事件。
- GOVRE：当常规溢出事件发生错误时，决定是否屏蔽中断事件。
- COMPE：当事件比较匹配时，决定是否屏蔽中断事件。
- ENDRX：当接收缓冲区即将填满时，决定是否屏蔽中断事件。
- RXBUFF：当接收缓冲区填满时，决定是否屏蔽中断事件。

11. 中断状态寄存器 ADC_ISR

中断状态寄存器 ADC_ISR 结构描述如图 12-16 所示。

31	30	29	28	27	26	25	24
–	–	–	RXBUFF	ENDRX	COMPE	GOVRE	DRDY

23	22	21	20	19	18	17	16
–	–	–	–	–	–	–	–

15	14	13	12	11	10	9	8
EOC15	EOC14	EOC13	EOC12	EOC11	EOC10	EOC9	EOC8

7	6	5	4	3	2	1	0
EOC7	EOC6	EOC5	EOC4	EOC3	EOC2	EOC1	EOC0

图 12-16　中断状态寄存器 ADC_ISR 结构描述

（1）EOCx：转换结束中断

0：禁用相应的模拟通道，或转换未完成。当读取相应的 ADC_CDRx 寄存器时，该标志被清零。

1：相应的模拟通道使能，转换完成。

（2）DRDY：数据就绪中断

0：自上次读取 ADC_LCDR 以来，没有数据被转换。

1：至少有一个数据已经被转换，并且在 ADC_LCDR 中可用。

（3）GOVRE：常规溢出错误中断

0：自上次读取 ADC_ISR 后，没有发生常规溢出错误。

1：自最后一次读取 ADC_ISR 后，至少发生一次常规溢出错误。

（4）COMPE：比较错误中断

0：自 ADC_ISR 上次读取以来没有比较错误。

1：自 ADC_ISR 上次读取以来至少有一个比较错误。

（5）ENDRX：RX 缓冲区结束中断

0：自 ADC_RCR 或 ADC_RNCR 中最后写入以来，接收计数器寄存器尚未达到 0。

1：自 ADC_RCR 或 ADC_RNCR 中最后写入以来，接收计数器寄存器已达 0。

（6）RXBUFF：RX 缓冲区满中断

0：ADC_RCR 或 ADC_RNCR 具有 0 以外的值。

1：ADC_RCR 和 ADC_RNCR 均为 0。

12. 溢出状态寄存器 ADC_OVER

溢出状态寄存器 ADC_OVER 的结构描述如图 12-17 所示。

31	30	29	28	27	26	25	24
–	–	–	–	–	–	–	–

23	22	21	20	19	18	17	16
–	–	–	–	–	–	–	–

15	14	13	12	11	10	9	8
OVRE15	OVRE14	OVRE13	OVRE12	OVRE11	OVRE10	OVRE9	OVRE8

7	6	5	4	3	2	1	0
OVRE7	OVRE6	OVRE5	OVRE4	OVRE3	OVRE2	OVRE1	OVRE0

图 12-17　溢出状态寄存器 ADC_OVER 结构描述

当溢出状态寄存器 ADC_OVER 中的 OVERx 位为 1 时，对应通道 x 发生了溢出错误。

13. 通道数据寄存器 ADC_CDRx

通道数据寄存器 ADC_CDRx 结构描述如图 12-18 所示。

31	30	29	28	27	26	25	24
–	–	–	–	–	–	–	–

23	22	21	20	19	18	17	16
–	–	–	–	–	–	–	–

15	14	13	12	11	10	9	8
–	–	–	–	DATA			

7	6	5	4	3	2	1	0
DATA							

图 12-18　通道数据寄存器 ADC_CDRx 结构描述

当模数转换结束时，转换数据被保存在该寄存器中，直到新的转换完成。只有使能模拟通道，才会将转换数据加载到对应的通道数据寄存器中。

14. 模拟控制寄存器 ADC_ACR

模拟控制寄存器 ADC_ACR 结构描述如图 12-19 所示。

31	30	29	28	27	26	25	24
–	–	–	–	–	–	–	–

23	22	21	20	19	18	17	16
–	–	–	–	–	–	–	–

15	14	13	12	11	10	9	8
–	–	–	–	–	–	IBCTL	

7	6	5	4	3	2	1	0
–	–	–	TSON	–	–	–	–

图 12-19　模拟控制寄存器 ADC_ACR 结构描述

只有清除写保护模式寄存器 ADC_WPMR 中的 WPEN 位，才能对模拟控制寄存器 ADC_ACR 进行写操作。

（1）TSON：开启温度传感器

0：温度传感器关闭。

1：温度传感器打开。

（2）IBCTL：ADC 偏置电流控制

允许调整 ADC 性能与功耗。

（有关详细信息，请参阅产品电气特性。）

15. 写保护模式寄存器 ADC_WPMR

写保护模式寄存器 ADC_WPMR 结构描述如图 12-20 所示。

31	30	29	28	27	26	25	24
WPKEY							

23	22	21	20	19	18	17	16
WPKEY							

15	14	13	12	11	10	9	8
WPKEY							

7	6	5	4	3	2	1	0
–	–	–	–	–	–	–	WPEN

图 12-20　写保护模式寄存器 ADC_WPMR 结构描述

只有清除写保护模式寄存器 ADC_WPMR 中的 WPEN 位，才能对相关寄存器进行写操作。当 WPKEY 为 0x414443 时，如果 WPEN 位为 1，则使能写保护功能；如果 WPEN 位为 0，则禁用写保护功能。

12.5　ADC 的基本操作

12.5.1　ADC 的数据结构

在 sam3x8e.h 文件中，定义了 ADC 标识对应的数据结构及其工作地址，文件内容如下：

```
#define ADC        ((Adc    *)0x400C0000U)
```

操作 ADC 的数据结构是 Adc，它的基地址是 0x400C0000U。Adc 的数据结构在 component_adc.h 文件中定义，它的内容如下：

```
typedefstruct {
WoReg ADC_CR;              /* Offset:0x00 Control Register */
RwReg ADC_MR;              /* Offset:0x04 Mode Register */
RwReg ADC_SEQR1;           /* Offset:0x08 Channel Sequence Register 1 */
RwReg ADC_SEQR2;           /* Offset:0x0C Channel Sequence Register 2 */
WoReg ADC_CHER;            /* Offset:0x10 Channel Enable Register */
WoReg ADC_CHDR;            /* Offset:0x14 Channel Disable Register */
RoReg ADC_CHSR;            /* Offset:0x18 Channel Status Register */
RoRegReserved1[1];
RoReg ADC_LCDR;            /* Offset:0x20 Last Converted Data Register */
WoReg ADC_IER;             /* Offset:0x24 Interrupt Enable Register */
WoReg ADC_IDR;             /* Offset:0x28 Interrupt Disable Register */
RoReg ADC_IMR;             /* Offset:0x2C Interrupt Mask Register */
RoReg ADC_ISR;             /* Offset:0x30 Interrupt Status Register */
RoRegReserved2[2];
RoReg ADC_OVER;            /* Offset:0x3C Overrun Status Register */
RwReg ADC_EMR;             /* Offset:0x40 Extended Mode Register */
RwReg ADC_CWR;             /* Offset:0x44 Compare Window Register */
RwReg ADC_CGR;             /* Offset:0x48 Channel Gain Register */
RwReg ADC_COR;             /* Offset:0x4C Channel Offset Register */
RoReg ADC_CDR[16];         /* Offset:0x50 Channel Data Register */
RoRegReserved3[1];
RwReg ADC_ACR;             /* Offset:0x94 Analog Control Register */
RoRegReserved4[19];
RwReg ADC_WPMR;            /* Offset:0xE4 Write Protect Mode Register */
RoReg ADC_WPSR;            /* Offset:0xE8 Write Protect Status Register */
RoRegReserved5[5];
RwReg ADC_RPR;             /* Offset:0x100 Receive Pointer Register */
RwReg ADC_RCR;             /* Offset:0x104 Receive Counter Register */
RoRegReserved6[2];
RwReg ADC_RNPR;            /* Offset:0x110 Receive Next Pointer Register */
RwReg ADC_RNCR;            /* Offset:0x114 Receive Next Counter Register */
RoRegReserved7[2];
WoReg ADC_PTCR;            /* Offset:0x120 Transfer Control Register */
RoReg ADC_PTSR;            /* Offset:0x124 Transfer Status Register */
} Adc;
```

12.5.2　ADC 的操作步骤

在启动 ADC 通道之前，需要对相应的功能寄存器进行配置，通常的配置流程如下。

（1）使能 ADC 的工作时钟，并对 ADC 进行一次复位操作，以免出现错误转换信息。接着根据应用需求，设置分频因子，确保 ADC 的时钟频率设置在合理范围内。

（2）关闭 PDC 功能，并设置模式寄存器，比如设置工作通道的启动时间、传输周期和工作模式等操作。

（3）开启或者关闭中断功能。

（4）设定模数转换的工作通道，并启动模数转换。

（5）读取模数转换的结果。

一般来说，判断模数转换是否完成的方法有两种：查询法和中断法。查询法是通过查询寄存器 ADC_ISR 的第 24 位来判断模数转换是否结束，中断法是通过 ADC 产生的中断信号来判断模数转换是否结束。在转换结束后，转换结果保存在 ADC_LCDR 寄存器中。读取寄存器 ADC_LCDR 后，将清除标志位信息。

12.5.3 编程实验：电压表

1. 实验目的

本实验设计一种电压表，用来读取外部电压值。在 Arduino Due 开发板上，将外部电压信号连接到开发板 A10 引脚上。特别注意，外部电压信号的幅值不要超过 V_{DD}。模数转换结束后，读取电压值，并通过串行通信接口将电压值上传给计算机。

2. 软件程序

本实验的软件程序如代码清单 12-1 所示。在编译和下载程序成功后，如果在串行通信接口调试软件中正确设置接口编号和波特率，就会显示电压幅值的数据。实时改变外部电压源，观察数据的变化情况。

代码清单 12-1　电压表的程序代码

```
#include "sam3x8e.h"
void uart_init()
{
    //初始化串行通信接口发送引脚
    //UTXD(arduino digital pin 1)--- PA9
    PIOA->PIO_WPMR = 0x50494F00;
    PIOA->PIO_PDR = PIOA->PIO_PSR | 0x00000200;
    PIOA->PIO_ABSR = 0x00000000;
    PIOA->PIO_PUER = 0x00000200;

    //设置系统主时钟 MCK 为外部 12MHz 晶振提供
    PMC->PMC_WPMR = 0x504D4300;
    PMC->CKGR_MOR = 0x01370801;
    while(!(PMC->PMC_SR & 0x1));

    PMC->PMC_MCKR = 0x00000001;
    while(!(PMC->PMC_SR & 0x8));

    //使能串行通信接口时钟
    PMC->PMC_PCER0 |= 0x00000800;
    //设置波特率为 9600
    UART->UART_BRGR = (12000000 / 9600) >> 4;
    //设置数据格式为普通模式，无校验
    UART->UART_MR = 0x80;
    //使能串行通信接口发送
    UART->UART_CR = 0x40;
}
//通过串行通信接口发送一个字节数据
void uart_txd(char value)
{
while( !(UART->UART_SR & 0x02));
    UART->UART_THR = value;
}
//通过串行通信接口发送一个字符串
void uart_txstr(char buf[])
```

```
{
int i = 0;
intbuflen = strlen(buf);
    while(i<buflen)
    {
uart_txd(buf[i]);
        i++;
    }

uart_txd(0xa);
uart_txd(0xd);
}

void SystemInit()
{
    // Instance | ID | Arduino | I/O Line | I/O Line A | I/O Line B | Extra
Function
    // --------|-----|---------|---------|-----------|----------- |------------
    // ADC | 37 | A10 | PB19 | RK | PWML3 |AD12

    //使能 ADC 的外部设备时钟
    PMC->PMC_WPMR = 0x504D4300;
    PMC->PMC_PCER1 |= 0x1 << 5;

    //复位 ADC
    ADC->ADC_CR = 0x1;

    //复位 ADC 模式寄存器
    ADC->ADC_MR = 0x0;

    //禁用 PDC 发送和接收功能
    PDC_ADC->PERIPH_PTCR = ( 0x1 << 1 ) | ( 0x1 << 9 );

    //停止外部设备发送数据到 PDC 接收器上
    PDC_ADC->PERIPH_RCR = 0;
    PDC_ADC->PERIPH_RNCR = 0;

    //设置 ADC 的工作模式
    //TRGEN:0，禁止硬件触发功能
    //PRESCAL:0，ADC 时钟分频因子，ADCClock = MCK/((PRESCAL+1)×2)=2MHz
    //STARTUP:15，启动时间
    //TRACKTIM:0，跟踪时间
    //TRANSFER:1，传输周期
    //FREERUN:0，普通模式
    ADC->ADC_MR |= (0xf << 16) | (0x1 << 28);

    //禁用 ADC 的中断功能
    ADC->ADC_IDR = 0xFFFFFFFF;

    //禁用 ADC 的所有通道
    ADC->ADC_CHDR = 0xFFFF;

    //初始化串行通信接口
```

```
    uart_init();

    uart_txstr("UartInit!");
    }
    //读取模拟信号值
    intADC_read()
    {
    intread_data = 0;

        //禁用 ADC 寄存器的写保护功能
        ADC->ADC_WPMR = (0x414443 << 8);

        //Enable ADC channel 12
        ADC->ADC_CHER = (0x1 << 12);

        //使能 ADC
        ADC->ADC_CR = ( 0x1 << 1 );

        //等待模数转换结束
        while( ( ADC->ADC_ISR & (0x1 << 24) ) == 0);

        //读取模数转换值
    read_data = ADC->ADC_LCDR;

        //禁用通道 12
        //不能禁用 ADC_CR，否则要进行 ADC 初始化
        ADC->ADC_CHDR = (0x1 << 12);

        return read_data;
    }

    void delay()
    {
    int i = 0xffff;
        while(i--);
    }

    void data2str(int data, char buf[])
    {
    int i = 0;
    intbuflen;
        char temp;
        while(data)
        {
    buf[i] = data % 10 + '0';
            data = data / 10;
            i++;
        }

    buf[i] = '\0';
    buflen = i - 1;

        for(i = 0; i<buflen / 2; i++)
        {
            temp = buf[i];
```

```
buf[i] = buf[buflen-i];
buf[buflen-i] = temp;
    }
}

int main(void)
{
int data = 0;
    char array[20];

    while(1)
    {
        data = ADC_read() & 0xFFF;
        data2str(data, array);
uart_txstr(array);
        delay();
    }
}
```

思考与练习

1. 什么是 ADC？简述 ADC 的工作原理。
2. ADC 的主要技术指标有哪些？
3. 一个 12 位的 ADC，若它的参考电压是 3V，那么它能分辨出输入电压的最小值是多少？
4. 简述 SAM3X8E 片内 ADC 的结构特点。
5. 简述 SAM3X8E 片内 ADC 的模数转换过程。
6. 简述 SAM3X8E 片内 ADC 的编程操作步骤。

13
chapter

DAC

13.1 DAC 概述

　　在数字系统中，微处理器输出的控制量都是数字量。只有将数字量转化为模拟量才能被其他设备或装置识别。实现数字量到模拟量（电流或电压）转变的设备通常被称为数字模拟转换器（Digital-to-Analog Converter，DAC），它输出的模拟量与输入的数字量成正比。DAC 在电子系统中应用极为广泛，常用在波形生成和数字可编程方面，如波形发生器、数控直流稳压电源和数字式可编程增益控制电路等。

13.1.1 DAC 的工作原理

　　在 DAC 中，数字量是用按位组合起来的数字编码来表示的。对于有权码，每位数字都有一定的位权，比如典型的二进制码。为了将数字量转换成模拟量，DAC 先将每位数字编码按其位权的大小转换成相应的模拟量，然后将代表各位数字的模拟量相加，最后就得到与该数字量成正比的总模拟量。一个采用二进制码的 4 位 DAC，假设它输入的数字量为 D_{in}，输出的模拟量为 A_{out}，转换比例系数为 k，那么输入的数字量和输出的模拟量可以表示为式（13-1）和式（13-2）。

$$D_{in} = (D_4 D_3 D_2 D_1) = D_4 \cdot 2^3 + D_3 \cdot 2^2 + D_2 \cdot 2^1 + D_1 \cdot 2^0 \qquad （13-1）$$

$$A_{out} = k \cdot D_{in} = k \cdot \sum_{i=0}^{3} D_i \cdot 2^i \qquad （13-2）$$

数字量与模拟量之间的对应关系也被称为转换特性，4 位 DAC 的转换特性如图 13-1 所示。由图 13-1 可以看出，两个相邻数码转换出的模拟值并不连续，两者模拟值之差是由最低码位代表的位权值决定的。它是 DAC 所能分辨的最小输出量，通常使用最低有效位（Least Significant Bit，LSB）来表示。对应于最大输入数字量的模拟值（绝对值），通常使用满量程范围（Full Scale Range，FSR）来表示。

一般来说，DAC 内部电路构成并无太大差异，它的组成原理如图 13-2 所示。DAC 主要是由数字寄存器、模拟电子开关、位权网络、求和运算放大器和基准电压源（或恒流源）组成的。首先，数字量是以串行或并行方式输入，并存储于数字寄存器中；接着，数字寄存器中的每位数值分别控制对应的模拟开关，使位权网络产生与其位权成正比的电流值或电压值；然后，由求和运算放大器将各权值相加，即得到数字量对应的模拟量。

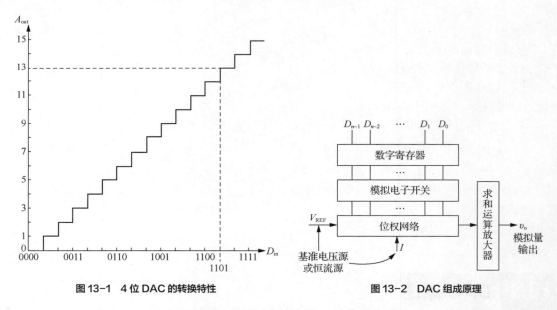

图 13-1　4 位 DAC 的转换特性　　　　　图 13-2　DAC 组成原理

数字寄存器用来存储数字量的数字编码，寄存器的值与数字编码一一对应。每位数值分别控制对应位的模拟电子开关，使位权网络产生与其位权成正比的电流值，再由运算放大器对各电流值求和，并转换成电压值。

13.1.2　DAC 的分类

根据位权网络的不同，DAC 主要分为权电阻网络、T 型电阻网络和倒 T 型电阻网络。它的转换精度取决于基准电压 V_{REF}、模拟电子开关、运算放大器以及各有权位电阻值的精度。它的缺点是各权位电阻器的阻值都不相同，如果位数较多，其阻值相差甚远，就难以保证精度。T 型电阻网络和倒 T 型电阻网络都是由 R 或 2R 两种阻值的电阻器构成的。与权电阻网络比较，它们只有两种阻值，克服了权电阻的阻值差别大的缺点。在 T 型电阻网络中，各支路的状态转换需要一定的传输时间。而在倒 T 型电阻网络中，各支路电流直接流入运算放大器的输入端，它们之间不存在传输延时。因此，倒 T 形电阻网络的 DAC 工作速度较快，是实际应用中使用较多的一种。

根据数字量编码的不同，DAC 可分为二进制编码、BCD 码和格雷码输入型等。二进制编码是一种特别常见的编码格式，它能直接输出二进制运算结果。

根据模拟开关电路的不同，DAC 可分为 CMOS 型开关和双极型开关。其中，双极型开关又可分为三极管电流开关和 ECL（Emitter-Coupled Logic，射极耦合逻辑）电路开关。双极型开关比 CMOS 开关的速度快。

13.1.3 DAC 的主要技术指标

1. 分辨率

分辨率是用来表征输出模拟量分辨程度的参数。分辨率越高，即使输入量微小的变化，输出量的反应也会越灵敏。表征分辨率的方法主要有以下 3 种。

- 数字分辨率：数模转换中数字量的位数，也就是通常所说的分辨率。
- 模拟分辨率：DAC 能分辨的最小模拟量输出，即 1LSB 的电流或电压。
- 相对分辨率：模拟分辨率与额定 FSR 的比值。

2. 建立时间

当输入量变化时，输出模拟量并不会立刻变化，输出模拟量达到并维持在最终值允许的误差范围内需要一定的时间。当输入数字量从零突变到满量程开始，直到输出模拟量稳定在 FSR±1LSB 范围为止，这段时间就被称为建立时间（Setting Time）。建立时间是将一个数字量转换为稳定的模拟信号所必需的时间，它是 DAC 能够达到的最快响应时间。通常人们采用建立时间参数来描述数模转换的速度，而不是 ADC 中常用的转换速率。一般来说，电流输出型 DAC 的建立时间较短，而电压输出型 DAC 的建立时间较长。

3. 精度

对于给定的数字量输入，DAC 会输出模拟量的实际值与理想值之间的最大偏差，表现为实际转换特性曲线与理想转换特性曲线之间的最大偏差。该最大偏差（也是最大静态转换误差）是由于参考电压偏离标准值、运算放大器的零点漂移、模拟开关的压降以及电阻阻值的偏差等引起的。一般来说，当不考虑 DAC 的其他转换误差时，DAC 的分辨率可被认为是 DAC 的转换精度。

4. 失调误差

失调误差也被称为偏移误差或零点误差，误差值既可以是正值也可以是负值。失调误差可以以 LSB 为单位进行描述，也可以使用误差相对于 FSR 的百分比来表示。

除了上述几个指标外，DAC 还有其他指标，如增益误差、单调性、量化噪声和毛刺等。在实际工作中，DAC 的选型首先看分辨率和转换速率，然后根据项目需求选择合适的工作接口等。

13.2 DAC 的结构

13.2.1 内部结构图

SAM3X8E 芯片内部集成了一个用于输出的 DAC，它提供了两路模拟信号输出。每路模拟输出支持 2 位分辨率，支持外部触发器或自由运行模式。它的内部结构如图 13-3 所示，引脚说明如表 13-1 所示。

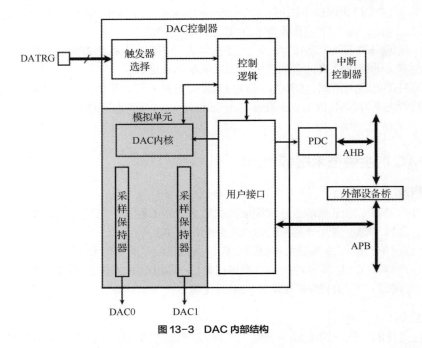

图 13-3 DAC 内部结构

表 13-1 DAC 引脚说明

引脚名称	描述
DAC0	模拟输出通道 0
DAC1	模拟输出通道 1
DATRG	外部触发信号

13.2.2 DAC 的主要特性

DAC 有以下主要特性。

- 最大分辨率为 12 位。
- 最多输出两路模拟信号。
- 支持使能或禁用每一个模拟线路。
- 支持硬件触发功能，即外部触发。
- 支持 PDC 功能。
- 支持睡眠模式。
- 内部集成了 FIFO（First In First Out，先进先出）存储器。

13.2.3 基本信号描述

1. DAC 的功耗管理

如果请求了数模转换，并且选择了至少一个工作通道，DAC 就会变为激活状态。如果没有通道工作，DAC 就会自动停用。

2. 中断源

DAC 中断信号连接在中断控制寄存器的一个内部源上，它的外部设备 ID 为 38。在使用 DAC 中断之前，需要对 NVIC 进行设置。

13.3 DAC 的基本功能

13.3.1 数模转换过程

1. 转换过程

DAC 是以其工作时钟频率为基准来执行数模转换的，它的时钟频率是主时钟频率的一半，即 MCK/2。启动数模转换后，DAC 至少需要 25 个工作时钟周期才能完成数模转换。当数模转换完成后，选定的数模转换通道就会输出对应的模拟信号，与此同时，也会将中断状态寄存器中的 EOC 位置 1。如果读取中断状态寄存器 DACC_ISR，就会清除 EOC 位。

2. 工作模式

SAM3X8E 芯片中的 DAC 支持两种工作模式：自由运行模式和外部触发模式。在自由运行模式下，如果使能 DAC 中的任意一个工作通道，并将数据写入 DAC 数据寄存器中，那么 DAC 就开始执行数模转换。经过 25 个工作时钟周期，数模转换完成。在外部触发模式下，只有当外部触发信号出现上升沿时，才会启动数模转换。如果禁用外部触发模式，DAC 就会自动设置为自由运行模式。

一旦 DAC 中断状态寄存器中的 TXRDY 位置位，DAC 控制寄存器就接收数模转换请求，并将数据写入数模转换数据寄存器。如果这些数据不能被立即处理，它们就会被存储在 FIFO 中。DAC 使用 4 个半字 FIFO 来存储即将进行转换的数据。当 FIFO 已满或 DAC 没有接收到转换请求时，TXRDY 位清零，DAC 控制寄存器就不能再接收转换请求。

在 DAC 模式寄存器 DACC_MR 中，WORD 位能够允许用户将数据以半字和单字的方式写入 FIFO 存储器中。在半字传输模式下，仅会把 DACC_CDR 寄存器的低 16 位数据存储到 FIFD 中，即 DACC_CDR[15:0]被存储到 FIFO 中。如果 DACC_MR 寄存器中的 TAG 位置位，那么就把 DACC_CDR[11:0]用作存储转换数据，而 DACC_CDR[15:12]用于选择通道。在字传输模式下，DACC_CDR 寄存器中的两个数据项将会被存储到 FIFO 中，即第 1 个数据段是 DACC_CDR[15:0]和第 2 个数据段 DACC_CDR [31:16]。如果 DACC_MR 寄存器中的 TAG 位置位，那么 DACC_CDR[15:12]和 DACC_CDR [31:28]都将用于选择通道。

当 TXRDY 位清零时，若在 DACC_CDR 寄存器中写入数据，则会导致 FIFO 中的数据损坏。

3. 通道选择

数模转换通道的选择方法有两种。默认情况下，可使用 DACC_MR 中的 USER_SEL 位来选择需要进行转换的数据通道。还有一种更灵活的数模转换通道的选择方法是使用标签模式。首先需要设置 DACC_MR 的 TAG 位为 1。在此模式下，DACC_CDR[13:12]这两位数据用于选择数模转换通道，它与 USER_SEL 位的作用相似。如果 WORD 位被设置为 1，那么 DACC_CDR[13:12]用于选择第 1 个数据的通道，DACC_CDR [29:28]用于选择第 2 个数据的通道。

4. 睡眠模式

正常情况下，由于模拟单元需要一定的启动时间，逻辑单元就会在此期间等待，然后在所选通道上转换。当所有转换请求完成后，DAC 就会停用，直到下一次转换请求发生。因此，当不使用 DAC 时，可以考虑使用 DAC 睡眠模式，它可以自动停止 DAC 的工作，最大限度地节省功耗。一旦出现数模转换请求，DAC 就会自动激活，开始准备数模转换工作。

DACC_MR 还提供了一种快速唤醒模式，作为降低功耗和快速响应之间的折中方法。如果将 FASTW 位设置为 1，那么就会使用快速唤醒模式。在快速唤醒模式下，如果不需要数模转换，DAC 就不会完全停止工作。因此，快速唤醒模式不仅能够更省电，还可以更快地唤醒。

13.3.2 工作时序

DAC 工作时序如图 13-4 所示。

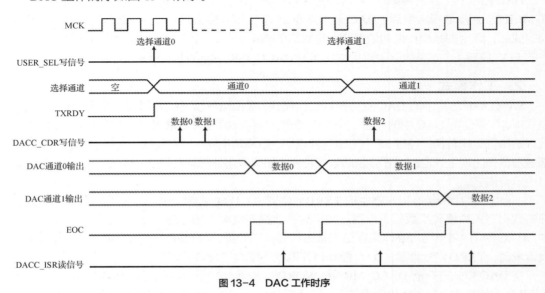

图 13-4 DAC 工作时序

进行数模转换之前，必须指定 DAC 的启动时间，启动时间在 DACC_MR 的 STARTUP 位中定义。因为快速唤醒模式和睡眠模式的不同，所以 DAC 的启动时间也存在差异。在这种情况下，必须设置与快速唤醒相对应的 STARTUP 时间，而不是标准启动时间。

如果将 DACC_MR 寄存器中的 MAXS 位设置为 1，那么就会使用 DAC 的最大速度模式。使用此模式，DAC 控制寄存器无须等待采样结束信号，就会开始下一个周期的数模转换，并更新内部计数器。在这种模式下，DAC 会在每个连续转换之间增加两个时钟周期。因此，在使用此模式时，就不能使用 DACC_IER 寄存器的 EOC 位。

当数模转换完成后，由数据合成的模拟电压最长会保持 20μs。在此之后，模拟电压开始下降。因此，必须定期刷新 DAC 的模拟通道，以防止转换电压失真。程序开发人员可使用 DACC_MR 中的 REFRESH 位来指定模拟通道的刷新周期。如果将 REFRESH PERIOD 位设置为 0，就会禁用 DAC 的模拟通道的刷新功能。

为了保证 DAC 操作的安全性，SAM3X8E 芯片提供了寄存器写操作保护机制。写操作保护机制可以用来防止某些寄存器的误操作。在使用写操作保护机制后，只有设置 DAC 的写保护状态寄存器后，才能对 DAC 的寄存器进行写操作，否则写保护状态寄存器就会出现错误信息。一旦出现错误信息，WPROTERR 位就会置位，同时执行写操作的寄存器地址也会被写入写保护状态寄存器的 WPROTADRR 位中。

由于写保护功能的性质，使能和禁用写保护模式需要使用安全码。因此，当使能或禁用

嵌入式微处理器程序设计——从 Arduino 到 ARM

DAC 的写保护模式时，WPKEY 位保护模式寄存器必须写入 DAC ASCII（相当于 0x444143），否则操作无效。

13.4 DAC 的寄存器描述

SAM3X8E 中 DAC 的外部设备 ID 为 38，虽然每个通道的接口与 PIO 接口都是复用引脚的，但它们之间是相互独立的。因此，没有必要设置 PIO 控制寄存器的外部设备功能。DAC 的功能寄存器如表 13-2 所示。

表 13-2　DAC 的功能寄存器

偏移量	寄存器	名称	访问方式	复位值
0x00	DAC 控制寄存器	DACC_CR	只写	
0x04	DAC 模式寄存器	DACC_MR	读写	0x0000 0000
0x08	保留			
0x0C	保留			
0x10	DAC 通道使能寄存器	DACC_CHER	只写	
0x14	DAC 通道禁用寄存器	DACC_CHDR	只写	
0x18	DAC 通道状态寄存器	DACC_CHSR	只读	0x0000 0000
0x1C	保留			
0x20	数模转换数据寄存器	DACC_CDR	只写	0x0000 0000
0x24	DAC 中断使能寄存器	DACC_IER	只写	
0x28	DAC 中断禁用寄存器	DACC_IDR	只写	
0x2C	DAC 中断屏蔽寄存器	DACC_IMR	只读	0x0000 0000
0x30	DAC 中断状态寄存器	DACC_ISR	只读	0x0000 0000
0x94	DAC 模拟电流寄存器	DACC_ACR	读写	0x0000 0000
0xE4	DAC 写保护模式寄存器	DACC_WPMR	读写	0x0000 0000
0xE8	DAC 写保护状态寄存器	DACC_WPSR	只读	0x0000 0000

1. 控制寄存器 DACC_CR

控制寄存器 DACC_CR 结构描述如图 13-5 所示。

31	30	29	28	27	26	25	24
–	–	–	–	–	–	–	–

23	22	21	20	19	18	17	16
–	–	–	–	–	–	–	–

15	14	13	12	11	10	9	8
–	–	–	–	–	–	–	–

7	6	5	4	3	2	1	0
–	–	–	–	–	–	–	SWRST

图 13-5　控制寄存器 DACC_CR 结构描述

SWRST 位用于设置 DAC 的软件复位功能。如果该位设置为 1，则复位 DAC，它是模拟硬件复位。

2. 模式寄存器 DACC_MR

模式寄存器 DACC_MR 结构描述如图 13-6 所示。

31	30	29	28	27	26	25	24
–	–			STARTUP			

23	22	21	20	19	18	17	16
–	–	MAXS	TAG	–	–	USER_SEL	

15	14	13	12	11	10	9	8
			REFRESH				

7	6	5	4	3	2	1	0
–	FASTWKUP	SLEEP	WORD		TRGSEL		TRGEN

图 13-6　模式寄存器 DACC_MR 结构描述

只有写保护模式寄存器 DACC_WPMR 中的 WPEN 位清零，才能对模式寄存器 DACC_MR 进行写操作。

TRGEN 位用于使能或禁用外部触发模式。如果该位设置为 0，则禁用外部触发模式，DAC 工作在自由运行模式；如果该位设置为 1，则使能外部触发模式，外部触发的类型由 TRGSEL 位设定。

TRGSEL 位用于设置外部触发的类型，DAC 触发类型参数如表 13-3 所示。

表 13-3　DAC 触发类型参数

TRGSEL 的值			描述
0	0	0	外部信号 ADCTRG
0	0	1	定时/计数器 0 的输出信号 TIOA
0	1	0	定时/计数器 1 的输出信号 TIOA
0	1	1	定时/计数器 2 的输出信号 TIOA
1	0	0	PWM 事件 0
1	0	1	PWM 事件 1
1	1	0	保留
1	1	1	保留

WORD 位用于设置 DAC 中的数据传输模式。如果该位设置为 0，则 DAC 使用半字传输模式；如果该位设置为 1，则 DAC 使用字传输模式。

SLEEP 位用于设置 DAC 的睡眠模式。如果该位设置为 0，则 DAC 使用普通模式。在这种模式下，DAC 的重点单元和参考电压电路将在两次转换之间保持正常工作。需要注意的问题是，当芯片复位后，DAC 直接进入普通模式。但是，DAC 的重点单元和参考电压电路仍处于关闭状态，即没有进入正常工作状态。因此，在执行第一次数模转换之前，必须等待一定的启动时间。启动时间参数由 STARTUP 位设置。在普通模式下，启动 DAC 工作只需要一次。如果 SLEEP 位设置为 1，则 DAC 使用睡眠模式，DAC 中的重点单元和参考电压电路会被禁用。

FASTWKUP 位用于设置 DAC 的快速唤醒模式。如果该位设置为 0，则使用 SLEEP 位设定的普通睡眠模式。如果该位设置为 1，则 DAC 使用快速唤醒模式。在快速唤醒模式下，只有 DAC 的参考电压电路正常工作，而重点单元被禁用。

REFRESH 位用于设置 DAC 的刷新周期，即 1024×REFRESH/DAC 时钟频率。

USER_SEL 位用于选择 DAC 的工作通道。如果该位设置为 0，则 DAC 使用通道 0。如果该位设置为 1，则使用通道 1。

TAG 位用于设置 DAC 的标签选择模式。如果该位设置为 0，则禁用 DAC 的标签选择模式，即使用 USER_SEL 位来选择 DAC 的工作通道；如果该位设置为 1，则 DAC 使用标签选择模式来选择 DAC 的工作通道。

MAXS 位用于设置 DAC 的转换速度。如果该位设置为 0，则 DAC 使用普通转换速度；如果该位设置为 1，则 DAC 使用最大转换速度。

STARTUP 位用于设置 DAC 的启动时间，DAC 启动时间参数如表 13-4 所示。

表 13-4　DAC 启动时间参数

值	名称	描述	值	名称	描述
0	0	0 个 DAC 时钟周期	32	2048	2048 个 DAC 时钟周期
1	8	8 个 DAC 时钟周期	33	2112	2112 个 DAC 时钟周期
2	16	16 个 DAC 时钟周期	34	2176	2176 个 DAC 时钟周期
3	24	24 个 DAC 时钟周期	35	2240	2240 个 DAC 时钟周期
4	64	64 个 DAC 时钟周期	36	2304	2304 个 DAC 时钟周期
5	80	80 个 DAC 时钟周期	37	2368	2368 个 DAC 时钟周期
6	96	96 个 DAC 时钟周期	38	2432	2432 个 DAC 时钟周期
7	112	112 个 DAC 时钟周期	39	2496	2496 个 DAC 时钟周期
8	512	512 个 DAC 时钟周期	40	2560	2560 个 DAC 时钟周期
9	576	576 个 DAC 时钟周期	41	2624	2624 个 DAC 时钟周期
10	640	640 个 DAC 时钟周期	42	2688	2688 个 DAC 时钟周期
11	704	704 个 DAC 时钟周期	43	2752	2752 个 DAC 时钟周期
12	768	768 个 DAC 时钟周期	44	2816	2816 个 DAC 时钟周期
13	832	832 个 DAC 时钟周期	45	2880	2880 个 DAC 时钟周期
14	896	896 个 DAC 时钟周期	46	2944	2944 个 DAC 时钟周期
15	960	960 个 DAC 时钟周期	47	3008	3008 个 DAC 时钟周期
16	1024	1024 个 DAC 时钟周期	48	3072	3072 个 DAC 时钟周期
17	1088	1088 个 DAC 时钟周期	49	3136	3136 个 DAC 时钟周期
18	1152	1152 个 DAC 时钟周期	50	3200	3200 个 DAC 时钟周期
19	1216	1216 个 DAC 时钟周期	51	3264	3264 个 DAC 时钟周期
20	1280	1280 个 DAC 时钟周期	52	3328	3328 个 DAC 时钟周期
21	1344	1344 个 DAC 时钟周期	53	3392	3392 个 DAC 时钟周期
22	1408	1408 个 DAC 时钟周期	54	3456	3456 个 DAC 时钟周期
23	1472	1472 个 DAC 时钟周期	55	3520	3520 个 DAC 时钟周期
24	1536	1536 个 DAC 时钟周期	56	3584	3584 个 DAC 时钟周期
25	1600	1600 个 DAC 时钟周期	57	3648	3648 个 DAC 时钟周期
26	1664	1664 个 DAC 时钟周期	58	3712	3712 个 DAC 时钟周期
27	1728	1728 个 DAC 时钟周期	59	3776	3776 个 DAC 时钟周期
28	1792	1792 个 DAC 时钟周期	60	3840	3840 个 DAC 时钟周期
29	1856	1856 个 DAC 时钟周期	61	3904	3904 个 DAC 时钟周期
30	1920	1920 个 DAC 时钟周期	62	3968	3968 个 DAC 时钟周期
31	1984	1984 个 DAC 时钟周期	63	4032	4032 个 DAC 时钟周期

3. 通道使能寄存器 DACC_CHER

通道使能寄存器 DACC_CHER 结构描述如图 13-7 所示。

31	30	29	28	27	26	25	24
–	–	–	–	–	–	–	–

23	22	21	20	19	18	17	16
–	–	–	–	–	–	–	–

15	14	13	12	11	10	9	8
–	–	–	–	–	–	–	–

7	6	5	4	3	2	1	0
–	–	–	–	–	–	CH1	CH0

图 13-7　通道使能寄存器 DACC_CHER 结构描述

CH0 位用于使能 DAC 的工作通道 0。如果该位设置为 0，则对 DAC 通道 0 没有任何影响；如果该位设置为 1，则使能工作通道 0。

CH1 位用于使能 DAC 的工作通道 1。如果该位设置为 0，则对 DAC 通道 1 没有任何影响；如果该位设置为 1，则使能工作通道 1。

4. 通道禁用寄存器 DACC_CHDR

通道禁用寄存器 DACC_CHDR 结构描述如图 13-8 所示。

31	30	29	28	27	26	25	24
–	–	–	–	–	–	–	–

23	22	21	20	19	18	17	16
–	–	–	–	–	–	–	–

15	14	13	12	11	10	9	8
–	–	–	–	–	–	–	–

7	6	5	4	3	2	1	0
–	–	–	–	–	–	CH1	CH0

图 13-8　通道禁用寄存器 DACC_CHDR 结构描述

CH0 位用于禁用 DAC 的工作通道 0。如果该位设置为 0，则对 DAC 通道 0 没有任何影响；如果该位设置为 1，则禁用工作通道 0。

CH1 位用于禁用 DAC 的工作通道 1。如果该位设置为 0，则对 DAC 通道 1 没有任何影响；如果该位设置为 1，则禁用工作通道 1。

在数模转换期间，如果禁用或者使能工作通道，那么 DAC 输出的模拟值以及 DACC_ISR 寄存器中的 EOC 标志位都不可预测。

5. 通道状态寄存器 DACC_CHSR

通道状态寄存器 DACC_CHSR 结构描述如图 13-9 所示。

当通道状态寄存器 DACC_CHSR 中的 CHx 字为 1 时，对应通道 x 正常工作。否则，对应的工作通道 x 被禁用。

6. 数模转换数据寄存器 DACC_CDR

数模转换数据寄存器 DACC_CDR 结构描述如图 13-10 所示。

31	30	29	28	27	26	25	24
–	–	–	–	–	–	–	–

23	22	21	20	19	18	17	16
–	–	–	–	–	–	–	–

15	14	13	12	11	10	9	8
–	–	–	–	–	–	–	–

7	6	5	4	3	2	1	0
–	–	–	–	–	–	CH1	CH0

图 13-9　通道状态寄存器 DACC_CHSR 结构描述

31	30	29	28	27	26	25	24
DATA								

23	22	21	20	19	18	17	16
DATA								

15	14	13	12	11	10	9	8
DATA								

7	6	5	4	3	2	1	0
DATA								

图 13-10　数模转换数据寄存器 DACC_CDR 结构描述

DATA 位用来存储即将进行转换的数据。当 DAC 模式寄存器 DACC_MR 中 WORD 位设置为 0，即半字传输模式时，DATA[15:0]存储即将转换的数据。当 DAC 模式寄存器 DACC_MR 中 WORD 位设置为 1，即字传输模式时，DATA[31:0]存储两个即将转换的数据。

7．中断使能寄存器 DACC_IER

中断使能寄存器 DACC_IER 结构描述如图 13-11 所示。

31	30	29	28	27	26	25	24
–	–	–	–	–	–	–	–

23	22	21	20	19	18	17	16
–	–	–	–	–	–	–	–

15	14	13	12	11	10	9	8
–	–	–	–	–	–	–	–

7	6	5	4	3	2	1	0
–	–	–	–	TXBUFE	ENDTX	EOC	TXRDY

图 13-11　中断使能寄存器 DACC_IER 结构描述

当中断使能寄存器 DACC_IER 中的中断标识位为 1 时，使能相应的中断。否则，禁用相应的中断功能。

- TXRDY：当数据接收就绪时，决定是否使能中断事件。
- EOC：当数模转换结束时，决定是否使能中断事件。
- ENDTX：当接收数据的缓冲区为空时，决定是否使能中断事件。
- TXBUFE：当接收数据的缓冲区为满时，决定是否使能中断事件。

8. 中断禁用寄存器 DACC_IDR

中断禁用寄存器 DACC_IDR 结构描述如图 13-12 所示。

31	30	29	28	27	26	25	24
–	–	–	–	–	–	–	–

23	22	21	20	19	18	17	16
–	–	–	–	–	–	–	–

15	14	13	12	11	10	9	8
–	–	–	–	–	–	–	–

7	6	5	4	3	2	1	0
–	–	–	–	TXBUFE	ENDTX	EOC	TXRDY

图 13-12　中断禁用寄存器 DACC_IDR 结构描述

当中断禁用寄存器 DACC_IDR 中的中断标识位为 1 时，禁用相应的中断。否则，不禁用相应的中断功能。

- TXRDY：当数据接收就绪时，决定是否禁用中断事件。
- EOC：当数模转换结束时，决定是否禁用中断事件。
- ENDTX：当接收数据的缓冲区为空时，决定是否禁用中断事件。
- TXBUFE：当接收数据的缓冲区为满时，决定是否禁用中断事件。

9. 中断屏蔽寄存器 DACC_IMR

中断屏蔽寄存器 DACC_IMR 结构描述如图 13-13 所示。

31	30	29	28	27	26	25	24
–	–	–	–	–	–	–	–

23	22	21	20	19	18	17	16
–	–	–	–	–	–	–	–

15	14	13	12	11	10	9	8
–	–	–	–	–	–	–	–

7	6	5	4	3	2	1	0
–	–	–	–	TXBUFE	ENDTX	EOC	TXRDY

图 13-13　中断屏蔽寄存器 DACC_IMR 结构描述

当 DAC 中断屏蔽寄存器 DACC_IMR 中的中断标识位为 1 时，使能相应的中断功能。当 DAC 中断屏蔽寄存器 DACC_IMR 中的中断标识位为 0 时，相应的中断功能被屏蔽，即禁用相应的中断功能。

- TXRDY：当数据接收就绪时，决定是否屏蔽中断事件。
- EOC：当数模转换结束时，决定是否屏蔽中断事件。
- ENDTX：当接收数据的缓冲区为空时，决定是否屏蔽中断事件。
- TXBUFE：当接收数据的缓冲区为满时，决定是否屏蔽中断事件。

10. 中断状态寄存器 DACC_ISR

中断状态寄存器 DACC_ISR 结构描述如图 13-14 所示。

31	30	29	28	27	26	25	24
–	–	–	–	–	–	–	–

23	22	21	20	19	18	17	16
–	–	–	–	–	–	–	–

15	14	13	12	11	10	9	8
–	–	–	–	–	–	–	–

7	6	5	4	3	2	1	0
–	–	–	–	TXBUFE	ENDTX	EOC	TXRDY

图 13-14　中断状态寄存器 DACC_ISR 结构描述

（1）TXRDY：数据接收就绪中断

0：DAC 不能再接受新的转换请求。

1：DAC 可以接受新的转换请求。

（2）EOC：转换结束中断

0：自上次读取 DACC_ISR 以来，没有执行过数模转换。

1：自上次读取 DACC_ISR 以来，至少执行过一次数模转换。

（3）ENDTX：DMA 结束中断

0：自上次写入 DACC_TCR 或者 DACC_TNCR 以来，传输计数寄存器尚未到达 0。

1：自上次写入 DACC_TCR 或者 DACC_TNCR 以来，传输计数寄存器已经到达 0。

（4）TXBUFE：缓冲区结束中断

0：自上次写入 DACC_TCR 或者 DACC_TNCR 以来，传输计数寄存器尚未到达 0。

1：自上次写入 DACC_TCR 或者 DACC_TNCR 以来，传输计数寄存器已经到达 0。

11. 模拟电流寄存器 DACC_ACR

模拟电流寄存器 DACC_ACR 结构描述如图 13-15 所示。

31	30	29	28	27	26	25	24
–	–	–	–	–	–	–	–

23	22	21	20	19	18	17	16
–	–	–	–	–	–	–	–

15	14	13	12	11	10	9	8
–	–	–	–	–	–	IBCTLDACCORE	

7	6	5	4	3	2	1	0
–	–	–	–	IBCTLCH1		IBCTLCH0	

图 13-15　模拟电流寄存器 DACC_ACR 结构描述

- IBCTLCHx：模拟输出电流控制，允许对模拟输出的转换速率进行调整。
- IBCTLDACCORE：DAC 的偏置电流控制，使性能与功耗相适应。

12. 写保护模式寄存器 DACC_WPMR

写保护模式寄存器 DACC_WPMR 结构描述如图 13-16 所示。

只有清除 DAC 写保护模式寄存器 DAC_WPMR 中的 WPEN 位，才能对相关寄存器进行写操作。当 WPKEY 为 0x444143 时，如果 WPEN 位为 1，则使能写保护功能；如果 WPEN 位为 0，则禁用写保护功能。

31	30	29	28	27	26	25	24
			WPKEY				

23	22	21	20	19	18	17	16
			WPKEY				

15	14	13	12	11	10	9	8
			WPKEY				

7	6	5	4	3	2	1	0
–	–	–	–	–	–	–	WPEN

图 13-16　写保护模式寄存器 DACC_WPMR 结构描述

13.5　DAC 的基本操作

13.5.1　DAC 的数据结构

在 sam3x8e.h 文件中，定义了 DAC 对应的数据结构及其工作地址，文件内容如下：

```
#define DACC        ((Dacc  *)0x400C8000U)
```

操作 DAC 的数据结构是 Dacc，它的基地址是 0x400C8000U。Dacc 的数据结构在 component_dacc.h 文件中定义，它的内容如下：

```
typedefstruct {
WoReg DACC_CR;         /* Offset:0x00 Control Register */
RwReg DACC_MR;         /* Offset:0x04 Mode Register */
RoRegReserved1[2];
WoReg DACC_CHER;       /* Offset:0x10 Channel Enable Register */
WoReg DACC_CHDR;       /* Offset:0x14 Channel Disable Register */
RoReg DACC_CHSR;       /* Offset:0x18 Channel Status Register */
RoRegReserved2[1];
WoReg DACC_CDR;        /* Offset:0x20 Conversion Data Register */
WoReg DACC_IER;        /* Offset:0x24 Interrupt Enable Register */
WoReg DACC_IDR;        /* Offset:0x28 Interrupt Disable Register */
RoReg DACC_IMR;        /* Offset:0x2C Interrupt Mask Register */
RoReg DACC_ISR;        /* Offset:0x30 Interrupt Status Register */
RoRegReserved3[24];
RwReg DACC_ACR;        /* Offset:0x94 Analog Current Register */
RoRegReserved4[19];
RwReg DACC_WPMR;       /* Offset:0xE4 Write Protect Mode register */
RoReg DACC_WPSR;       /* Offset:0xE8 Write Protect Status register */
RoRegReserved5[7];
RwReg DACC_TPR;        /* Offset:0x108 Transmit Pointer Register */
RwReg DACC_TCR;        /* Offset:0x10C Transmit Counter Register */
RoRegReserved6[2];
RwReg DACC_TNPR;       /* Offset:0x118 Transmit Next Pointer Register */
RwReg DACC_TNCR;       /* Offset:0x11C Transmit Next Counter Register */
WoReg DACC_PTCR;       /* Offset:0x120 Transfer Control Register */
RoReg DACC_PTSR;       /* Offset:0x124 Transfer Status Register */
} Dacc;
```

13.5.2　DAC 的操作步骤

下面简要介绍 DAC 的操作方法，主要包括以下步骤。

（1）在使能 DAC 的工作时钟之后，执行一次 DAC 的复位操作。

（2）设置 DAC 的工作模式，比如工作通道的选择、睡眠模式的选择、传输字的选择等操作。

（3）设置 DAC 的电流寄存器并校准，开启 DAC。

13.5.3 编程实验：方波发生器

1. 实验目的

本实验设计一种高精度方波发生器，通过 Arduino Due 开发板上的 DAC0 引脚输出一路方波信号。它的工作原理是通过 DAC 将一系列数字信号转化为一路模拟信号。

方波（Square Wave）也被称为矩形波，理想方波的幅值只有 1 和 0 两种值，分别表示高电平和低电平。方波也是非正弦曲线的一种，它主要用于准确地描述触发其他同步电路的时钟信号。传统的方波发生器是采用模拟电子技术，由于数字电路技术的不断进步，这种方式逐渐被数字式方波发生器替代。

2. 软件程序

本实验的软件程序如代码清单 13-1 所示。在编译和下载程序成功后，将示波器探头连接至 DAC0 引脚，观察显示波形的形状，验证程序的正确性。

代码清单 13-1　方波发生器的程序代码

```
#include "sam3x8e.h"
void DACC_txd(int value)
{
    //若通道 0 禁用，则使能通道 0
    if( (DACC->DACC_CHSR & 0x1) == 0)
    {
        DACC->DACC_CHER = 0x1;
    }

    //即将转换的数字信号值
    DACC->DACC_CDR = value;

    //等待数模转换结束
    while((DACC->DACC_ISR & (0x1 << 1)) == 0);
}

void SystemInit()
{
    // Instance |  ID | Arduino | I/O Line | I/O Line A | I/O Line B | Extra Function
    // --------|---|---------|---------|-----------|----------- |-------------
    // DACC  | 38 | DAC0  | PB15  | CANRX1  | PWMH3  | DAC0/WKUP12

    //禁用 PMC 的寄存器保护功能
    PMC->PMC_WPMR = 0x504D4300;
    //使能 DAC 的工作时钟，DAC 时钟=MCK/2
    PMC->PMC_PCER1 |= 0x1 << 6;

    //禁用 DAC 的寄存器保护功能
    DACC->DACC_WPMR = (0x444143 << 8);
    //复位 DAC
```

```
        DACC->DACC_CR = 0x1;
        //设置 DAC 的模式寄存器
        //WORD: 0, Half-Word transfer
        //SLEEP:0, Normal Mode
        //FASTWKUP: 0, Normal Sleep Mode
        //REFRESH: 0x8, Refresh Period = 1024×REFRESH/DACC Clock
        //MAXS: 0, Normal Mode
        //STARTUP: 0x10, 1024 dacc clocks
        //USER_SEL:0, CHANNEL0
        //TAG:0, Tag selection mode disabled
        DACC->DACC_MR = ( 0x10 << 24 ) | ( 0x8 << 8 );
        //设置 DAC 模拟电流寄存器
        //IBCTLCH0: 0x2
        //IBCTLCH1: 0x2
        //IBCTLDACCORE:0x1
        DACC->DACC_ACR = (0x1 << 8) | (0x2 << 2) | 0x2;
}

void delay()
{
int i = 0xffff;
    while(i--);
}

int main(void)
{
int data = 0x0;
    while(1)
    {
        if(data)
            data = 0;
        else
            data = 1;

DACC_txd(data);
    Delay()
  }
}
```

思考与练习

1. 什么是 DAC？简述 DAC 的工作原理。
2. DAC 的主要技术指标有哪些？
3. 一个 10 位的 DAC，若它的参考电压是 5V，那么它的分辨率是多少？
4. 简述 SAM3X8E 片内 DAC 的结构特点。
5. 简述 SAM3X8E 片内 DAC 的模数转换过程。
6. 简述 SAM3X8E 片内 DAC 的编程操作步骤。